高层建筑的垂直绿化

高层建筑的植生墙设计

世界高层建筑与都市人居学会（CTBUH）
可持续发展工作组

（英）安东尼·伍德　（美）帕亚姆·巴拉米　（美）丹尼尔·萨法里克　编著
季慧　译

广西师范大学出版社
·桂林·

本书系世界高层建筑与都市人居学会（CTBUH）、
伊利诺伊理工大学和同济大学合作成果

图书在版编目(CIP)数据

高层建筑的垂直绿化：高层建筑的植生墙设计／（英）
伍德，（美）巴拉米，（美）萨法里克 编著；季慧 译. —桂
林：广西师范大学出版社，2014.7
　ISBN 978 - 7 - 5495 - 5600 - 7

Ⅰ.①高… Ⅱ.①伍… ②巴… ③萨… ④季…
Ⅲ.①高层建筑 - 垂直绿化 - 景观设计 Ⅳ.①TU986.2

中国版本图书馆 CIP 数据核字（2014）第 139921 号

出　品　人：刘广汉
责任编辑：肖　莉
研究助理：艾琳娜·苏索洛娃，本杰明·瓦尔德
装帧设计：张　迪
版式设计：克里斯汀·多宾斯
书籍协调与设计：史蒂文·亨利
封面摄影：帕特里克·宾汉-豪

广西师范大学出版社出版发行

（广西桂林市中华路 22 号　　邮政编码：541001）
（网址：http://www.bbtpress.com　　　　　　　）

出版人：何林夏
全国新华书店经销
销售热线：021 - 31260822 - 882/883
恒美印务（广州）有限公司印刷
（广州市南沙区环市大道南路 334 号　邮政编码：511458）
开本：635mm×965mm　　1/8
印张：30　　　　　字数：80 千字
2014 年 7 月第 1 版　　2014 年 7 月第 1 次印刷
定价：248.00 元

如发现印装质量问题，影响阅读，请与印刷单位联系调换。

主要作者

安东尼·伍德，帕亚姆·巴拉米，丹尼尔·萨法里克
世界高层建筑与都市人居学会（CTBUH）

撰稿人/专家审稿

埃米利奥·安巴斯，埃米利奥·安巴斯联合设计有限公司
麦克雷·安德森，麦克卡伦设计有限公司
布莱德·巴斯，世凯汉尼斯集团
帕特里克·布朗，帕特里克·布朗垂直园林设计公司
斯丹法诺·博埃里，斯丹法诺·博埃里建筑事务所
恩里克·布朗，恩里克·布朗建筑师协会
阿兰·达林顿，Nedlaw植生墙设计公司
迪克森 D. 戴波米耶，哥伦比亚大学
尼格尔·登尼特，WOHA建筑事务所
卡尔·芬德，FKM建筑事务所
埃琳娜·恰克梅罗，威尼斯建筑大学
理查德·哈塞尔，WOHA建筑事务所
迪恩·希尔，卡迪夫大学
乔治·欧文，绿色生命科技公司
卡利 E. 卡特桑德，明戈设计
尼马尔 T. 基什纳尼，新加坡国立大学
曼弗雷德·科勒，全球绿化基础设施网络
神野吉见，Kono设计
莱亚·理查德·内格尔，丹尼尔·李博斯金工作室
费迪南·奥斯瓦德，（奥地利）格拉茨工业大学
马克·奥特尔，Heijmans综合项目
史蒂文·佩克，城市楼顶花园协会
杰森·波默罗伊，波默罗伊工作室
伊夫·贝桑松·普拉特，ABWB建筑师协会
黄文森，WOHA建筑事务所
艾琳娜·苏索洛娃，伊利诺伊理工大学
詹尼弗·泰勒，SERA建筑事务所
迈克·维恩玛斯特，灰城绿化–植生墙设计有限公司
杨经文，T. R. 哈姆扎&杨私人有限公司

目录

世界高层建筑与都市人居学会（CTBUH）简介

世界高层建筑与都市人居学会（CTBUH）是专注于高层建筑和未来城市设计、建设与运营的全球领先机构。学会是成立于1969年的非营利性组织，总部位于芝加哥伊利诺伊理工大学，同时在上海同济大学设有亚洲办公室，学会的团队通过活动、出版、研究、工作组、网络资源和庞大的国际专员网络，促进全球高层建筑最新资讯的交流。同时，学会的研究部门通过开展在可持续性和关键性发展问题上的原创性研究来引领新一代高层建筑的研究。学会建立了免费的高层建筑数据库——摩天大楼中心，对全球高层建筑的细节信息、图片及新闻进行每日即时更新。世界高层建筑与都市人居学会（CTBUH）同时还开发了一套衡量高层建筑高度的国际通用标准，也是"世界最高建筑"称号的公认授权组织。

《世界高层建筑与都市人居学会（CTBUH）技术指南》简介

本书是从2012年末推出《世界高层建筑与都市人居学会（CTBUH）技术指南》系列以来的第四部。这套指南由为此特别成立的世界高层建筑与都市人居学会（CTBUH）工作组编写，每本的主题聚焦于行业的一个方面。每本指南的目的都是相同的——为典型的高层建筑所有人或专业人员提供应用知识，使他们对改进高层建筑的可选方法和影响设计的因素有更好的理解。希望这套丛书能为设计更高性能的高层建筑提供一套工具，使设计高层建筑时需要考虑的因素得到更广泛的认识。

  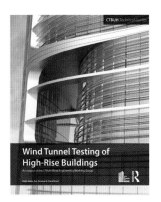

作者简介

安东尼·伍德博士
世界高层建筑与都市人居学会（CTBUH）
伊利诺伊理工大学
同济大学

从2006年起，安东尼·伍德博士出任世界高层建筑与都市人居学会（CTBUH）执行理事一职，同时也是世界高层建筑与都市人居学会（CTBUH）可持续发展工作组的主席。世界高层建筑与都市人居学会（CTBUH）位于伊利诺伊理工大学，伍德博士也是该高校建筑学院的副教授和同济大学建筑与城市规划学院高层建筑专业客座教授。作为一名接受了良好教育的英国建筑师，伍德博士在建筑领域内的专长是高层建筑设计，尤其是可持续性设计。在成为学者前，伍德博士在香港、曼谷、吉隆坡、雅加达和伦敦做了多年建筑师工作。他同时还作为作者、编辑出版和发表了大量相关领域的书籍、论文，包括2012年出版的《世界高层建筑与都市人居学会（CTBUH）技术指南：高层办公建筑自然通风》。在攻读博士学位期间，他主要探索了高层建筑间的天桥连接，这一研究课题涉及了多种学科理论知识。

帕亚姆·巴拉米博士
世界高层建筑与都市人居学会（CTBUH）

帕亚姆·巴拉米博士是世界高层建筑与都市人居学会（CTBUH）的高级研究助理。他负责研究计划的准备工作，并指导世界高层建筑与都市人居学会（CTBUH）成员及机构，推进研究项目的进行。在此之前，他任伊利诺伊技术学院建筑大学博士项目的研究员兼行政助理。他从事过可持续、节能、智能生境领域的发展研究工作。他的研究经历包括建筑节能、零能耗建筑网络、可持续设计和绿色建筑技术。

丹尼尔·萨法里克，建筑学硕士
世界高层建筑与都市人居学会（CTBUH）

丹尼尔·萨法里克是世界高层建筑与都市人居学会（CTBUH）的出版物编辑。他是技术和营销学作家，同时拥有建筑设计教育背景，在2008至2011年间，任Brooks+Scarpa建筑事务所（前Pugh+Scarpa建筑事务所）市场总监。萨法里克为《水域杂志》《高级贸易》《个人投资者》《快速企业》《经济学人集团》和其他的商业出版物撰写技术文章长达16年。他曾任《华尔街日报》的网站编辑。同时，他参与了A. Kwok，W. Grondzik建筑出版社2006年出版的《绿色工作室手册》的编写和研究工作。

前言

由世界高层建筑与都市人居学会（CTBUH）可持续工作组编写的《世界高层建筑与都市人居学会（CTBUH）技术指南》的第一本——《高层办公建筑自然通风》在 2012 年出版发行，这套全新的系列丛书旨在为下一代可持续高层建筑的建造者和设计者提供一套工具。第一本指南出版时，美国的统计数据表明，世界人口迅速增长，城市化加快，地球上每天有将近 20 万人成为城市居民。在 2010 年，城市人口占全球 70 亿总人口的 51%；而到 2050 年，全球人口将达 90 亿，城市人口比例将上升至 70%。为一百万的新移民每周新建或扩大一座城市的需求已经迫在眉睫。

《高层办公建筑自然通风》指南出版后的两年，通过越发明显的气候变化就能看出，城市所面临的各方面压力不断增加。人们已经清醒地意识到，城市大面积扩张不只存在于发展中国家。在美国，人口统计资料显示未来 10 年，每年全国人口的增长将为 0.9%。考虑到人口基数为 3.2 亿，同时各个城市的扩展和人口迁徙的不均衡性（人们通常会迁徙至"阳光地带"，而不是"铁锈地带"），像达拉斯这样的城市中心每年的人口增长将为 5 万人。因此，许多西方城市面临着和发展中国家——如中国、印度同样的问题，即如何容纳这些新迁入的居民。

城市的密度越大，便需要越高的生活模式的可持续性，来减少能源消耗和应对气候变化，这一观点已经得到越来越多的认同。相比在基础设施和交通上需要利用更多土地、耗能水平更高的扩张型城市，聚居在高密度的城市中——共享空间、基础设施和设备——将更加节能。但是我们至今还没有完全找到能够推进建筑更高密度，特别是在垂直方向高密度的方法，全世界各种各样的城市——甚至包括纽约这样已经建有摩天大楼的城市——也在寻求使建筑高度、密度增大的方法。

在建筑设计师面对的所有设计和技术上的可选方案中，相比其他方法，在城市中大量使用植生墙，对环境、社会和审美的影响最大，无论在单体建筑还是城市规模上。

正如杨经文在差不多40年前提出的那样，人类应该开始采用柔和而自然的手段来建设我们的城市，而不是冷酷的非自然方式。杨先生的理念不仅在当时来说是解决环境问题的一大进展，即使在现如今我们所生活的这个以环境为先的时代，也同样会带来鼓舞人心的新美学标准。

当然在减少单体建筑能源消耗上，除了为建筑安装植物外墙，还有其他更有效的设计方式和技术。但是选用植生墙的关键在于，它安装后立即就可以产生巨大效益——无论对建筑还是更广阔的城市环境来说。许多益处都已经得到证实，并且在一些地区的地方建筑上，毫不夸张地说，这些效益已经造福了几个世纪。

在单体建筑层面上，植生墙的效益包括通过为立面隔热或遮阳，减少建筑制冷制热过程的能源消耗，增加居民的满意度，甚至通过建立居民与自然元素的直接接触提升生产力，过滤污染物以提升室内空气质量，潜在性地促进农业发展，为建筑过滤城市噪声，提高房产价值。在城市层面上，植生墙的益处包括降低城市热岛效应，提升城市空气质量，减少大气中碳含量，吸收城市噪音，提高美观度以及增加生物多样性。

当然，还有大量的难关等待攻克，大量问题需要考虑，尤其是植物对建筑的影响。这些影响包括微观上的（植物生长给立面带来的潜在破坏）和宏观上的（例如植物给建筑结构系统增加的负荷）。维持植生墙的生长也需要额外的资源（最主要的是水和电），植物在高空更大的环境压力（主要是风，特别是漩涡）下能否维持生长也是问题。本指南站在这样的立场上——在说明益处同时，也发现问题，指出局限性。

从我个人角度来讲，我坚定地相信植生墙为城市带来的积极意义——不仅是迄今为止我们所见到的这些局限性的使用方式，还有其他更有效、有意义的使用方式。当然并不是每个人都确信这一点。我记得，当我们宣布"垂直森林"项目米兰空中森林获得"2013研究种子基金"以用于对整座建筑更深入的（从植被对内部空间能源消耗的影响和高处植物自身压力两方面）研究时，我们中的一位成员给世界高层建筑与都市人居学会（CTBUH）期刊写的一封措辞强硬的信。这封信，考虑到建筑为适应这些附属植被需要作出的改变，认为在高空种植植物是个荒谬的概念。他接着解释说，相比在高层建筑上种植一公顷树木，恢复一公顷沼泽地更有效和有益。我不赞同这一假设，但为了带来更多的"可持续性发展"，我的答案不是选择"这个或者那个"，而实际上是"两个都选——越快越好"。

作为建筑学教授，我相信植生墙的益处远不止在于节能或是对住户健康和潜在生产力的提升方面。我认为，现代城市最令人失望的是高层建筑样式持续趋于同化，均质化的城市遍及世界各地。不仅仅是因为现在这些城市看上去都大体相同，更是因为它们自从20世纪50年代现代主义钢筋—玻璃审美观念兴起以来，毫无实质性的进步。尽管在许多方面有了改进，高楼林立的城市还是主要由笔直的、挂满空调装置的玻璃—钢铁硬盒子组成。虽然这些盒子的能效有所提升，但是我们使用的材料颜色以及相应产生的审美特质，完全不能应对21世纪初重要的全球性挑战；这是应对全球普遍的气候变化和做出相应改变的需求。我一直认为我们急需一个新的建筑审美意识，而不是已主导了70年的"玻璃—钢铁"审美意识，才能适应这个具有独特挑战的时代。

杨经文40年前说过，我们需要开始采用柔软的、自然的材质建设我们的城市，而不是坚硬的非自然材料。他的话不仅对于处理当时的环境是一大进步，同时也可以创造一个全新的、振奋人心的、折射我们现今生活环境的审美意识——从字面上的解释，绿色的，而不是其他材质构成的城市。

当然，安装这样的景观也会遭遇巨大的挑战，即使有本书中介绍的 18 个革命性的、首创研究案例，我们在柔化建筑和城市上还有很长一段路要走。大量悬挂植被的项目，例如悉尼中央公园（遗憾的是，它建成太晚，指南中没有详细介绍——见图 1）实在是特殊，很难成为范例。因此，本指南着手于展示世界范围内最实际的且已经安装完成的植生墙项目，并通过对其的研究提出问题和异议。我们希望您能享受阅读这本指南的过程，并从个人角度思考城市绿化，尤其是植生墙绿化的问题。作为世界高层建筑与都市人居学会（CTBUH）可持续工作组的主席，我坚信这对于推进城市向根本的"可持续垂直都市圈"发展是重要的一部分。

安东尼·伍德

2014 年 6 月于芝加哥

▲ 图1：融合了大量垂直绿化的高层建筑项目，如 2014年竣工的悉尼中央公园，或许为人类的城市发展指出了一条令人激动的创新美学标准——尤其在考虑到当今人类所面对的最大挑战气候变暖时。© 约翰· 高林斯

1.0 背景与简介

1.0 背景与简介

1.1 历史上建筑中对垂直植被的利用

几个世纪以来，垂直植被在建筑施工中常被用来遮挡建筑物墙壁和中庭，不仅可以保护建筑不受强风侵袭，还可以栽种一些农作物。最初的垂直植被概念包括对植生墙的广泛应用，可以追溯到公元前600年～800年的古巴比伦王国的空中花园（科勒，2008），它被称为古代世界七大奇迹之一（见图1.1）。这种传统如今在很多气候炎热的国家依然存在。在这些国家中，建筑物四周和门廊上都种满了攀援植物，一方面可以防止建筑外墙直接暴露在过度的日照下，另一方面也可以降低室内温度（见图1.2）。在中世纪的欧洲，观赏性攀援植物和水果树墙以及培育在扁平支撑结构或墙体上的树木，这些在城堡和宫殿的庭院中都很常见，不仅能够为居住者提供遮阴之处，还可以在有限的水平空间内收获水果和蔬菜。

很多北方国家的建筑传统中也常常融合了植被的设计，最常使用的是将草皮（连带薄薄一层泥土铲下来的草和根茎）作为建筑立面材料。斯堪的纳维亚人会在建筑屋顶和立面覆盖一层草皮，以获得更好的隔热性，来对抗极度严寒的气候状况（见图1.3）。在美国和加拿大北方中西部草原地区，类似的建筑实践方式广泛传播。当年，来到这些地方的先驱们就是用草皮建起了房屋，他们把草原表层土壤一层层地叠加起来，作为房屋的墙壁。虽然草皮起到了充分的隔热作用，但是由于其对雨雪等水损情况的敏感性，草皮并非一种良好的建筑材料。这种不足完全可以说明为什么该地区保留下来的草皮房屋并不多见。

时至今日，全世界超过半数的人口居住在城市中，城市中的自然环境也逐渐被人工环境所取代，人和自然之间的关联也变得更加重要。这一点我们可以在现实生活中找到真实的案例：那些靠近自然环境——如公园——的建筑往往要比远离大自然的建筑具有更高的房地产价值（比特利，2010）。在20世纪末期，环境可持续发展运动掀起了一波新的兴趣高潮，即在建筑过程中将建筑与植物融合在一起。近年来，建筑设计师一直在推广在建筑外壳中加入各种植物的设计方式，包括屋顶、外墙等位置，这些也是建筑表面区域的主要部分。将植物融入建筑设计的垂直元素中，这一理念已经逐渐发展成为植生墙的概念，并通过法国植物学家和设计师帕特里克·布朗的"垂直园林"在近年来为大众所熟知（勃朗，2008）。

在过去的二十年中，由于全球人口的急剧增长和全世界范围内大规模的城市化建设，高层建筑的数量大幅度增加。在高层建筑领域中，出现了很多与绿色建筑设计相关的理念，如"生物气候摩天大厦""生态摩天大厦"和"垂直绿化"（杨经文，1995），将生态与环境的关系相互融合；"垂直农业"的理念则是在摩天大楼内进行植物和动物的培育（戴波米耶，2010）；"空中花园"或"空中天井"将绿色的社交／公共空间带进建筑内部（波默罗伊，2013）；"景观立面"的理念则以分布在建筑外墙上的植被为主要特点。

植生墙的类型丰富多样，主要包括绿化立面、生命墙、垂直花园、空中花园、生物遮光罩以及生物立面。植生墙已经成为了许多建筑师和艺术家不可或缺的设计元素，他们运用惊人的想象力，将植生墙融入了已存建筑和新的商业建筑、住宅、公共设施的建设中。

▲ 图1.1：建造于公元前600～800年的巴比伦空中花园模拟建筑。© 比纳·罗登伯格（非商业用途）

▲ 图1.2：覆盖着西班牙式庭院墙壁的植物花盆。© 亚维（共享图片）

▲ 图1.3：冰岛草皮屋。© 格劳姆拜尔（共享图片）

▲ 图1.4：立面支撑植生墙（上图）和综合生命墙（下图）。© 艾琳娜·苏索洛娃

1.2 植生墙的定义和类型

"植生立面"或"植生墙"是一个系统，在这个系统中，植物可以在垂直表面，如建筑立面上以一种可控的方式生长，并能得到定期的维护。攀援植物通过各种方式直接附着在建筑立面的垂直表面上自然生长。自主攀援植物和自给木本植物不需要任何支撑便可以依附在建筑表层或沿着立面生长。其他的植物种类则需要额外的支撑，如花架、花网或线材才能依附在立面表层维持垂直生长，主要包括有气生根、吸根或卷须的攀援植物，缠绕性攀援植物以及松散的灌木（如攀援蔷薇）。

植生墙的主要元素包括植物、栽培基质、支撑植物在立面生长的结构以及灌溉系统。根据植物品种、栽培基质和采用的支撑结构，我们可以将多种类型的植生墙根据其特点，宽泛地分成两类，绿化立面和生命墙。

植生墙的主要构成元素包括：

▸ 植物
▸ 栽培基质
▸ 支撑并使植物依附在立面上生长的结构
▸ 灌溉系统

我们根据植物种类、栽培基质和采用的支撑结构，可以将植生墙分为几个类型（见图1.5）。出于技术指南的目的，现将植生墙粗略分为两类："立面支撑植生墙"以及"综合生命墙"（见图1.4）。除此之外，指南中的某些案例也被归类于"阶梯形台地"和"悬桁式植树阳台"。

立面支撑植生墙

立面支撑植生墙是指整个系统与建筑立面分离，且栽培基质并不会附着在建筑立面上（见图1.8）。通常来说，这类植生墙的栽培基质都放在水平方向的花槽中，花槽可以放在地面上，也可以摆在沿建筑体不同间隔的位置。在本书中选取的立面支撑植生墙案例中，植生墙与建筑立面距离不等，嘉旭阁公寓最近，为200毫米，最远的则是艺术学院建筑，为2.87米，两栋建筑均位于新加坡。

立面支撑植生墙结构通常由固定在建筑立面上的钢制、木制或塑料花架构成，上面攀爬着攀援植物和藤蔓，这些植物由花架的水平搁板、垂直搁板、甚至对角线型隔板支撑。这样的绿化立面可以是平面的，由线材、绳索和丝网构成，也可以是立体的，由固定的框架或骨架结构构成。

本指南根据植生墙的结构支撑系统，将其分为如下几种：

金属网植生墙

金属网植生墙采用铝材或轻型钢材制成

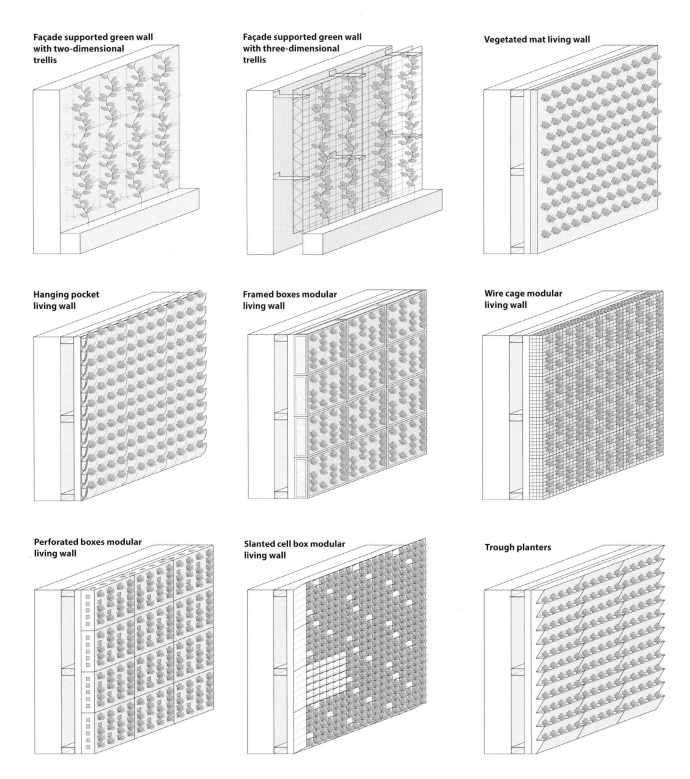

Façade supported green wall with two-dimensional trellis

Façade supported green wall with three-dimensional trellis

Vegetated mat living wall

Hanging pocket living wall

Framed boxes modular living wall

Wire cage modular living wall

Perforated boxes modular living wall

Slanted cell box modular living wall

Trough planters

▲ 图1.5：图示各种不同类型的植生墙。© 艾琳娜·苏索洛娃

▲ 图1.6：植物栅网生命墙。© 艾琳娜·苏索洛娃

的金属网，内部网格相互盘绕，通常以支架固定在建筑立面上。植物一般从有策略地布置在不同高度的花槽或水槽中长出。本书中采用该系统的案例包括：墨尔本 CH2 市政厅 2 号大厦（见案例研究 2.3）；新加坡纽顿轩公寓（见案例研究 2.4）；曼谷 Met 公寓（见案例研究 2.7）；东京保圣那集团总部（见案例研究 2.9）；新加坡艺术学院（见案例研究 2.10）；以及曼谷 IDEO Morph 38 公寓（见案例研究 2.18）。

线材支撑植生墙

这种类型的绿化立面采用了比较灵活的线材，通常用来支撑外形不规则的植物和大跨度的安置。新加坡嘉旭阁公寓便采用了该植生墙系统（见案例研究 2.12）。

固定绿化立面

该系统可以采用能够依附在建筑墙体上的平面和立体花架，也可以围绕圆柱安置，甚至无需支撑物。圣地亚哥康索乔大厦项目可作为该类型植生墙的例证（见案例研究 2.1）。

综合生命墙

生命墙系统不仅让植物依附在建筑表面，还使其完全融入建筑立面的建设之中，植物和栽培基质都安置在建筑外墙的垂直表面上（见图 1.9 中的示例）。生命墙的特色在于，它通过防水薄膜层与立面表层相隔，从而保护了建筑立面，使其不被多余的水分破坏。生命墙的灌溉系统往往同时安置了雨量传感器，这样生命墙的灌溉需求可以更加有效，也有更好的可持续性。生命墙的种类多种多样，主要可以分为植物栅网、挂袋和模块化

▲ 图1.7：挂袋生命墙。© 布莱恩·约翰逊 & 戴恩·坎特纳（共享图片）

系统。生命墙的种类多种多样，主要可分为以下几种：

植物栅网生命墙

这种类型的生命墙由附在牢固的基材框架上的织物层构成。事先种好的植物被放在织物层上剪好的洞里，植物根系则生长在作为栽培基质的织物层中。植物栅网有点像水培系统，因为实际上并没有使用栽培基质，营养物质是通过织物层后面的灌溉管道输送到植物根系的（见图 1.6）。本书中采用该生命墙系统的项目包括悉尼三重奏公寓（见案例研究 2.5）、

伦敦雅典娜神庙酒店（见案例研究 2.8）及波哥大 B3 维雷酒店（见案例研究 2.14）。

挂袋生命墙

挂袋生命墙与植物栅网类似，由固定在牢固的基材框架上的织物容器构成。植物根植于盛放着栽培基质的油毡或塑料容器之中（见图 1.7）。

模块生命墙

模块生命墙由盛放了栽培基质的长方形容器构成，可以安置在建筑外墙上，甚至无需支撑。容器通常由金属或轻型结

▲ 图1.8：安装了立面支撑植生墙的项目案例（从左上至右下）：圣地亚哥康索乔大厦（见案例研究2.1）© 因瑞克·布朗；东京保圣那集团总部（见案例研究2.9）
© 坂木保利；新加坡艺术学院（见案例研究2.10）© 帕特里克·宾汉-豪；曼谷IDEO Morph 38公寓（见案例研究2.18）© W工作空间

构塑料制成，可以塑造成框架箱、钢丝支架或预先打好洞的牢固的箱子。有的时候，容器还可以再被分成更小的个体，垂直或成某一角度安置在容器后墙上。模块生命墙还可以由一系列水槽或水平的迷你花盆垂直堆叠而成。这样植物可以在盛放了泥土、无机栽培基质或天然纤维的容器中直接生长。具体案例可见匹兹堡 ONE PNC 广场（见案例研究 2.6）和马卡迪格林美西空中花园（见案例研究 2.16）。

阶梯型台地

阶梯形台地大都由混凝土地板构成，上面以带托盘的填充墙支撑着栽培基质，像阶梯一样向上伸展，跟我们在世界各地都能看到的山坡上的梯田差不多。这种绿化方式较常使用在植物所需的媒介类型较多或者对土壤量的需求较大的情况下，既可以用作绿化屋顶，也可以用作植生墙。在本书中选取了三个阶梯型台地园林的案例——福冈安可乐斯国际大厅（见案例研究 2.2），新加坡 SOLARIS 大厦（见案例研究 2.13）以及新加坡皮克林宾乐雅酒店（见案例研究 2.15）。除此之外，新加坡吉宝湾项目也向世人证明，此类设施也可以安装在较高的建筑之上（见图 1.10）。

悬桁式植树阳台

一些建筑，包括本书中的四栋——新加坡纽顿轩公寓（见案例研究 2.4）；曼谷 Met 公寓（见案例研究 2.7）；米兰空中森林（见案例研究 2.17）；及曼谷 IDEO Morph 38 公寓——在其立面前侧种

植了大量的树木。这样的阳台一般都带有足够深的花槽，以维持植物根系结构和生长所需的土壤，有时花槽的高度会和护栏平齐。由于树木和土壤的重量较大，阳台一般采用钢筋水泥制造，并且和建筑结构本身结为一体。曼谷的汉莎酒店和圣地亚哥的"森林领域"写字楼都是应用了此类植生墙的案例。后者沿建筑体纵向展示了六棵大型树木（见图 1.11）。

其他类型

植生墙的种类还包括覆盖着苔藓或草皮，甚至全部由树木构成的建筑外墙。苔藓和草皮外墙的建筑范例可见荷兰设计师奥瑟戈罗恩和英国视觉艺术家阿克罗伊德以及哈维的作品。由法国建筑师爱德华·弗朗科伊斯设计的"花之塔"，沿楼面边缘安置了单个的大花盆，内植树木和灌木植物，这是一个非常有趣的植生墙范例。还有一类植生墙由结合了花槽的立面面板系统构成，例如盖塔诺·派西设计的日本大阪"有机建筑"。隈研吾设计的日本小田原市"绿色铸造"建筑。植生墙还可以由盆栽植物层或结合了花盆设计的新型建筑材料构成，例如由厄巴纳波利斯莫设计的西班牙"伊比沙花园"所采用的空心砖外墙。或者还有最简单的设计，多伦多博物馆大楼，每层阳台上的花槽盒都能为建筑立面带来相当有视觉冲击的绿化效果——尤其是站在楼下向上仰望的时候（见图 1.12）。

植生墙所带来的益处可以分为"城市层面"（为建筑本身以外的城市社区带来的益处）和"建筑层面"（强调植生墙对建筑用户以及所有人带来的益处）。

参量	立面支撑植生墙	综合生命墙
成本	较经济	较昂贵
生命周期	超过100年，一些覆盖着攀援植物的历史建筑上的植被存活的时间更长	生命周期为10~15年，通常要比建筑物本身的生命周期短很多
维护	对维护的需求较少；主要是通过目检和对植物进行修剪和	对维护需求较多；植物修剪，定期对立面结构的融合度进行检测，需要灌溉系统
灌溉	由雨水天然灌溉，同时由人工和自动浇灌通常安装补充灌溉系统	自动灌溉系统
结构支撑	离开建筑立面的轻型结构支撑（线材、丝网、花架）	较为明显的结构支撑；为建筑结构额外增加了恒载，需要将这部分重量计算在内
热性能/隔热	有一些热性能益处	较好的热性能益处
能源需求	低；植物通过自然长成的格局为建筑提供遮挡	中等；依靠自动灌溉系统，增加了维护需求，耗费较多的支撑结构用材
最佳气候带	所有气候带	温带及热带气候带

▲ 表1.1：立面支撑植生墙与综合生命墙的对比。

1.3 植生墙带来的益处

在建筑中结合植生墙或立面绿化的设计，会为建筑带来多方面的益处。这些益处取决于很多因素，例如地理位置、气候条件、建筑几何尺寸、朝向、植物种类，以及植生墙构成与系统（见表1.1）。

植生墙所带来的益处可以分为"城市层面"（为建筑本身以外的城市社区带来的益处）和"建筑层面"（强调植生墙对建筑用户以及所有人带来的益处）。

益处：城市层面

1. 减少城市热岛效应
2. 改善空气质量
3. 碳封存
4. 美学吸引力
5. 为城市居民带来心理影响
6. 提供生物多样性，营造自然动物栖息地
7. 隔绝噪音

益处：建筑层面

8. 提高建筑能源效率
9. 提高内部空气质量，过滤空气，促进氧化作用
10. 健康益处
11. 建筑外墙保护
12. 减少室内噪音
13. 农业益处
14. 增加房产价值
15. 提高可持续发展评级系统评分

▸ 可持续的土地开发
▸ 节水
▸ 能源与大气环境
▸ 材料与资源
▸ 室内环境质量
▸ 运营与设计上的创新

植生墙在城市层面的益处

1. 减少城市热岛效应

城市热岛（UHI）效应是由城市中心与周围郊区的温差引起的，现在已经成为很多现代都市的严重环境问题。城市气温明显较高，这是因为城市里拥有太多的热源，主要是车辆、工业生产、机械设备和坚硬且有反射性的建筑表面材料，这些热源都在向城市环境辐射热量，这些热量陷在城市中狭窄的通道内无法散发。而郊区的气温较低，通常是因为大量的植被可以吸收热量。根据美国环境保护署（EPA），人口百万以上的城市，其年均气温要比周边地区高1~3℃。到了傍晚时分，这种温差甚至可以高达12℃。城市热岛效应造成的结果有很多，如为建筑内部降温需要增加机械空调的使用，提高了能源消耗、空气污染，使

▲ 图1.9：安装了植生墙的项目案例（从左上至右下）：悉尼三重奏公寓（见案例研究2.5）© 帕特里克·布朗；匹兹堡ONE PNC广场（见案例研究2.6）© PNC；伦敦雅典娜神庙酒店（见案例研究2.8）© 帕特里克·布朗；波哥大B3维雷酒店（见案例研究2.14）© 派萨基斯莫·乌尔巴诺

▲图1.10：安装了阶梯形台地园林的项目案例（从左上至右下）：福冈安可乐斯国际大厅（见案例研究2.2）© 埃米利奥·安巴斯；新加坡皮克林宾乐雅酒店（见案例研究2.15）© 帕特里克·宾汉–豪；新加坡吉宝湾映水苑全景图 © 吉宝湾私人有限公司；吉宝湾映水苑高空处台地园林特写。© 丹尼尔·李博斯金工作室

温室气体释放到大气环境中等。

在城市增加植被可以缓解城市热岛效应，通过一些绿化策略，诸如城市公园建设、绿化屋顶和植生墙等。植物可以通过吸收热量来降低户外空气温度，增加湿度，使建筑和土地免受直接风吹日晒，从而制造一种适度的微气候。

2. 改善空气质量

在光合作用的过程中，植物可以将二氧化碳、水和阳光转化成氧气和葡萄糖。由于植物可以产生氧气，它们对于地球上所有的生命来说都非常重要。在现代都市中，宝贵的地面空间都被建筑物所占据，植物越来越稀少，因此造成氧气的生产量不足。除此之外，大量的城市设备都会释放二氧化碳和其他造成温室效应的气体到大气中去。在这种情况下，产生的温室气体要远比植物能够吸收得多，也因此导致了城市整体空气质量的下降。据报道，一棵树冠直径五米的树或四十平方米植被密集的植生墙可满足一个成年人一年的氧气需求量（明克 & 威特，1985）。因此，通过将植被引进城市缺乏氧气的区域来改善空气质量，这是非常有必要的。

3. 碳封存

所有活着的植物都有储存——或者说是"封存"碳元素的能力，否则这些碳元素将以二氧化碳的方式释放到大气中去。而二氧化碳则是一种温室气体，也是造成全球气候变暖的主犯。许多城市已经开始了植树造林计划，争取碳封存的主动权。然而，在许多城市区域，能够支

持树木和其根系生长的土地十分有限。而以藤蔓植物为主的植生墙则是一种能够节省空间和水源的极佳选择。藤蔓植物不仅能够在原建筑的外墙上生长，对栽培基质的需求也较少，而且它们也是更加高效的碳封存引擎。对于树木来说，大部分能量都用来生长树干，因为树干需要为树叶提供营养和高度支撑，但本身并不会吸收二氧化碳或制造氧气。藤蔓则几乎完全由叶片构成，因此其碳封存量是同等体积的树木的60～100倍（维应思博，2014）。

4. 美学吸引力

植生墙最为可见的好处是它们漂亮的外观对人们构成了吸引力。建筑设计师们常常将植生墙作为一种二维的艺术形式来装饰建筑结构。多种多样的植物，其颜色和纹理不尽相同，都可以作为一种活的艺术媒介而被技巧性地应用，因为这些植物会随着季节的变化而改变植生墙的外观。植生墙可以装饰建筑中较为难看的墙面（例如停车场），也能够带来其他一些好处。例如，将植生墙安装在地面附近，会营造出迷你公园或者街道景观的空间，可用于休闲。通常来讲，植生墙的视觉效果要远远优于绿化屋顶，因为街道上来往的行人很容易就能看到。

5. 为城市居民带来心理影响

因为植生墙的存在，将人们从冰冷单调的城市景观中解放出来，人类在建成环境中的生活质量也因此得到了改善。这这个世界的许多地方，城市中很多地方都充满了冷硬的建筑外墙和拥堵的车辆，

藤蔓植物不仅能够在原建筑的外墙上生长，对栽培基质的需求也较少，而且它们也是更加高效的碳封存引擎。由于藤蔓几乎完全由叶片构成，其碳封存量是同等体积的树木的60～100倍。

这在很大程度上都会引起行人的不快。而植生墙不仅用它的漂亮外观将人们从单调的钢筋水泥中解救出来，也因为其吸收建筑表面和街道的热辐射能力而给忙碌的都市人带来一种镇定效果。

6. 提供生物多样性，营造自然动物栖息地

英国进行了一项针对城市垂直植生墙表面生物多样性的分析，研究发现建筑墙体和立面为某些种类的植物和动物提供了良好的栖息地（达林顿，1981）。根据这项研究，建筑垂直外墙中最为常见的有机体是藻类植物和青苔，它们能在细小的裂缝和孔洞中生长。其他的典型立面"居民"还有苔藓、蕨、地钱、景天、草本植物、藤蔓、草以及一些松柏科植物（紫杉）。这些类型的植物由于其生长在孔洞和裂缝中的能力极强，因此也能很好地适应垂直生长。同时建筑立面上厚厚的植被层也成为了对昆虫、鸟类和一些小动物极具吸引力的栖息之地。

7. 隔绝噪音

在很多城市中心，街道噪音能够达到影响人们注意力和心灵宁静的程度。坚硬的建筑表面会造成噪音的反弹、放大和重新发射。这些车辆、汽笛、喇叭以及工地的噪音几乎成了都市生活的代名词，但也并非无法衰减。繁茂的植生墙有隔绝城市噪音的作用，也是原本紧张狂乱的环境中视觉和听觉上的一种暗示。

植生墙在建筑层面的益处

8. 提高建筑能源效率

立面植物对建筑热性能有多方面的积极作用（见附录 A），包括增加墙体隔热（尤其是在寒冷气候带安装植生墙的情况下），为立面遮阳（在较热的气候环境下），通过蒸腾作用降低室温以及减少建筑立面附近的风量。用植物遮阳会降低建筑外墙的温度梯度，也能减少建筑不透明外墙的热传导。植物的蒸腾作用能够为植物层的空气降温，并为增加湿度，而且由枝叶构成的植物层多孔结构也能降低建筑立面附近的空气运动。降低的外墙表面温度和立面附近的户外空气温度也会降低热量通过不透明建筑外墙的传导，并减少空气对建筑内部的渗透，从而提高了建筑能源性能，减少能量消耗。

9. 内部空气质量、过滤空气、促进氧化作用

许多现代都市都有严重的空气污染问题，这会导致不计其数的人类健康问题，并很可能加剧建筑材料的老化。空气质量可以通过栽种植被得以改善，这一点已经得到证明。众所周知，植物能够通过叶片吸附空气粉尘，也能吸收大气中的气体污染物。植物叶片还有吸收大气中重金属粒子的能力，包括钙、铜、铅和锌。一项德国研究显示，在没有树木的街道上空气污染量为每升空气中含 10,000 ~ 20,000 个尘埃微粒，而两侧种植了树木的街道则每升空气中只含 3,000 个尘埃微粒（明克 & 威特，1985）。

空气污染物不仅存在于大气中，建筑内部各种建筑材料（粘合剂、地毯、电子设备和清洗液）都会释放挥发性的有机物质（VOCs），这些化学有机物对人体健康有着负面的影响。近年来，一些建筑设计师开始利用植生墙的空气过滤能力，旨在提高建筑室内的空气质量。相比于耗能的人工过滤方式，植生墙是更为自然的选择。NEDLAW 植生墙便是这样的生物过滤器，由能够降解污染物的植物构成（NEDLAW 植生墙，2008）。空气单程进入 5 厘米厚的植生墙便能被净化掉 80% 的甲醛、50% 的甲苯以及 10% 的三氯乙烯。对于每 100 平方米的楼面面积来说，1 平方米的植生墙便可以有效过滤空气。

10. 健康益处

植物对人类的身心健康有着积极的影响，这一点已广为人知。多方面研究结果显示，生活或工作在室内空间的人都希望能够看到室外的绿色植被，这会使他们产生正面的情绪（怀特 & 贾特思勒本，2011）。除此之外，植物净化空气、制造氧气的能力也能为那些因为城市污染而染上呼吸系统疾病（如哮喘和过敏）的人带来巨大的益处。

这本指南中选择了几个案例项目，包括圣地亚哥康索乔大厦（见案例研究 2.1）以及东京保圣那总部大厦（见案例研究 2.9），都有相关记录，说明了植生墙在改善员工工作效率、减少疾病相关的旷工方面的作用。而植生墙在过滤光线，随四季更替改变建筑外观以及在某些情况下为居住者提供食物、促进人与自然环境的交融度方面的作用，在那些工程化程度高的写字楼中并不太容易实现。

11. 建筑外墙保护

立面植被可以保护位于植物层后面的墙体结构不受紫外线辐射的伤害，以免引

▲ 图1.11：安装了悬桁式植树阳台的项目案例（从左上至右下）：曼谷汉莎酒店 © 帕特里克·宾汉-豪——WOHA建筑事务所；曼谷IDEO Morph 38公寓（见案例研究
2.18）© W工作空间；米兰空中森林（见案例研究2.17）© 艾莉诺拉·卢凯塞；圣地亚哥"森林领域"写字楼。© 文森特·普兹特——汉德尔建筑事务所

▲ 图1.12：其他类型植生墙系统以及多种植生墙结合的项目案例（从左至上至右下）：巴黎"花之塔" ©埃斯特·韦斯特维尔德（非商业用途）；大阪有机建筑·森本幌司（共享图片）；多伦多博物馆 ©Page+Steele/IBI Group建筑事务所；悉尼中央公园，综合了多种植生墙。©西蒙·伍德

起建筑材料老化。植生墙通过减少日间温度波动，减少了建筑材料内部的压力，这种压力会导致材料出现裂缝和提前老化。在极端天气下，暴露在外的立面温度变化范围可以从 −10℃升至 60℃，而覆盖了植被的立面温度则在 5℃到 30 摄氏度之间波动（明克 & 威特，1985）（WISER 2011）。

建筑外墙的植物层也可以作为建筑"外层"，同样可以保护墙体材料不受物理损伤，同时也能为墙体遮挡雨水。除此之外，受到户外植物保护的墙体建筑材料对维护的需求也就更少，同时延长了生命周期，也因此节省了寿命周期成本，增加了隔热性能。

然而需要注意的是，如果植生墙植物选择不当，很容易出现植物顺着墙面连接处进入建筑内部的问题，如果没有得到及时缓解就会造成建筑结构的损毁。

12. 减少室内噪音

绿色植物有着很强的隔绝声音的性能，因此可以应用植生墙的植被层来减少室内空间的噪音传递（范兰特翰等人，2013）

13. 农业益处

植生墙也可以用来种植农作物，例如西红柿、茄子、夏南瓜、西葫芦、黄瓜、豌豆以及葡萄藤等。因此，在一些气候环境中，植生墙具有成为城市微型农场的潜力，周边的居民可以有机会种植作物作为自用。城市农场中种植出来的本地作物新鲜、应季，而且根据城市居民

的需要随时获得。这样的农场也能成为社区生活的中心。目前，一些生产商正在致力于开发能应用于垂直种植农作物的植生墙商品，例如 Reviplant 公司开发的 Reviwall 植生墙系统（Reviplant，2008）。位于洛杉矶市贫民区的格拉迪斯公园便安装了这种"可食用的"植生墙，植生墙由绿色生命科技有限责任公司提供（欧文，2008）。

14. 增加房产价值

几项研究已经证实建筑上的绿化设计，如绿化屋顶或植生墙等，能够增加 20% 的房产价值（皮特 & 杰克逊，2008），（福尔斯特 & 迈克阿里斯特，2009），（米勒，2008），（艾希霍尔茨等人，2010）。由英国皇家特许测量师学会（RICS）进行的独立研究，针对加拿大、美国和英国的绿色建筑进行调查。该项研究结合不同的案例进行分析，给出了这样的结果："绿色建筑的可持续发展特色会增加地产的价值。"作者进一步总结，安装有可持续绿化元素的建筑不仅对环境和健康有着积极的影响，还为人们的生活和工作提供高效率的空间，能够获得更高的租金和价格，更快吸引租户，减少租户流失，同时也降低了运营和维护成本（柯普，2005）。

15. 提高可持续发展评级系统评分

采用了垂直绿化的建筑通常可以获得可持续发展评级系统的较高评分，例如能源与环境设计先锋（LEED）项目以及美国绿色建筑协会的自发绿化建筑评级系统（LEED《建筑设计与建设参考指南

在一些气候环境中，植生墙具有成为城市微型农场的潜力，周边的居民可以有机会种植作物作为自用。当前，一些生产商正在致力于开发能应用于垂直种植农作物的植生墙商品。

几项研究已经证实建筑上的绿化设计，如绿化屋顶或植生墙等，能够增加 20% 的房产价值。安装有可持续绿化元素的建筑不仅对环境和健康有着积极的影响，还为人们的生活和工作提供高效率的空间，能够获得更高的租金和价格，更快吸引租户，减少租户流失。

2013》卷四）。植生墙可以直接或与其他可持续建筑元素一起，在可持续土地开发、节水、能源与大气环境、材料与资源、室内环境质量以及运营与设计创新等方面，提升建筑 LEED 认证中的评分：

▸ 可持续的土地开发

植生墙可以阻挡过多的暴雨排放量以及清除雨水中的微尘和其他污染物，从而提高建筑在防暴雨设计和热岛效应两个类别中的评分。颜色较暗的植生墙还能帮助减少建筑表面阳光反射，从而缓解城市热岛效应。

▸ 节水

建筑可以采用雨水收集系统为植生墙的灌溉和其他特色景观提供用水，从而减少废水生成。收集系统可以从雨水、空调冷凝水以及建筑基部排水获得水源。建筑可能得分的项目包括节水景观河创新废水利用技术。

▸ 能源与大气环境

植生墙通过自身的蒸腾作用为建筑额外附加了一层隔热层和天然降温层。这样的效果根据建筑所处气候带的不同，带来不同程度的可持续利用能源和成本上的节省。建筑可能得分的项目为"优化建筑节能性能"。

▸ 材料与资源

植生墙可以在两个项目上为建筑加分：i）回收物质含量，ii）地域材料。

▸ 室内环境质量

可能为建筑加分的项目包括：最佳管理办法——减少气流分布中的微尘；人体舒适度——用户使用；以及绿色清洁——室内病虫害综合治理。

▸ 运营与设计上的创新

植生墙设计能够为人们带来心理和生理上的益处。可能为建筑加分的项目包括创新废水利用或通风系统。

除了 LEED，还有一些为建筑绿化策略进行评分的建筑节能和可持续发展评级系统。在澳大利亚和新西兰，安装了植生墙的建筑可以获得绿化星级评分，这是第一个为评估澳大利亚建筑环境设计与性能进行评估的综合评级系统。

其他国家的情况也比较类似，例如：英国 BRE 环境评估方法（BREEAM）建筑评级系统；德国，绿色建筑可持续发展能力资格评估（DGNB）；意大利，意大利绿色建筑协会（GBC Italia）；新加坡，BCA 绿色建筑标志；以及日本，建成环境效益综合评估系统（CASBEE）（里德等人，2009）。

1.4 标准、政策与奖励

城市垂直绿化的发展是为了应对很多城市环境中的环境、社会以及经济问题而进行的。目前还没有一个针对植生墙安装和性能的国际通用的标准，但是在全世界范围内都出台了鼓励植生墙建设的政策。

新加坡一直致力于提升自己，将城市打造成一个环境上可持续发展的都市，在绿化政策、绿化建筑和环保能源的执行上的国际领导者。现在的新加坡受到多方面财政激励，主要由城市重建局（URA）和国家公园局（NParks）推行实施。2009年，新加坡启动了高层建筑绿化激励方案（SGIS），为植生墙安装提供50%的成本支持（NParks，2009）。城市空间和高层建筑景观美化工程（LUSH）是一项在新加坡开展的项目，旨在刺激针对新老建筑进行绿化的积极性。该项目包括四类：针对策略性领域的景观更换政策，景观屋顶区域的室外更新工程，将公共区域空中平台的面积从建筑总面积中去掉，建设景观露台（URA，2009）。除此之外，新加坡建筑建设局还在2005年启动了绿色建筑标志计划，目的在于促进建筑工业和建筑开发商的可持续环境发展意识（BCA，2013）。

在澳大利亚，墨尔本市正在致力于"种植绿化指南"的开发，旨在通过建造绿化屋顶和植生墙来呈现自然美景并刺激生物的多样性（IMAP，2013）。指南将重点放在绿化特色上，有四项主要原则："例示""授权""激励"以及"参与"，即在公共建筑上打造绿化范例，简化审批许可和施工流程，提供经济支持（赠款及退税），增加社区参与性以及通过媒体覆盖、比赛、特殊活动等宣传植生墙的相关知识。

在德国，柏林、慕尼黑、科隆、明斯特、杜塞尔多夫以及斯图尔特已经落实了制度和激励办法，以鼓励在建筑中采用绿化立面以进行雨水管理。柏林市率先提出"生境面积系数"（BAF），用以表示有效生态面积（如植生墙、绿化屋顶等）于建筑总面积的比率（Ngan，2004）。

在美国，西雅图建立了"绿化系数评分系统"，该系统旨在增加城市绿化空间，使建筑所有人能够在众多绿化特色中做出选择，如行道树、绿化屋顶以及植生墙等。绿化系数评分系统可应用在新的开发项目上，需要商业建筑的植物覆盖率达到30%，多户住宅区的植物覆盖率要达到50%（西雅图绿化系数评分系统，2013）。其他的美国城市也同样提出了各种针对植生墙的激励措施。旧金山和芝加哥为所有的植生墙建筑项目简化了审批程序，旧金山的《绿化建筑条例》实行于2008年，为二氧化碳排放量设定了最小标准。

加拿大温哥华已经实行了环保计划政策以及建筑章程，同时也采用了LEED黄金认证的要求，鼓励为建筑安装植生墙。多伦多也为植生墙和垂直植被的建设提供了一些经济上的激励。

丹麦哥本哈根也实行了可持续环境发展的政策、激励以及发展目标，主要集中在可实现碳平衡系统的景观建设上，将哥本哈根打造成更加可持续发展的城市。

英国伦敦提出了在2030年之前实现提高伦敦市中心绿化覆盖率5%的目标计划。伦敦市长和城市设计师们共同完成了一本技术指南，专门用以支持伦敦计划政策。

日本的东京正在实施一些规划政策和经济上的激励，日本政府也开始在全国范围内推行东京的这些政策。

在中国，北京市也设立了政策目标，为高层建筑增加了30%的绿化特色，为底层建筑增加了60%，以改善空气质量并减少2008年奥运会后的污染。

很多其他的城市目前也都开始推行各种绿化政策，并考虑使用激励措施来鼓励植生墙的安装。

1.5 关于本书的一些说明

这本指南中大量的例证性材料均由对现实中植生墙和垂直植被安装的案例分析组成。指南中共含18个详细的案例研究分析，反映了世界各地安装的不同种类的植生墙。当前的所有案例均按照竣工时间的先后顺序排列，但是从其他几种分类形式来了解这些案例也大有裨益。

总体来讲，这些案例中的建筑来自10个国家的11个城市，其中五座在新加坡，其他城市包括曼谷（2），圣地亚哥（2），波哥大（1），福冈（1），伦敦（1），马卡迪（1），米兰（1），墨尔本（1），匹兹堡（1），悉尼（1）以及东京（1）。新加坡的建筑之所以占有主导地位，是由几方面因素造成的。新加坡和其他几座赤道地区的城市气候炎热潮湿，极适合植物的生长，不仅对水的需求少，还能保持全年常绿。该地区也是两家最为高产的先锋公司的创始之地，这两家还相当年轻的公司，TR 汉姆扎 & 杨和 WOHA（指南中一个泰国曼谷的项目也由该公司完成）均致力于植生墙的生产。第三个主要因素在于，新加坡政府在绿化城市环境方面制定了有力的激励政策和规章制度（见第一章第四节）。

本书中的建筑案例在功能上分为政府办公楼（2）、酒店（4）、多户住宅（7）、学校（1）以及商业写字楼（4），其高度从最低的 30 米（哥伦比亚波哥大 B3 维雷酒店）到最高的 268 米（菲律宾马卡迪格林美西美居）。

在打开下一页之前，读者应该注意到，本书只选取了具有高度代表性的建筑案例，并没有将所有植生墙建筑详尽无遗地罗列出来。本书选取的这些案例可获得的数据完整性较高。同样，在研究了各种相关出版物之后，从某种程度上讲研究活动不得不暂时告一段落，而写作与编辑工作便相应开始。要把不计其数的安装了大量植生墙的建筑项目全部囊括其中，这是不可能做到的事情，这些不得不忍痛割舍的项目包括澳大利亚悉尼中央公园，建成于 2014 年；以及哥伦比亚绿色麦德林墙，亦建成于 2014 年（高 92 米，据称是全世界第二高的"垂直园林"）。这些项目之所以没有包含在案例研究中，主要出于几方面的原因。在本书中，一些案例建成于前不久，因

此要想获得本书中需求的切实可靠的连续数据较为困难。另外一些建筑虽然已经运行了十年甚至更久，但详细的数据和信息还是很难获得。更为主要的是，我们所需的大量信息无法在这本书的出版计划内及时获得，或者因为一些信息——如性能数据——还没有得出，又或者——这一点十分令人沮丧——出于某些原因，建筑所有人和 / 或建筑师不愿同我方合作。

在这本指南的编辑工作中，我们的目的是想将每个案例的详细性能数据传达给读者，而这些数据的存在，也使得我们可以对每个系统和采用的设计策略的有效性做出直接的分析，从而让那些希望在其他建筑中采用类似设计策略的人从中受益。但是我们现在还达不到如此崇高的理想境界，在作者看来，在针对可持续发展实践的实施过程中，或许该领域正面对着一个最大的伤害——即缺乏可靠且连续的"硬性"数据。而且很多没有达到期望值的建筑项目对记录或透露建筑信息这件事都非常抗拒，即便这是个针对建筑工业一个重要组成部分极好的学习机会。

我们会将获得的有关植生墙性能表现的信息收录进来，以便读者对每个项目采用的植生墙系统达到最好的理解和评估。

在每个案例研究中，还包括了大量的关于该项目的优势与限制的分析。在本书的第三章，为了弄清植生墙在哪里可以发挥最大的潜力以及不同植生墙的优缺

点，我们进行了不同案例之间的比较分析。在第四章，我们将分析统一在一起，形成了一些建议，同时也是对这本指南的总结，也为将来在该领域必需的进一步研究给出了建议。

如何使用这些案例研究

作者尽量将本书所选取的这些案例以系统且连续的方式呈现，以便使读者尽可能了解并在这些案例之间进行可能的比较。下面是针对每一项案例研究结构的简短说明。

建筑数据

每个案例的第一页都罗列了项目的基本数据，包括竣工时间、建筑高度、建筑面积、建筑基本功能以及结构材料。

植生墙概况

接下来是植生墙的类型、维度、在建筑墙体上的位置以及绿化面积占建筑墙体面积的百分比。这样读者就会对该项目的规模和考虑到那些参量有所了解。设计策略部分则给出了植生墙背后的主要设计意图和目标。

气候数据

在选择项目所在省市的气候数据时，主要考虑到那些对植生墙的类型、朝向和生存能力会产生直接影响的因素。本指南采用了柯本气候分类系统，该系统根据本土植被是气候最精确的表达形式的理念，对气候类型进行分类。气候区的划分基于植被分布，分类通过年均和月

均气温及降雨量以及降雨量的季节性变化来表示。距离来说,泰国曼谷属于"赤道"气候带,降雨情况为"冬季干旱"。

数据还包括对日照的测量,例如地理位置(以便建立最佳墙体位置或保护立面不受日光暴晒的最佳角度)、每日平均日照时间以及建筑受到的最大和最小阳光辐射量。

气温有三种表现形式——一种是年平均值,另外两个则分别显示了一年中三个最冷月份和三个最热月份的日平均气温。

降雨量也是非常重要的数据,同样的还有最高和最低湿度值。

由于风也是明显破坏植物的因素之一,所以了解当地的盛行风向和平均风速也很重要,这样那些适合的耐寒植物就可以在适合的气候环境中得以选择了。

"当地气候"会在接下来的正文中进行简要叙述。

背景

背景部分以叙述的方式给出了项目所在地、工程计划以及建筑的总体设计。

植生墙概况

该部分给出了项目所采用的植生墙的类别以及副类别(立面支撑植生墙、生命墙等)以及植生墙的位置和结构支撑系统。

植物种类

该部分解释了在植物种类的选择上的基本原则,包括气候、维护以及期望的绿化覆盖需求。最后给出了项目所采用的植物的详细说明。

灌溉系统

这本指南中介绍的大部分项目都采用了自动灌溉系统,这些系统较为复杂或者属于专利设计。每个案例中呈现的信息量不同;至少这本指南希望能通过介绍使大家对这个系统有一些基本的操作上的了解。

维护

这一部分描述了建筑所有人和运营者所采用的维护植生墙的策略,包括维护的频率和靠近植生墙的途径。

分析与结论

该部分根据提供的所有信息,对整体项目进行评论,同时针对项目在设计意图的执行、建筑规模实现的程度、所选设计策略的适合程度进行等级评估。

绿化覆盖率计算

该部分解释了计算绿化覆盖率的方法。所有植被都是在达到预期的成熟度、呈生长的势态时进行评估的。从植生墙这个名字就可以知道,该设计一定是结合了植物,而且植物的形状、大小和密度(随时间变化改变较大)都不尽相同,因此为了对两个明显不同的项目进行公平公正的比较,就必须采取某些统一的计算方式。在很多情况下,模块花架或栅格系统的大小都会被用于评估绿色植被的范围。在那些植被以不规则的树丛或灌木丛形式存在的绿化设计中,50%植物密度损失值将在计算轮廓不规则的植物面积时从总面积中减掉。如果植生墙采用了树木,则直接对每棵树的树冠面积进行估量。只有那些对建筑立面区域起到直接的影响/遮挡作用的树木才会被包括在计算之内。

新加坡的建筑之所以占有主导地位,是因为新加坡气候炎热潮湿,极适合植物的生长,对水的需求少,而且新加坡政府在绿化城市环境方面制定了有力的激励政策和规章制度。

2.0 案例研究

建筑数据：

建成时间
- ▸ 1993年

高度
- ▸ 58米

楼层
- ▸ 17层

总建筑面积
- ▸ 27,720平方米

建筑功能
- ▸ 写字楼

建筑材料
- ▸ 钢筋混凝土

植生墙概况：

植生墙类型
- ▸ 建筑立面支撑植生墙（水平铝板）

绿化位置
- ▸ 建筑北侧和西侧立面，4～8层，
  10～12层，及13～14层

绿化表面积
- ▸ 2,293平方米（近似值）

设计策略
- ▸ 在距建筑立面1.4米处安置水平铝
  板，为攀援植物提供2～4层楼高度
  的支撑。
- ▸ 将植生墙垂直分成三个间隔，每
  部分都由位于植生墙底部的水平花
  槽支撑。
- ▸ 选用落叶植物，夏季可遮挡阳光，
  秋季可为建筑增添色彩，在冬季建
  筑可以吸收较多热能并增加采光。
- ▸ 大厦用户和维护人员相互协作修
  建植物，来控制大楼吸热及日光
  辐射。
- ▸ 户外种植的行道树为大厦低层提供
  吸热及强光保护。

案例研究 2.1

康索乔圣地亚哥大厦 圣地亚哥，智利

当地气候

圣地亚哥属于地中海气候，夏季炎热干燥，冬季温和湿润（见图2.1.1）。在11月至次年2月的夏季，气温保持在17℃至20℃之间，天气干燥而多风，盛行风向为西南风。在5月至8月的夏季，气温则在0℃至13℃之间，很少降到零度以下。由于降雨主要集中在冬季，所以圣地亚哥的冬季比较湿润。在圣地亚哥很少有降雪，但城市远方隐隐若现的安第斯山脉却降雪频繁。冬天里，偶尔由逆温现象引起浓雾便盘桓在山谷之中。圣地亚哥是世界上污染最严重的城市之一，多半因为其天然盆地的地理位置，尤其是在冬季，浓雾天气最为严重。

背景

康索乔办公大楼位于智利圣地亚哥市的拉斯孔德斯区（见图2.1.2）。从平面图来看，建筑平面像是一艘向南行驶的"船"（见图2.1.3），由于受到两条主干街道（埃尔博斯克大道和托巴拉巴大道）轴线的包围，建筑正面呈笔直的线条型。在最初的规划中，建筑使用面积被分为两个部分，一至三层为康索乔公司自用，较高的楼层部分将用于出租；但最终康索乔公司却占据了办公楼的绝大部分楼层。由于两条主干街道之间形成了148°的开角，建筑师将办公大楼南侧设计成尖锐的锐角形状，这里也成为了进入拉斯孔德斯区办公区域的象征性标志。建筑西侧为曲线形设计，从这一侧可以看到来自附近地铁站和街边的行人。曲线形设计使整栋建筑向后收进，因此在两端角落的空间还特别加设了两座小型室外广场。

气候数据：[1]

建筑所在地
> 圣地亚哥，智利

地理位置
> 南纬33.5°
> 西经70.7°

地势
> 海拔550米

气候分类
> 暖温带，夏干区，夏季温暖

年平均气温
> 14.4 ℃

最热月份（12月、1月及2月）中白天平均气温
> 20.5 ℃

最冷月份（6月、7月及8月）中白天平均气温
> 8.7 ℃

年平均相对湿度
> 58%（最热月份）；
> 83%（最冷月份）

月平均降水量
> 30 毫米

盛行风向
> 西南

平均风速
> 2.5米/秒

太阳辐射
> 最大：976瓦特时/平方米
> （12月21日）
> 最小：815瓦特时/平方米
> （6月21日）

年均每日日照时间
> 6.6小时

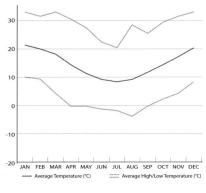

平均气温概况（℃）

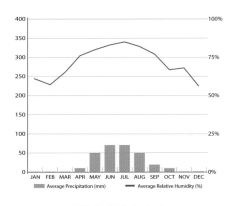

平均相对湿度（%）及
平均降雨量

▲ 图2.1.1：智利圣地亚哥气候概况。[1]
◀ 图2.1.2：建筑北侧全景。© 因瑞克·布朗

---

[1]书中列出的气候数据来源于世界气象组织（WMO）、英国广播公司（BBC）以及国家海洋与大气管理署（NOAA）。

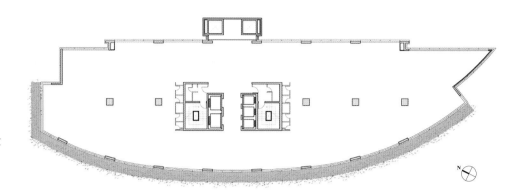

平面图

植生墙覆盖在建筑北侧和西侧立面，总面积为2,293平方米。

▲ 图2.1.3：标准平面图显示的植生墙位置。© 因瑞克·布朗

立面细节

支撑结构由水平铝板撑起的不锈钢框架组成，距离建筑表面1.4米，为植物提供了攀爬的媒介。

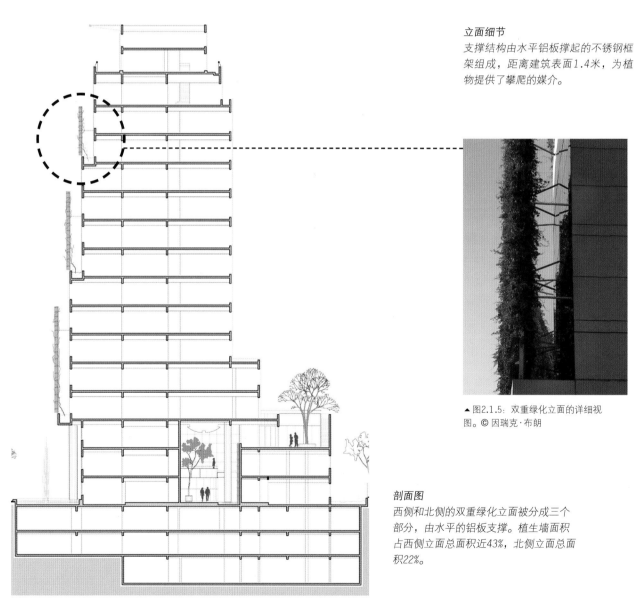

▲ 图2.1.5：双重绿化立面的详细视图。© 因瑞克·布朗

剖面图

西侧和北侧的双重绿化立面被分成三个部分，由水平的铝板支撑。植生墙面积占西侧立面总面积近43%，北侧立面总面积22%。

▲ 图2.1.4：剖面图显示了垂直方向绿化植被的位置。© 因瑞克·布朗

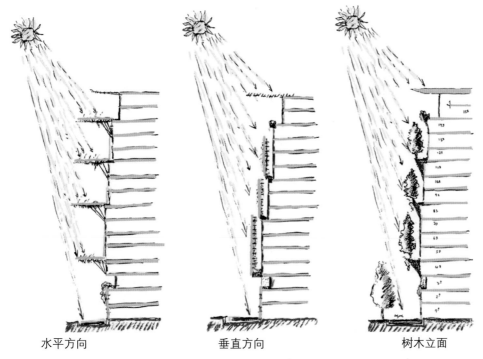

| 水平方向 | 垂直方向 | 树木立面 |

▲ 图2.1.6：植被选择概念分析示意图。设计师的主要目的是希望通过植生墙的安置为建筑提供遮挡。©因瑞克·布朗

在圣地亚哥，过热是所有办公楼面对的最严重的温度问题，尤其是在10月至次年3月间。这栋长条形的建筑西侧更是完全暴露在阳光直射之下，室内的过热问题尤为严重，同时还伴随着强光刺激。另外，公司员工开展工作、电脑灯光等办公设备的运行也会产生热量。而空调系统运行也必然会导致耗能和成本的增加。

为了克服这样的问题，建筑师开发了一套设计方案，即采用自然方式，如植被，来为建筑立面遮阴。

建筑师主要研究了三种绿化策略：1）在水平花架上种植落叶攀援植物；2）打造落叶攀援植物绿化立面；3）种植树木。绿化方案选择的概念分析见图2.1.6。

植生墙系统概况

建筑师提出"双重绿化立面"（此处将其归类为立面支撑植生墙）的构想，将植生墙设置在距建筑表面1.4米的地方（见图2.1.5）。由于办公楼一至三层可以由行道树提供遮挡，对建筑的垂直绿化工程从四层开始进行。同时，一道4.5米宽的金属悬臂支架为顶层提供遮蔽，就像给建筑戴上了一顶王冠。

另外，为了减少热岛效应，建筑底层修建了一座290平方米的喷水池，其中的水分配装置可以产生蒸发式冷却降温的效果。种植在街面高度的树木为一至三层办公空间提供遮挡的同时，也在人行道上形成了树荫。

在圣地亚哥，办公楼所面对的最严重的温度问题是过热，尤其是在11月至三月间……为了克服这样的问题，建筑师开发了一套设计方案，即采用自然方式，如植被，来为建筑立面遮阴。

▲ 图2.1.7：花槽及框架支撑系统的详细视图。左侧图片显示了冬季植生墙系统的情况，植物叶子已经落光，阳光可以透进建筑内部空间。右侧图片显示的是夏季植生墙系统，植物充分生长，为减少室内吸热提供屏障。◎ 因瑞克·布朗

加上地面的树木，建筑总绿化面积约为 2,735 平方米，大于建筑原址上的水平绿化面积。

为了减少室内吸热，建筑立面支撑的植生墙由落叶攀援植物构成。这种结构同时也会在绿化立面和建筑表面之间的空间产生烟囱效应，热空气会在空间里逐渐上升，然后离开建筑体。另外，植生墙还将建筑立面变成了一座垂直花园景观，无论从室内还是室外都可以欣赏到。

加上地面的树木，建筑总绿化面积约为 2,735 平方米，大于建筑原址上的水平绿化面积。换句话说，这栋办公大楼不仅把原址上的绿化植被完全垂直翻转，还在原来的基础上有所增加。具体比较研究见图 2.1.9 和表 2.1.1。

植生墙系统由两个主要元素构成：花槽和花架（见图 2.1.10）。长条形连续花槽深 1 米，宽 1.4 米，与建筑表面相接。花槽由轻质混凝土铸成，宽度足够维护人员轻松进入。花架则由铝制框架结构

组成，在植物未完全长成或气温较低的落叶季节，还可以为建筑提供遮挡。防水材料由砂砾和置于 2 厘米厚玻璃纤维上的土工布网组成。栽培基质为 70% 的泥土混合 10% 河沙及 20% 肥料构成。

建筑立面支撑植生墙的基本功能主要体现在以下几个方面：

▶ 在气温较高的季节（10月至次年3月）阻挡阳光辐射，减少建筑内部空间吸热，对建筑整体能源利用有一定影响；

▶ 减少建筑耗能以及整体能源成本；

▶ 产生美学功能，为建筑所在区域和用户增加了视觉享受；

▶ 降低街道噪音对室内空间的渗透。

植生墙系统的两个立面相互分离，办公楼用户可以直接从建筑上感受到四季更替中叶子颜色的变化。除了遮蔽效应和

烟囱效应之外，植生墙"第二层"的设置也为直接从办公室窗外的平台进行高效率维护提供了便利。当然，这样设置的目的还在于促进用户与维护人员之间的互动和管理，从而通过用户引导的修剪方式实现对建筑空间内采光量的定制。

植物种类

设计师从价格和维护上的优势以及季节性的美学价值方面出发，选择了四种落叶攀援植物（见图2.1.10）。建筑立面在夏季为绿色，秋季则会变成红色。采用的四种植物为：

▸ 五叶地锦
▸ 白木香
▸ 三角梅
▸ 蓝茉莉

灌溉

植生墙的灌溉系统采用了简单的塑料软管，在沿着系统的一些特定位置滴水，通过自动控制装置来调节灌溉量。根据季节的不同，灌溉从早上一次、每次两分钟增加到下午三次、每次两分钟。

维护

在植生墙系统的两层之间有个非常明显的空间，在维护期间工作人员可以通过窗子轻松进入这个空间。除此之外，在最高处进行比较复杂的系统维护时，维护人员还可以通过"园丁电梯"进入。园丁电梯通常在每年八月份进行植物修剪工作时使用，有时在春夏季节为了控制植物的生长和为植物和支撑系统消毒，也会使用园丁电梯。

▲ 图2.1.8：植生墙最终概念草图；利用种植在街面高度的树木为一至三层提供遮挡，高层则由垂直植生墙遮蔽阳光。© 因瑞克·布朗

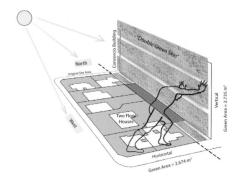

绿化面积百分比 —原址	
总用地面积	3,781平方米
绿化面积	2,674平方米
绿化百分比	70.71%
绿化面积百分比—康索乔大厦	
总用地面积	3,781平方米
绿化面积	2,735平方米
绿化百分比	72.34%

▲ 图2.1.9：原绿化面积与现绿化面积对比。© 因瑞克·布朗　　▲ 表2.1.1：原绿化面积与现绿化面积对比。

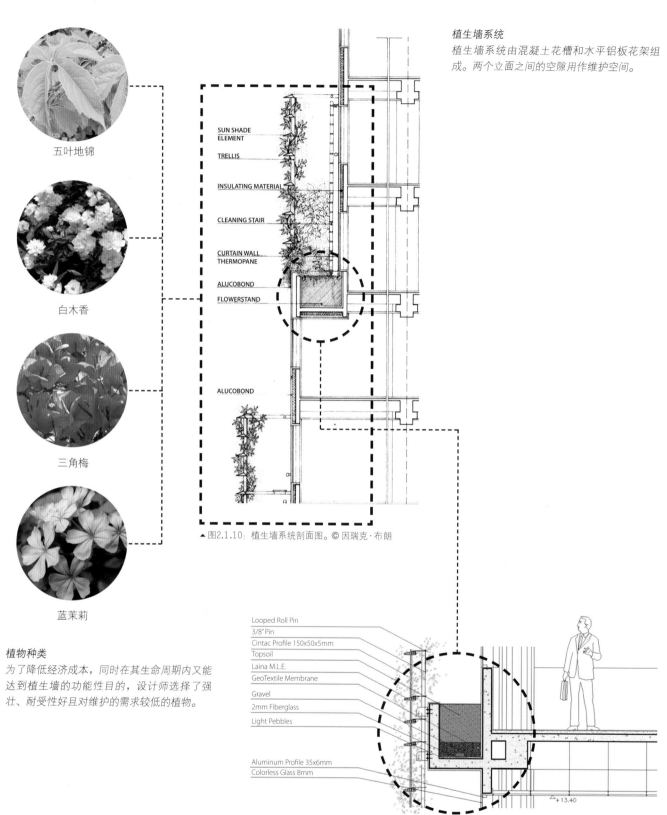

五叶地锦

白木香

三角梅

蓝茉莉

植生墙系统

植生墙系统由混凝土花槽和水平铝板花架组成。两个立面之间的空隙用作维护空间。

SUN SHADE ELEMENT

TRELLIS

INSULATING MATERIAL

CLEANING STAIR

CURTAIN WALL THERMOPANE

ALUCOBOND

FLOWERSTAND

ALUCOBOND

▲ 图2.1.10：植生墙系统剖面图。© 因瑞克·布朗

植物种类

为了降低经济成本，同时在其生命周期内又能达到植生墙的功能性目的，设计师选择了强壮、耐受性好且对维护的需求较低的植物。

Looped Roll Pin
3/8" Pin
Cintac Profile 150x50x5mm
Topsoil
Laina M.L.E.
GeoTextile Membrane
Gravel
2mm Fiberglass
Light Pebbles

Aluminum Profile 35x6mm
Colorless Glass 8mm

△ +13.40

▲ 图2.1.11：墙体细节剖面图显示了花架、花槽与建筑之间的连接。© 因瑞克·布朗

性能数据

在 2002 年，专家进行了一项比较实证研究，研究对象为另外 10 栋位于圣地亚哥的写字楼（雷耶斯）。研究结果显示，立面支撑植生墙能够减少 60% 的阳光辐射，并节约 20% 的能源。

在 2007 年的另一项研究中，研究人员搜集了建筑用户每月及每年的耗能账单。结果显示康索乔大厦消耗的能源要比其他 10 栋建筑少 48%（见图 2.1.12）。由于环境因素的影响，这个数字显得略高，为了进一步确认，研究人员又在康索乔大厦内部进行了层与层之间的对比研究。结果显示，在康索乔大厦中，由植生墙覆盖的楼层要比没有植生墙的楼层少消耗 35% 的能源，同时还节省了 25% 的用于办公空间运行的资金。

分析与结论

康索乔大厦项目是本书介绍的项目中最早建成的，它的卓越之处不仅在于其先锋精神，还因为它的设计意图在后来得到了实证研究的验证。植生墙能够减少 60% 的室内吸热，在节省能源方面也有显著效果。

在建筑表层适当的区域种植精心挑选的落叶植物，带来了随季节更替而产生的色彩变化，即便是在城市办公大楼的高层，也能为其增添季节性。同时，在室内需要吸收热量的时候也正是植物落叶的时节，北方的阳光便能透过窗子照进室内。

通过在建筑墙体外侧安置花槽的方式来构成外部植生墙，这种做法有利有弊。隐藏在该设计背后的社交目的与员工工作效率目的尤为有趣。由于在办公室窗前进行植生墙的维护工作需要办公室员工与维护人员双方的直接参与，以便维护人员根据各室内空间的用户对采光的需求对植生墙进行修整。这样一来，公司员工可以在满足自己需求的绿植空间中工作，而维护人员与用户之间的互动也有所增加，不再像过去那样只能进行有限的事务性交流，这对双方的心理健康都大有裨益。

在所有需要在建筑外墙安置花槽的项目中，都必须特别重视花槽的防水性能，以防给建筑外墙带来损坏——尤其当建筑外墙为白色的时候。漏水的花槽会弄脏甚至腐蚀简洁的外墙表面，这就需要额外的维护工作。由于花草系统要能为四层楼高的植物提供垂直生长的养料，这就需要高浓度的栽培基质，而且在补充栽培基质和从平台上修剪过度蔓延的植物时，也增添了较大的维护负担。

根据设计师的想法，安置若干个机械平台完全可以满足日常维护的需要。但是建筑的绿化立面由无数个水平放置的纵向呈斜排的支架构成，立面的阶梯形结构以及沿着扶手曲线排列的窗子，都使

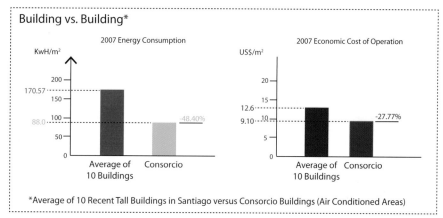

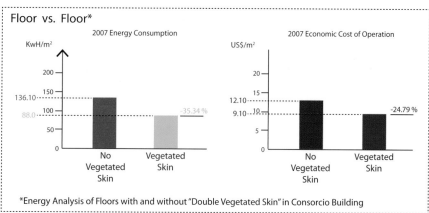

▲ 图2.1.12：2007年对康索乔大厦与10栋圣地亚哥办公大楼的能源消耗及能源成本情况对比以及康索乔大厦内部楼层能源消耗及成本分析。© 因瑞克·布朗

在 2007 年的一项研究中，研究人员搜集了建筑用户的每月及每年的能源账单。结果显示康索乔大厦消耗的能源要比其他 10 栋建筑少 48%。

▶ 图2.1.13：春季植生墙景观（上图）。© 因瑞克·布朗

▶ 图2.1.14：秋季植生墙景观（中图）。© 因瑞克·布朗

造价高昂的订制立面准入系统成为了必需。最低限度也得一根长杆和一名灵巧的操作员才行。

绿化覆盖率计算

通过将建筑四个侧面的面积相加，康索乔大厦的总垂直墙体面积为 10,498 平方米。为了简化计算，西侧略呈弧线型墙体被转换成一系列相接的直线分区。

建筑北侧为干预性方案，侧面面积（高 58 米，宽 18 米）为 1,044 平方米。西侧弧形侧面面积为 4,814 平方米（高 58 米，宽 83 米）。

东侧面积为 4,118 平方米（高 58 米，宽 71 平方米），南侧面积 522 平方米（高 58 米，宽 9 米），这两侧没有设置植生墙。

建筑立面支撑植生墙系统由三个高度分别为 6 米、9.3 米和 13 米的花架构成，

▶ 图2.1.15：从室内空间看到的植生墙景观（下图）。© 因瑞克·布朗

康索乔大厦	总墙体面积 (平方米)	植生墙覆盖面积 (平方米)	绿化覆盖面积 百分比
建筑立面			
北侧	1,044	227	22%
东侧	4,118	0	0%
南侧	522	0	0%
西侧	4,814	2,066	43%
共计	**10,498**	**2,293**	**22%**

▲ 表2.1.2：绿化覆盖率计算

花架总高度28.3米，顺着建筑西侧和北侧延伸（见图2.1.3）。每个花架均覆盖西、北两侧墙体，面积按照花架在侧面图和平面图上的矩形标准进行计算。

北侧绿化覆盖面积为28.3米×8米=227平方米，大约为北侧总面积的22%。

西侧立面绿化覆盖面积为28.3米×73米=2,066平方米，占总表面积43%。建筑附近地面绿荫面积并未包括在其中。

因此，估算出总绿化覆盖面积为2,293平方米；占建筑总垂直表面积的22%。

项目团队

开发商：康索乔国家保险公司
建筑师：因瑞克·布朗，
　　　　　博尔加·维多布罗
植生墙设计师：因瑞克·布朗
植生墙生产商：Technal
景观建筑师：胡安·格林

参考文献及扩展阅读

书籍：

▶ M.阿德里亚，P.阿拉尔（2010）《白色山峰：智利近代建筑》。维塔库拉：智利

▶ 库珀，P.（2001）《新技术花园》。米歇尔·比兹利：伦敦，pp. 10。

▶ 《建筑细节3：世界建筑大师的创意细节》。（2001）视觉出版集团：马尔格雷夫，VIC., pp. 32-33。（1999）

▶ 《第一届密斯·凡德罗奖中的拉丁美洲建筑》。密斯·凡德罗基金会：巴塞罗那，pp. 54-55。

期刊文章：

▶ R.D'阿朗松，L.诺贝尔，J.费舍尔（2009）"可持续性施工的转移：国外影像及专业知识"《第三届建筑历史国际大会会议记录》，pp. 423-430。

▶ A. K. 德比什尔（2001）"可持续的城市生境：设计意图的实践"《英国土木工程师协会——城市设计与规划会议记录》，第164卷，pp. 24-25。

▶ S.舍维卡，N.麦格迪（2011）"生命墙在打造健康城市环境中的应用"《Energy Procedia》，第6卷，pp. 596-597。

网站文章：

▶ 《摩天大厦中心，世界高层建筑与都市人居学会（CTBUH），全球高层建筑数据库：圣地亚哥康索乔大厦，2014》，文章来源：< http://skyscrapercenter.com/santiago/consorcio/16769/>（2014年5月）

▲ 图2.1.16：建筑北侧植生墙的室外景观，显示出了植物的不同密集程度。© 因瑞克·布朗

建筑数据：

建成时间
▶ 1995年

高度
▶ 60米

楼层
▶ 14层

总建筑面积
▶ 92,903平方米

建筑功能
▶ 办公楼

建筑材料
▶ 钢铁

植生墙概况：

植生墙类型
▶ 阶梯形台地园林

绿化位置
▶ 建筑南侧立面

绿化表面积
▶ 5,326平方米（近似值）

设计策略
▶ 在阶梯形建筑体上进行垂直绿化，将毗邻公园的绿化面积扩大了一倍；

▶ 通过在构造台地上建造泡沫填充的斜坡，并在斜坡上铺设土壤和植被，将其打造成一座倾斜的公园；

▶ 把阶梯形台地打造成一道如同天然山坡的景观，增加视觉吸引力，减少城市热岛效应和水分流失；

▶ 铺砌一条通往"山顶"的小径，以尽量增加公众来访；

▶ 随着环境的不断成熟继续添加新的植物品种，以增加生物多样性和绿化覆盖密度。

福冈安可乐斯国际大厅 福冈，日本

当地气候

福冈市气候温和，夏季炎热，冬季温暖，年平均温度16.6℃，年平均湿度近70%(见图2.2.1)。冬季以凉爽天气为主，气温鲜少降至0℃以下，更少有积雪。6月至7月间开始进入"梅雨季节"，月平均降雨量为150毫米，此时天气湿度高，温度也超出平均气温，在25℃到30℃之间。夏季最高温甚至可以达到32.5℃。秋季的天气最为温和也最干燥。即便如此，日本的台风季也会在8月至9月间来临。

背景

在与商业地产开发商的合作中，福冈市政府决定开发一块位于市中心的闲置地皮，这就是后来的福冈安可乐斯国际大厅。政府的目的是希望从建筑空间中分配一部分，用于公共空间和市政运行，剩下的空间则可面向创收实体企业出租。为了提出优秀的规划方案，参与竞标的开发商都在寻求将这块土地的潜在收益达到最大化的方法。而另一方面，设计团队却需要把重心放在新开发的项目给毗邻的天神中央公园带来的影响——该公园是福冈市在该区域仅存的绿地空间。埃米利奥·安巴斯联合设计有限公司最终在竞标中胜出，因为其设计方案成功地解决了鱼与熊掌不可兼得的问题：一方面将公园的面积扩大了一倍，另一方面将为福冈市中心区域打造一座标志性建筑。

气候数据：[1]

建筑所在地
▸ 日本，福冈

地理位置
  北纬33.57°
  西经130.55°

地势
▸ 海拔19米

气候分类
▸ 暖温带，夏季湿润炎热

年平均气温
▸ 16.6℃

最热月份（7月、8月及9月）中白天平均气温
▸ 25.7℃

最冷月份（1月、2月及3月）中白天平均气温
▸ 8℃

年平均相对湿度
▸ 77%（最热月份）；63%（最冷月份）

月平均降水量
▸ 150毫米

盛行风向
▸ 东南

平均风速
▸ 3.4米/秒

太阳辐射
▸ 最大：782瓦特时/平方米（10月21日）
  最小：647瓦特时/平方米（6月21日）

年均每日日照时间
▸ 5小时

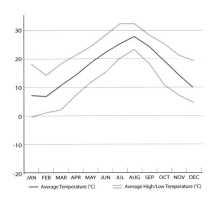

平均气温概况（℃）

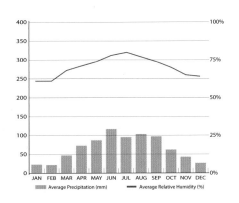

平均相对湿度（%）及
平均降雨量

▲ 图2.2.1：日本福冈气候概况。[1]
◂ 图2.2.2：建筑全景。© 渡边广实

[1]书中列出的气候数据来源于世界气象组织（WMO）、英国广播公司（BBC）以及国家海洋与大气管理署（NOAA）。

平面图

在该项目的开发过程中，土地南侧的公园和东侧的河流起到了相当重要的作用。土地的自然环境元素通过巨大天窗的设计同室内体验融合在一起。

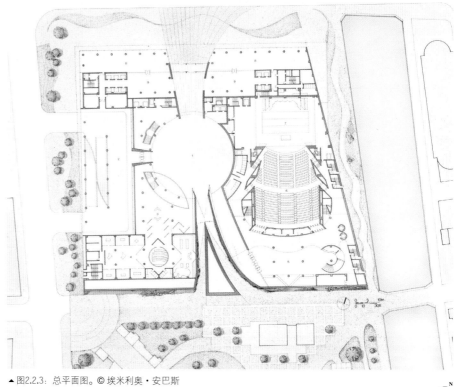

▲ 图2.2.3：总平面图。© 埃米利奥·安巴斯

剖面图

阶梯形台地园林内生长着茂盛的植被，将建筑与公园连在一起，建筑就像是生长延伸到了自身用地之外。

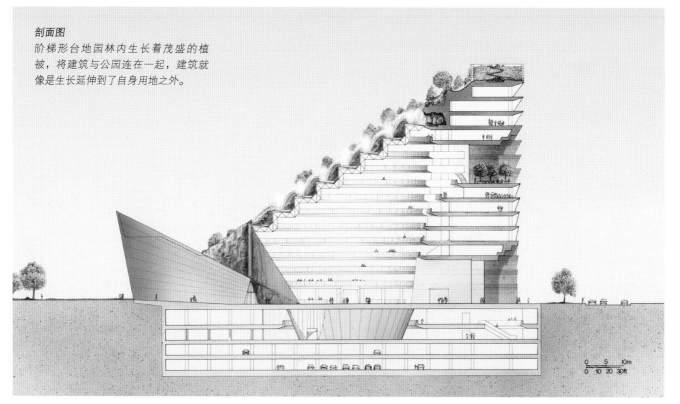

▲ 图2.2.4：剖面图。© 埃米利奥·安巴斯

福冈安可乐斯国际大厅是一座集城市与园林形式为一体的有力的综合性建筑（见图2.2.2）。建筑北侧为传统的都市大楼外观，正对着福冈市金融区一条颇负盛名的街道（见图2.2.8），而建筑南侧则由一系列延伸至建筑最顶端的阶梯形台地园林构成，看上去就像是天神中央公园的扩展部分。建筑最顶端建有巨大的瞭望台，可以将福冈港口叹为观止的美景尽收眼底。在这十四座与楼层等高的阶梯形台地园林之下是占地面积近93,000平方米的多功能空间，包括展览厅、博物馆、可容纳2000人的大舞台剧院、会议设施、政府及私人办公室，另有若干层地下空间用于停车和零售。该设计使得公园和建筑成为了不可分割的整体。建筑将原本占据的公共空间又还给了公众，实现了城市主体建筑与宝贵的开放公共空间共生的目标。

十四层楼、60米高的安可乐斯国际大厅是目前世界上最大的建筑之一，其建筑墙体被绿色植物所覆盖。

安可乐斯国际大厅的主要设计理念是打造一个绿色屋顶系统，并将与之毗邻的公园融合进整个设计之中（纽曼＆马坦，2013），同时既增加了公园和绿化空间的面积，又能为市政运行提供足够的办公区域。建筑沿着公园的一侧，像阶梯一样慢慢增高，以台地园林分层，每层与建筑内部楼层等高。每层阶面都是城市公园在垂直方向上的延伸，其中还规划了一排园林景观，可供公众休闲、深思，远离都市的拥堵。在台地之上是一系列阶梯状的倒影池，由向上喷水装置连接一起，形成了梯子状的攀爬瀑布，将周围城市的喧嚣隔绝在外。这些倒影池位于建筑内部中央天井之上，漫射光透过隔开倒影池的玻璃天窗柔和地洒进室内。

建筑沿着公园的一侧，像阶梯一样慢慢增高，以台地园林分层，每层与建筑内部楼层等高。每层阶面都是城市公园在垂直方向上的延伸，其中还规划了一排园林景观，可供公众休闲、沉思，远离都市的拥堵。

▲ 图2.2.5：建筑南侧全景，阶梯形台地园林像是公园的延续。© 渡边广实

▲ 图2.2.6：航拍照片说明了天神中央公园与安可乐斯大厦之间的概念上的连接。© 渡边广实

▲ 图2.2.7：从阶梯形台地园林顶部拍摄的园林全貌。© 埃米利奥·安巴斯

▲ 图2.2.8：建筑东侧和北侧全景，这是一座现代写字楼。© 托伽·斯瓦拉

在台地园林下方，有一座磐石般的巨大楔形建筑结构，上面安置了一道倒 V 字形入口，可以通往建筑内部。该设计以粗制的石制结构暗喻位于植被层之下的地质分层，将整栋建筑比作一块巨大的土地切块。这座楔形结构身兼两职，一方面用来为地下空间通风排气，另一方面还为表演艺术家们提供了升高的舞台。

植生墙概况

该项目的主要策略是打造一个新型台地绿色公共空间。14 座阶梯形绿化台地总面积为 5,326 平方米，使福冈市中心占地 93,000 平方米的公园面积得到了扩充（见图 2.2.6 和 2.2.7）。

每层台地空间都规划了一排园林景观，可供公众休闲、沉思，远离都市的拥堵。建筑最顶端的台地被打造成观景台，在这里可以观赏到福冈海湾和群山环绕的无与伦比的美景。每层台地空间约长 98 至 120 米，宽 6 米，高 4 米。

美学价值是绿化植被的另外一项基本功能。这些巨大的台地园林随着季节的更替，其色彩和结构也会发生变化。除此之外，园林的辅助功能还有很多，例如通过利用绿色屋顶和台地园林的隔热性能来控制建筑内部的温度，从而降低建筑能源消耗以及收集流失的雨水进行再循环利用。

从外观上看，绿化台地像是一座座修建在主建筑阶梯状结构上的倾斜的"山丘"（见图 2.2.9）。也就是说，绿化植被自身形成了一道倾斜的坡面，从而解决了

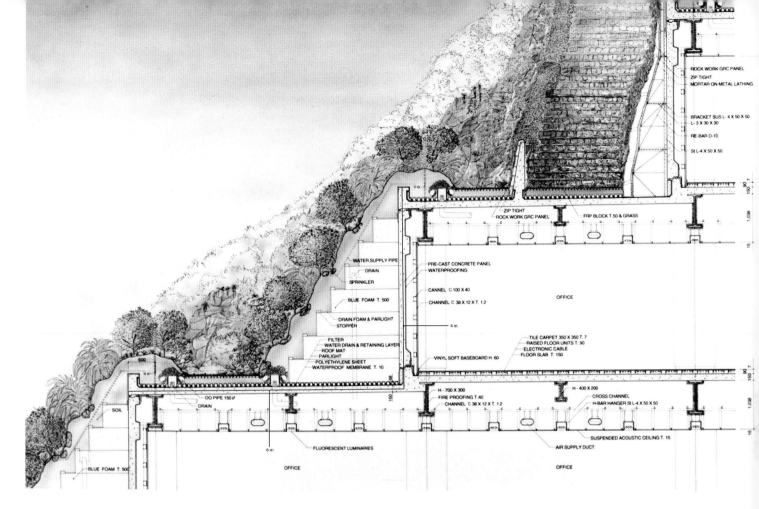

Labels in the figure (top to bottom, left to right):

ROCK WORK GRC PANEL
ZIP TIGHT
MORTAR ON METAL LATHING

BRACKET SUS L- 4 X 50 X 50
L- 3 X 30 X 30
RE-BAR D-10
St L-4 X 50 X 50

ZIP TIGHT
ROCK WORK GRC PANEL   FRP BLOCK T.50 & GRASS

WATER SUPPLY PIPE
DRAIN
SPRINKLER

PRE-CAST CONCRETE PANEL
WATERPROOFING

BLUE FOAM T. 500

CANNEL C 100 X 40
CHANNEL C 38 X 12 X T. 1.2   OFFICE

DRAIN FOAM & PARLIGHT
STOPPER   4 m

TILE CARPET 350 X 350 T. 7
RAISED FLOOR UNITS T. 90
ELECTRONIC CABLE
FLOOR SLAB T. 150

FILTER
WATER DRAIN & RETAINING LAYER
PARLIGHT
POLYETHYLENE SHEET
WATERPROOF MEMBRANE T. 10

VINYL SOFT BASEBOARD H. 60

H- 700 X 300   H- 400 X 200
FIRE PROOFING T.40
CHANNEL C 38 X 12 X T. 1.2   CROSS CHANNEL
H-BAR HANGER St L-4 X 50 X 50

DO PIPE 150 ∅
DRAIN

600

SOIL

BLUE FOAM T. 500   6 m   FLUORESCENT LUMINARIES   AIR SUPPLY DUCT   SUSPENDED ACOUSTIC CEILING T. 15

OFFICE   OFFICE

▲ 图2.2.9：从细节剖面图可以看出建筑结构与建筑立面和屋顶上的绿化植被之间的关系。© 埃米利奥·安巴斯

台地阶梯垂直面与水平面之间的过渡问题，同时每个斜坡的底部又保留了平整的水平区域。接着设计师又通过使用泡沫材料填充倾斜空间，一方面减少了建造"山丘"需要的土壤量，另一方面也极大程度地减轻了整个结构的重量。设计师在雕砌成斜坡状的泡沫材料外铺设了一层土壤，内置塑料排水系统。这里使用的土壤是"人工、无机、轻型土，由珍珠岩制成，是一种天然的非液态黑曜岩，主要成分为二氧化硅、铝、钾以及氧化钠"（贝恩特松，本特松，& 神乃，2009）。这种土壤的优点在于其高保水性和饱和后的高滤水能力。

植物种类

当该建筑在 1995 年刚刚建成时，均高四米的绿化台地种植了 76 种植物，共计 37,000 株。现如今，整栋建筑上种植了 120 个植物品种，共计 50,000 株，其中一部分是植物种子自然迁移的结果。

灌溉系统

建筑台地园林的灌溉系统由喷水装置和滤水器构成。但后来发现，该系统并没有如最初想象的使用得那么频繁，因为垂直园林已经形成了自身的生态系统，主要依靠雨水灌溉即可。系统的引流装置根据山体中的天然排水原理设计，雨水被顶楼土壤吸收后进入水道，流经悬挂的花槽之后泻入连续的土壤层，一部分被土壤吸收，另一部分则一直流到最底层。

性能数据

2000 年，日本九州大学、日本工业大学与竹中工程公司联合开展了一项热环境评估调研项目。项目主要搜集了该建筑五楼、六楼、十楼以及十四楼（顶楼）的阳光辐射、风速、温度和湿度数据。调研结果显示，垂直绿化系统在减少建筑能源消耗、降低城市热岛效应及为周围环境降温方面有着非常显著的效果。

▲ 图2.2.10：屋顶连绵的景观像一座绿色的山丘。© 渡边广实

垂直绿化系统在减少建筑能源消耗以及为周围环境降温方面有着非常显著的效果。由于绿化系统的存在，根据日照强度的不同，绿化区域表层同与其相接的建筑混凝土表面温差可以最高达到 15℃。

由于绿化系统的存在，根据日照强度的不同，绿化区域表层同与其相接的建筑混凝土表面温差最高可以达到 15℃（竹中工程公司，2001）。除了热性能效率外，绿化台地园林还能有效降低其周围环境的温度，因为植物在夜间进行呼吸时会促使冷空气沿着阶梯状园林向下流动，进入城市中央公园。

分析与结论

安可乐斯大厦楼顶的阶梯形台地园林的整体效果不容否认，其漂亮的外观极大程度地提高了建筑本身以及周边地区的吸引力，在调节建筑能源消耗上发挥了相当重要的作用，同时给总体环境也带来了一定的影响，尤其是在减少城市热岛效应和减少水分流失方面。这些阶梯形的公共园林景观为人们提供了一个可以自由呼吸新鲜空气的场所，同时也能让人的身心同旁边的公园联系起来。

诚然，在建筑主体部分垂直及水平表面进行如此大范围的绿化，花费着实不菲。植被下方的结构必须经过特殊加固，才能支撑住无论是干燥状态还是饱和状态下的土壤。而且在景观土丘靠近阶梯形结构拐角部分的时候，防水处理也会成为一个难题，因为这里通常是建筑防水中最难处理的位置。另外，相比于其他同等规模的写字楼，安可乐斯大厦垂直伸展的植生墙势必也增加了维护成本。如果说有哪些方面同台地园林的设计目标背道而驰的话，也许最为明显的便是位于这些园林后面的办公室本应该能获得最佳视野效果——站在楼上就可以看到楼下的公园景观——但实际上从这个方向的所有办公空间是什么都看不到的。这一点将很有可能影响到这些位置办公空间的出租情况。

绿化覆盖率计算

从平面图来看，安可乐斯大厦是一个不规则的扁菱形，由一系列长度递减的长方形以阶梯方式向上堆叠起来。建筑西侧没有任何植物覆盖，长约 92 米，阶梯形墙体约从 4 米逐渐增加到 60 米。建筑东侧约长 105 米，同样阶梯形墙体也从 4 米增加到 60 米。

建筑立面	总墙体面积 (平方米)	植生墙覆盖面积 (平方米)	绿化覆盖面积 百分比
安可乐斯大厦			
北侧	5,880	0	0%
东侧	3,876	6	0%
南侧	6,376	5,326	84%
西侧	3,096	0	0%
共计	19,228	5,326	28%

▲ 表2.2.1：绿化覆盖率计算

建筑南侧面向公园，所有的绿化面积都在这一侧，长约120米，高60米。建筑北侧长约98米，高60米（见表2.2.1）。

建筑南侧的台地园林东西走向，宽度从120米向上逐渐缩短至98米，像阶梯一样拔地而起，每个台阶约高4米，深6米。台阶上覆盖着塑成坡形的泥土层，营造出青翠的"山坡"效果。

由于本书的重点在于垂直绿化在高层建筑中的应用，最终需要的是建筑立面绿化覆盖率，所以只计算了台地园林垂直方向的面积，并没有包括水平的台地屋顶绿化面积。每层台地垂直面的高度约为4米，顶部两层则为8米。除最高层向内收进4米外，每层台地的垂直面比其下层向内收进约2米。

因此，得出绿化覆盖面积如下：

建筑北侧没有任何绿化，面积为5,880平方米（高60米，宽98米）。

建筑东侧也没有绿化，面积为3,876平方米。

建筑西侧没有绿化，面积为3,096平方米。

项目中所有的绿化面积均集中在建筑南侧。根据上面给出的方法得出建筑垂直表面积为6,376平方米。接下来减掉南侧楔形入口大厅的表面积，经估算为630平方米（高21米，宽30米）。然后再减掉从建筑中央探出来的天井的面积，

按照高28米、宽15米的平面投影来估算，面积为420平方米。将这两部分面积从总面积中减掉之后得到绿化覆盖面积5,326平方米，绿化面积占南侧立面的84%。

建筑四个立面的总垂直表面积为19,228平方米，因此5,326平方米的绿化面积覆盖了建筑总体垂直表面的28%。

项目团队

开发商：Dai-Ichttti 互助人寿保险公司设计部

建筑师：埃米利奥·安巴斯联合设计有限公司

结构工程师：竹中工程公司

电气工程师：竹中工程公司

主承建商：竹中工程公司

参考文献及扩展阅读

书籍：

▶ G.霍普金斯，C.古德温（2011）《活着的建筑：绿化屋顶与植生墙》，CSIRO出版社：柯林伍德，VIC., pp. 28, 167-169, 216, 218, 236-237。

▶ A.兰博提尼，M.希安比，J.林恩哈特（2007）《垂直园林》，威巴沃仑特：伦敦，pp. 197-206。

▶ P.纽曼，A.马坦（2013）《亚洲的绿色都市主义：崛起的绿色猛虎》，世界科技：新加坡，pp. 123, 132-133, 237。

▶ 《第一届密斯·凡德罗奖中的拉丁美洲建筑》。密斯·凡德罗基金会：巴塞罗那，pp. 54-55。

期刊文章：

▶ J.贝恩特松，L.本特松，K.神乃（2009）"密集植被屋顶与外延植被屋顶中的径流水质量"《生态工程》，vol. 35.3, pp. 369-380。

网站文章：

▶ 《摩天大厦中心，世界高层建筑与都市人居学会（CTBUH），全球高层建筑数据库：福冈安可乐斯国际大厅，2014》，文章来源：<http://skyscrapercenter.com/fukuoka/across-fukuoka-prefectural-international-hall/16770/>（2014年5月）。

新闻稿：

▶ 竹中工程公司（2001）《福冈安可乐斯园林证实绿色屋顶可缓解热岛效应——来自台地园林的风》。可向竹中工程公司索取，（2001年8月30日）

建筑数据：

建筑时间
- ▸ 2006年

高度
- ▸ 42米

楼层
- ▸ 10层

总建筑面积
- ▸ 12,536平方米

建筑功能
- ▸ 办公

建筑材料
- ▸ 混凝土

植生墙概况：

植生墙类型
- ▸ 建筑立面支撑植生墙（金属网）

绿化位置
- ▸ 建筑北侧1～9层

绿化表面积
- ▸ 420平方米（近似值）

设计策略
- ▸ 通过在建筑北侧阳台两端悬挂能够支撑植生墙的垂直金属网，为室内遮挡低角度摄入的阳光并过滤刺目的强光；
- ▸ 绿色植物为人们提供了在阳台上就可以与大自然互动的机会；
- ▸ 分别在大楼2层、4层、6层和8层的西北角建造四座双层楼高的冬季花园景观；
- ▸ 在冬季花园里，树木可为大厦内的人遮挡强光，提升空气质量，同时也可以帮助减压。花园外侧受到木质百叶遮板的保护，同时还能促进垂直方向的空气流动。

案例研究 2.3
CH2市政厅2号大厦 墨尔本，澳大利亚

当地气候

墨尔本位于温带气候区。虽然该城市以多雨闻名，但实际上其降雨量要少于布里斯班和悉尼。墨尔本是个四季分明的城市（见图 2.3.1）。温暖的夏季最高温度为 25℃，温和的春季和秋季最高气温为 20℃，而凉爽的冬季最高温度能达到 14℃。

背景

CH2 墨尔本市政厅 2 号大厦专门为墨尔本市 550 名政府工作人员设计，旨在打造一个健康的工作环境，同时也为城市未来办公大楼的开发树立了标杆。由于极具创新意识的绿化技术特色，该项目成为第一座获得由澳大利亚绿色建筑协会认证的六星"绿色之星"称号的建筑。2号市政厅大厦是设计团队 DesignInc 与墨尔本市政府通力合作的结果。该项目的设计过程受到了客户和顾问团队的极大影响，设计师认真考虑了来自各方面的可持续发展概念的意见，最终拿出了尽可能满足所有选择的设计方案。

设计中融合的方案还包括在建筑内部实现百分百新鲜空气的流通，所有楼层的充足采光以及通过选用适当的蓄热体来减少建筑吸热。建筑还采用了冷管进行被动降温，收集到的废水由专门的净化

气候数据：[1]

建筑所在地
> 墨尔本，澳大利亚

地理位置
  南纬37° 49'
  东经144° 58'

地势
> 海拔32米

气候分类
> 暖温带，夏季温暖湿润

年平均气温
> 15 ℃

最热月份（12月、1月及2月）中白天平均气温
> 19.9 ℃

最冷月份（6月、7月及8月）中白天平均气温
> 10.6 ℃

年平均相对湿度
> 64%（最热月份）；73%（最冷月份）

月平均降水量
> 54 毫米

盛行风向
> 北

平均风速
> 3.9米/秒

太阳辐射
> 最大：985瓦特时/平方米（11月21日）
  最小：805瓦特时/平方米（6月21日）

年均每日日照时间
> 5.5小时

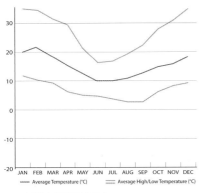

平均气温概况（℃）

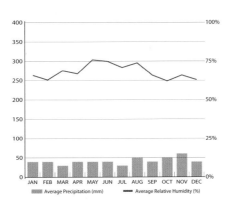

平均相对湿度（%）及
平均降雨量

▲ 图2.3.1：澳大利亚墨尔本气候概况。[1]
◀ 图2.3.2：建筑北侧绿化立面全景。© 戴安娜·斯内普

[1] 书中列出的气候数据来源于世界气象组织（WMO）、英国广播公司（BBC）以及国家海洋与大气管理署（NOAA）。

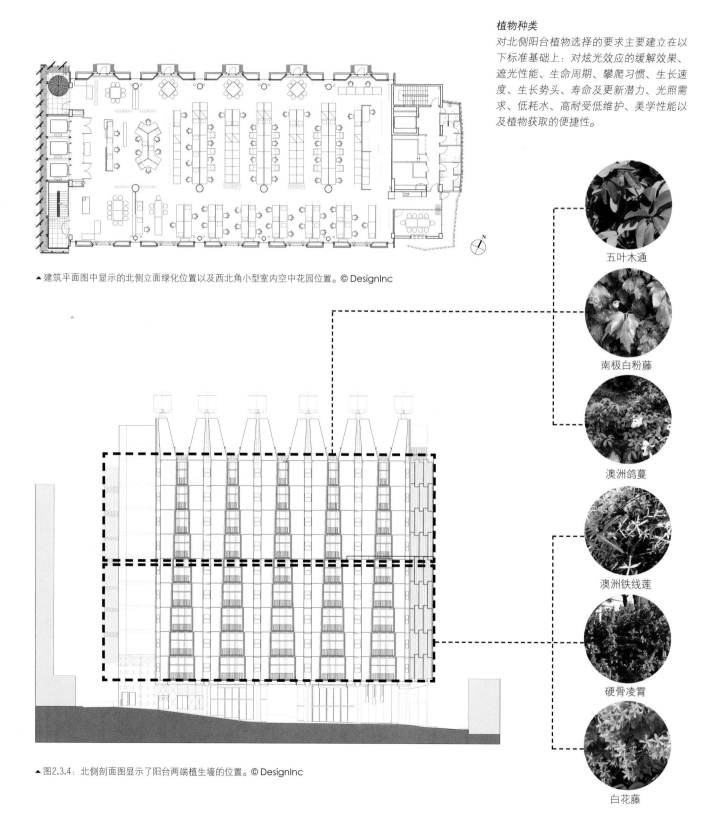

植物种类

对北侧阳台植物选择的要求主要建立在以下标准基础上：对炫光效应的缓解效果、遮光性能、生命周期、攀爬习惯、生长速度、生长势头、寿命及更新潜力、光照需求、低耗水、高耐受低维护、美学性能以及植物获取的便捷性。

五叶木通

南极白粉藤

澳洲鸽蔓

澳洲铁线莲

硬骨凌霄

白花藤

▲ 建筑平面图中显示的北侧立面绿化位置以及西北角小型室内空中花园位置。© DesignInc

▲ 图2.3.4：北侧剖面图显示了阳台两端植生墙的位置。© DesignInc

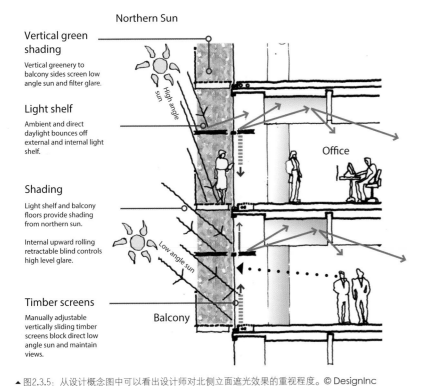

Northern Sun

Vertical green shading
Vertical greenery to balcony sides screen low angle sun and filter glare.

Light shelf
Ambient and direct daylight bounces off external and internal light shelf.

Shading
Light shelf and balcony floors provide shading from northern sun.

Internal upward rolling retractable blind controls high level glare.

Timber screens
Manually adjustable vertically sliding timber screens block direct low angle sun and maintain views.

High angle sun

Low angle sun

Office

Balcony

▲ 图2.3.5：从设计概念图中可以看出设计师对北侧立面遮光效果的重视程度。© DesignInc

▲ 图2.3.6：北侧立面的攀援植物沿着金属网生长。© 戴安娜·斯内普

及储存系统来处理，屋顶涡轮可带动室内空气净化，而"淋浴塔"则可以起到冷却水和净化空气的作用。这些方案的实施使得2号市政厅成为了墨尔本市开发过的最具企图心的地产项目之一（见图2.3.2）。

为了实现这些"雄心壮志"，设计师将水平与垂直绿化相结合的方案作为2号市政厅的主要设计策略。该方案最初是一种概念化的尝试，建筑要拥有如同绿地一般的绿化效果，这一点在其他建筑上很难实现。建筑师采取了一种简单、自然的设计方案，其中的每个阶段都能符合项目设计的主要目标——高端、可持续，同时又能被其他的建筑项目所复制。这样，设计团队通过2号市政厅项目获得的经验也可以分享给同领域的从业人员，从而在将来打造出更多高效能的绿色建筑。

项目的框架由三方面环境因素构成——自然环境，社会环境以及经济环境。参与项目的工作人员经过八个月的通力合作，获得了很多有益的设计结果，有一些甚至是意料之外的（韦伯，2005）：

▶ 为政府职员提供了一个舒适度高、适应性强、能够促进工作效率的环境；

▶ 建筑本身也是对所处自然环境和社会环境的响应；

▶ 在材料的选择和使用过程中，有效利用了蕴藏能量；

▶ 最大限度地使用再生能源；

▶ 提供了至少等同于建筑占地面积的绿化区域；

▶ 通过打造可进入的自然环境和优质的室内环境，为员工营造了健康的工作环境。

> 将水平与垂直绿化相结合的方案……是一种概念化的尝试，建筑要拥有如同绿地一般的绿化效果，这一点在其他建筑上很难实现。

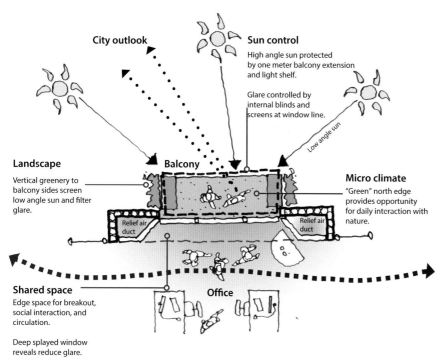

City outlook

Sun control
High angle sun protected by one meter balcony extension and light shelf.

Glare controlled by internal blinds and screens at window line.

Low angle sun

Landscape
Vertical greenery to balcony sides screen low angle sun and filter glare.

Balcony

Micro climate
"Green" north edge provides opportunity for daily interaction with nature.

Relief air duct

Relief air duct

Shared space
Edge space for breakout, social interaction, and circulation.

Deep splayed window reveals reduce glare.

Office

▲ 图2.3.7：从概念平面图中可以看出绿化立面的功能。© DesignInc

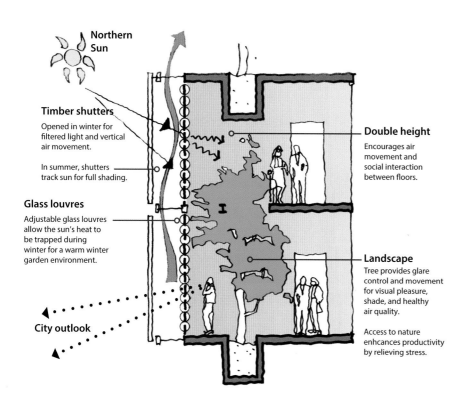

Northern Sun

Timber shutters
Opened in winter for filtered light and vertical air movement.

In summer, shutters track sun for full shading.

Glass louvres
Adjustable glass louvres allow the sun's heat to be trapped during winter for a warm winter garden environment.

Double height
Encourages air movement and social interaction between floors.

Landscape
Tree provides glare control and movement for visual pleasure, shade, and healthy air quality.

Access to nature enhcances productivity by relieving stress.

City outlook

▲ 图2.3.8：示意图充分强调了"冬季花园"带来的种种益处。冬季花园景观位于建筑西北角隔层空间。
© DesignInc

除此之外，设计过程甚至扩展到更为广泛的城市环境问题，诸如：

▸ 公共空间与与其相邻的建筑

▸ 综合性艺术品

▸ 城市与自然之间的关系

植生墙概况

在2号市政厅大厦的总体可持续发展规划中，北侧的植生墙是其中非常重要的一个部分，该结构　方面可以为室内遮挡阳光，另一方面也为人们提供了与自然互动的机会。

安置在阳台侧遮光板上的植生墙用来遮挡低角度光照，并过滤眩光效应（见图2.3.7）。植生墙由再生塑料花盆盒构成，支撑着植物藤蔓攀爬在金属网上。阳台两端各放置一个花盆盒，宽300毫米，长1,000毫米，深750～1,000毫米。攀援植物沿孔径150毫米的不锈钢索网攀爬生长，索网由1,000 x 2,000毫米规格的镀锌钢制框架支撑。阳台两端的植物网屏垂直于建筑立面，向外延伸1.2米，为大厦的窗户遮挡阳光。

除此之外，在建筑西北角2层、4层、6层和8层的位置，建造了几座小型的"空中花园"景观，每座景观与两层楼等高，内部种植着一棵大树（见图2.3.8）。这些树在给人们带来美的享受的同时，也能减少炫光效应、遮挡阳光、改善空气质量。花园景观的设置增加了人们同自然的接触，其带来的最主要的益处之一便是该栋大楼的工作人员压力得到了释放，工作效率明显提高。虽然对于整栋建筑来说，空中花园的设计为改善工作空间质量所起到的作用不容小觑，但由于这些树木种植在建筑内部，位于百叶遮板之后，所以在计算建筑绿化覆盖率和遮光潜力的时候并没有将这部分面积包括在内。

▲ 图2.3.9：建筑南侧外观。© 戴安娜·斯内普

花盆盒中安装了基于饮用水的自灌系统，为植物的健康生长需要创造了理想的干湿循环条件。每个花盆盒里还放置了起毛细补水作用的棉芯和吸水薄片，帮助土壤保持水分。

在建筑的屋顶平台上安置着一座水平的花廊式框架结构（见图2.3.10）。虽然在分析植生墙时并未将这部分绿化覆盖面积考虑之内，但当这些植物完全长成的时候，很可能会为建筑的整体节能带来更大的影响，同时也能增加建筑的舒适度和屋顶平台的美学吸引力。

植物种类

2003年，墨尔本大学伯恩利分校协助完成了该项目的植物挑选工作。北侧阳台植物选择的主要标准建立在植物性能的基础之上，包括对炫光效应的缓解效果、遮光性能、生命周期、攀爬习惯、生长速度、生长势头、寿命及更新潜力、光照需求、用水需求、维护需求、美学性能以及植物获取的便捷性（霍普金斯，古德温，2011）。

最终选用的植物种类如下（信息来自墨尔本市政府玛丽·恰普曼和墨尔本大学约翰·雷纳）：

建筑北侧立面，高层

▶ 五叶木通
▶ 南极白粉藤
▶ 红钟藤
▶ 红色珊瑚豆
▶ 猫爪藤
▶ 澳洲鸽蔓

建筑北侧立面，低层

▶ 南极白粉藤

▶ 澳洲铁线莲
▶ 澳洲鸽蔓
▶ 硬骨凌霄
▶ 白花藤

灌溉系统

花盆盒中安装了基于饮用水的自灌系统，为植物的健康生长需要创造了理想的干湿循环条件。每个花盆盒里还放置了起毛细补水作用的棉芯和吸水薄片，帮助土壤保持水分。下方的储水器由一道关闭阀门控制。这些储水器、自灌系统以及植物品种会随着系统的老化不断更新换代。花盆盒设计的高度与扶手持平，对于植物幼苗来说很难从过深的地方获取水分，所以在最初培养幼苗和后续的重植时，需要人工进行浇灌。

维护

植生墙的植物需要有极好的耐受性才能经得起建筑所在地的自然条件的考验。设计师选取的植物必须枝繁叶茂，能够提供有效的遮蔽功能，将眩光效应降至最低，同时还要根据需要的方向来优化遮蔽效果。很多攀爬植物在成熟后会变得"头重脚轻"，因此底层部分便无法有效发挥其遮挡作用。但通过精心的培养和制定，再加上适当的植生墙支撑系统，这个问题便会迎刃而解，当然前提条件是一定要选取那些拥有与生俱来的"屏蔽属性"的植物，这些属性包括底部叶子不易掉落、底部抽芽较多、易长出垂悬的侧枝等。

考虑到建筑中绿色植物的覆盖面积，每年在阳台上进行一次修剪算是较为合理的维护需求。

分析与结论

由墨尔本市政府进行的耗能分析结果显示，相比同等规模的办公楼，2号市政厅大厦减少耗电85%，减少天然气消耗87%，饮用水消耗72%。同时2号市政厅大厦还比同类建筑少排放60%的二氧化碳。当然，如果要将这些结果中任何一个主要部分归因于植生墙的存在，这似乎也不太可能。

另有一项调查显示，2号市政厅的使用者对整体建筑的满意度相当之高。根据调查中的相关指标，如热舒适程度、空气质量、采光和可感知的工作效率等，有超过80%的使用者认为相比原来的办公楼，他们更喜欢2号市政厅。植生墙显然对这个结果起到了显著的作用（皮韦尔＆布朗，2008）。

总的说来，这栋建筑已经被普遍认为是一次成功。垂直绿化部分和屋顶的水平框架结构实现了提供遮蔽、减少炫光、增加美学价值的目标，但是在有些地方还是会带来一些小麻烦。灌溉系统并不像最初设计得那样发挥作用，因为对于植物幼苗来说，盛装植物的容器深度过大，很难吸收水分，需要重新种植和人工浇灌。

过去只有在无建筑物的土地上才能达到的绿化标准在这次项目中成功实现。由于阳台两侧的绿化网与建筑北侧立面成垂直角度，所以其遮挡墙体的面积要远少于平行于建筑立面的植生墙。但是该绿化网的应用也实现了保护阳台使用者不受低角度光照和炫光的刺激，同时也增强了相邻阳台间的私密性。在建筑西北角隔层内设置双层楼高空中花园，其中的树木无疑给人们带来了愉悦的享受，虽然这些空间的容积并没有比树木本身大很多，但作为可使用空间来说，它们的用处确实是比较有限的。

▲ 图2.3.10：最初屋顶绿化景象。© 戴安娜·斯内普

建筑立面	总墙体面积 (平方米)	植生墙覆盖面积 (平方米)	绿化覆盖面积 百分比
2号市政厅			
北侧	2,226	420	19%
东侧	840	0	0%
南侧	2,226	0	0%
西侧	840	0	0%
共计	**6,132**	**420**	**7%**

▲ 表2.3.1：绿化覆盖率计算

当然，对于整体建筑来说，显然还有更多的位置可以进行绿化，但建筑立面在设计上的一些变化非常适合它们各自的朝向，木制百叶遮板也能为后方的植物提供保护作用。

绿化覆盖率计算

2号市政厅大厦约高42米，外观为长方体形状。大厦南北两侧长约53米，东西两侧宽20米。南侧和北侧立面面积每个约为2,226平方米，东西立面每个约为840平方米。因此建筑的表面积为6,132平方米。

市政厅大厦的设计特色之一便是外部绿化只集中在建筑北侧立面上。通过测量植生墙系统的深度（1.2米）和连接上下阳台间的连续花架的总高度（35米），得出每个花架的面积为42平方米。最后再将这个结果乘以10（共5列阳台，每列两个花架），得到最终植生墙的总覆盖面积为420平方米。建筑北侧立面的绿化覆盖率为19%，但需要注意植生墙的方向是与建筑立面相互垂直的。根据建筑6,132平方米的总表面积，得出总体垂直绿化覆盖率约为7%。

在此次分析中，只包含了垂直绿化面积。由于西北角隔层内的空中花园位于建筑内部，所以连同屋顶绿化一起，都没有计算在内。

项目团队

产权单位 / 开发商：墨尔本市政府
建筑师：DesignInc 公司与墨尔本市政府合作
景观建筑师：墨尔本市政府
结构建筑师：博纳奇集团

参考文献及扩展阅读

书籍：

▶ G.霍普金斯，C.古德温（2011）《活着的建筑：绿化屋顶与植生墙》，CSIRO出版社：柯林伍德，VIC., pp. 104-107, 138-141。

▶ P. W.牛顿，K.汉普森，R.德罗哥穆勒（2009）《建筑环境中的技术、设计和创意过程》Spon出版社：伦敦，pp. 239-40, 281, 467-468, 502。

▶ S.瓦塞，E.约泽尔，T.斯皮格尔豪尔特（2011）《可持续建筑设计精彩实例》J.罗斯出版集团：Ft. 劳德代尔，弗罗里达，pp. 236-238。

期刊文章：

▶ S.韦伯，S.布朗（2008）"2号市政厅大楼的综合设计过程"《环境设计导读》，第三十六卷。

报告：

▶ P.皮韦尔，S.布朗（2008）《2号市政厅大楼室内环境质量及员工效率》"入住后摘要"，CSIRO出版集团，pp. 1-27。

▶ （2003）《北侧立面分析》。北悉尼：先进环保理念私人有限公司。

▶ D.拉多维奇（2006）《技术研究论文01：可持续发展城市的自然与美》，墨尔本：墨尔本市，pp. 1-13。

▶ 安德鲁·W.莫里森，D.海斯，M.贝茨（2006）《技术研究论文09：绿化建筑中的材料选择及2号市政厅体验》，墨尔本，墨尔本市，pp. 1-13。

网站文章：

▶ 《摩天大厦中心，世界高层建筑与都市人居学会（CTBUH），全球高层建筑数据库：CH2市政厅2号大厦，2014》，文章来源：< http://skyscrapercenter.com/melbourne/ch2-house/16771/>（2014年5月）

建筑数据：

建筑时间
- ▶ 2007年

高度
- ▶ 120米

楼层
- ▶ 36层

总建筑面积
- ▶ 11,835平方米

建筑功能
- ▶ 住宅

建筑材料
- ▶ 混凝土

植生墙概况：

植生墙类型
- ▶ 建筑立面支撑植生墙（金属网）

绿化位置
- ▶ 建筑南侧：6~13层（植生墙）；阳台绿树/每四层一座阳台花园
- ▶ 南侧和东西两侧停车场裙楼绿化带，1~5层

绿化表面积
- ▶ 1,274平方米（近似值）

设计策略
- ▶ 花架支撑的植生墙从裙楼到楼顶，几乎贯穿了建筑的整个高度（30层）。
- ▶ 整个植生墙实际上是由30个单层楼高的独立植生墙叠加而成，每层楼都安置了水平花槽，用于支撑植生墙生长。
- ▶ 悬桁式"空中花园"阳台属于公共空间，每四层一座，内部种植了树木和花草，还融合了水景设计。
- ▶ 社区鼓励住户在私家单元阳台上种植绿色植物。
- ▶ 社区内繁茂的植被随处可见，包括停车场裙楼和裙楼上的景观园林。
- ▶ 垂直绿化面积、景观园林面积，再加上其他植被的面积之和，达到了该住宅社区占地面积的130%。

案例研究 2.4

纽顿轩公寓 新加坡

当地气候

新加坡位于赤道气候带，根据柯本气候分类法，属于热带雨林气候，终年气候湿润。新加坡四季气温和湿度变化很小，但终年温度较高（见图2.4.1）。由于气温相当稳定，湿度高降雨丰富，新加坡成为了植物生长的理想之地。新加坡月平均气温从23℃至32℃不等，以5月为一年中最炎热的月份。早晨空气湿度可达到近90%，下午时分会下降到60%左右。

背景

纽顿轩是一座位于新加坡市中心的36层高层住宅建筑，紧邻诺维娜商业零售中心（见图2.4.2）。该建筑用地位于高层建筑区边缘地带，为了不影响对中央地带自然景观的视野，该地区对建筑高度进行了限制。纽顿轩住宅大楼坐落在五层的裙楼之上，裙楼内是一座可容纳125辆汽车的封闭停车场，同时还安置了供社区居民使用的娱乐休闲设施。整栋大楼共有118套户室，位于6～36层，每层四户，户型分为两居室和三居室，只有顶部两层例外，为豪华公寓套间。

纽顿轩是一座适合东南亚热带气候的高层样板之作，它采用了被动气候调节设计原理，将自然与建筑的融合发挥到了极致（见图2.4.5）。在建筑设计的早期阶段，设计师便决定将自然景观的融入作为建筑的主要特色之一。

气候数据：[1]

建筑所在地
▶ 新加坡

地理位置
　　北纬1° 22'
　　东经103° 58'

地势
▶ 海拔16米

气候分类
▶ 赤道气候，潮湿

年平均气温
▶ 27.5℃

最热月份（4月、5月及6月）中
白天平均气温
▶ 28.3℃

最冷月份（11月、12月及1月）中
白天平均气温
▶ 26.6℃

年平均相对湿度
▶ 82%（最热月份）；86%（最冷月份）

月平均降水量
▶ 201毫米

盛行风向
▶ 北

平均风速
▶ 4.4米/秒

太阳辐射
▶ 最大：837瓦特时/平方米（12月21日）
　　最小：737瓦特时/平方米（9月21日）

年均每日日照时间
▶ 5.6小时

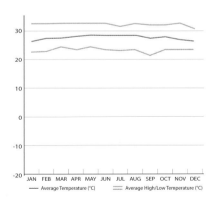

平均气温概况（℃）

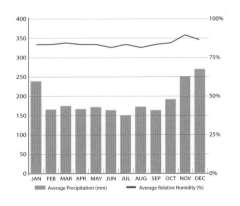

平均相对湿度（%）及
平均降雨量

▲ 图2.4.1：新加坡气候概况。[1]
◀ 图2.4.2：建筑北侧全景。© 帕特里克·宾汉-豪

[1]书中列出的气候数据来源于世界气象组织（WMO）、英国广播公司（BBC）以及国家海洋与大气管理署（NOAA）。

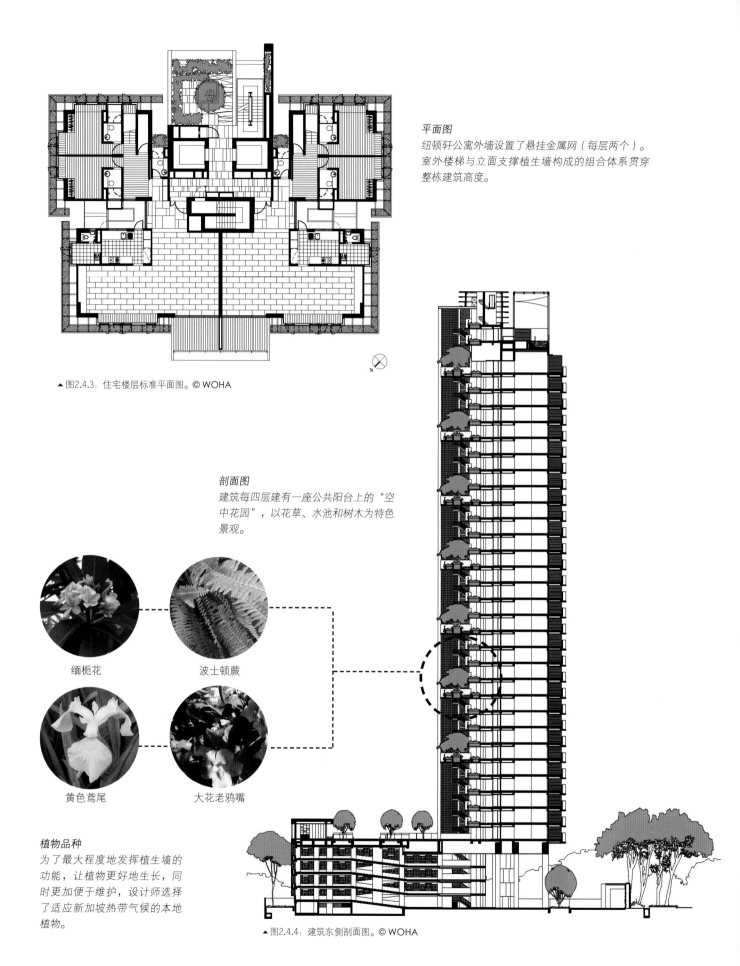

平面图
纽顿轩公寓外墙设置了悬挂金属网（每层两个）。室外楼梯与立面支撑植生墙构成的组合体系贯穿整栋建筑高度。

▲ 图2.4.3：住宅楼层标准平面图。© WOHA

剖面图
建筑每四层建有一座公共阳台上的"空中花园"，以花草、水池和树木为特色景观。

缅栀花

波士顿蕨

黄色鸢尾

大花老鸦嘴

植物品种
为了最大程度地发挥植生墙的功能，让植物更好地生长，同时更加便于维护，设计师选择了适应新加坡热带气候的本地植物。

▲ 图2.4.4：建筑东侧剖面图。© WOHA

在设计中，针对建筑吸热所采取的主要策略为在建筑表面墙体进行遮挡，以减少建筑内部降温耗能。为了实现这一目的，建筑师使用了两层金属网，在建筑每层四周安置悬臂式遮光罩，并设计了内凹式私人生活空间——建造了位置较深且有遮挡的阳台。由于每套住宅均为三面通风，因此建筑也充分利用了自然通风带动空气流动。

植生墙概况

正如建筑师所说："在这次项目中，景观便如同一种建筑材料——屋顶植被、空中花园及植生墙的规划从一开始便融入了我们的设计之中。在没有任何门窗、装饰的墙体上种植攀援植物，这不仅增加了墙体的视觉欣赏性，还能吸收阳光辐射和二氧化碳，同时又能增加环境中的氧气含量。"

建筑师最初的景观规划理念是在建筑上尽可能的水平区域及垂直区域进行绿化，而实际上最终建筑的景观区域面积已经达到了建筑占地面积的130%，绿化面积也达到占地面积的110%；这个数字对于高层住宅来说可谓巨大。新加坡炎热、湿润的气候非常适合天然植物和植被在垂直表面上生长。因此在该项目中，每个楼层都融合了大量以树木和草本植物为主的植被绿化（见图2.4.3及图2.4.4）。

一道高104米的垂直植生墙从住宅大楼南侧一直延伸至楼顶，成为建筑的主要特色之一。植生墙采用的是简单的结构支撑系统和自动灌溉系统。这道30层楼高的植生墙顺着室外梯子向上延伸。植生墙系统由一张镀锌金属网架构成，

上面爬满了盛开的大花老鸦嘴（见图2.4.6）。

这些攀援植物深深扎根于每层楼金属网架后的花槽中。所以说，这道高大的巨型纽顿轩植生墙实际上是由30个小植生墙组成的，每个小植生墙都长在独立的花槽中，然后叠加起来形成了一道高104米的绿化墙体。

> 这道高大的巨型纽顿轩植生墙实际上是由30个小植生墙组成的，每个小植生墙都长在独立的花槽中，然后叠加起来形成了一道高104米的绿化墙体。

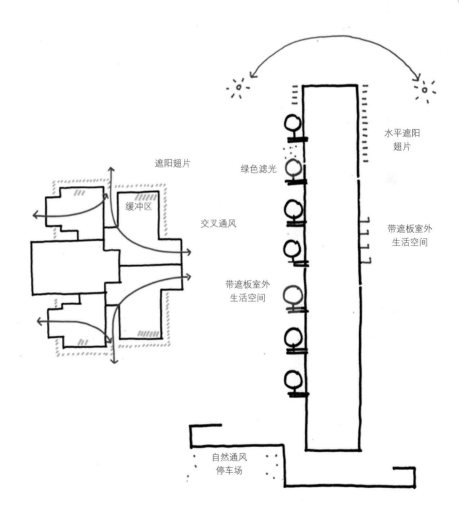

▲ 图2.4.5：纽顿轩环境概念草图。© WOHA

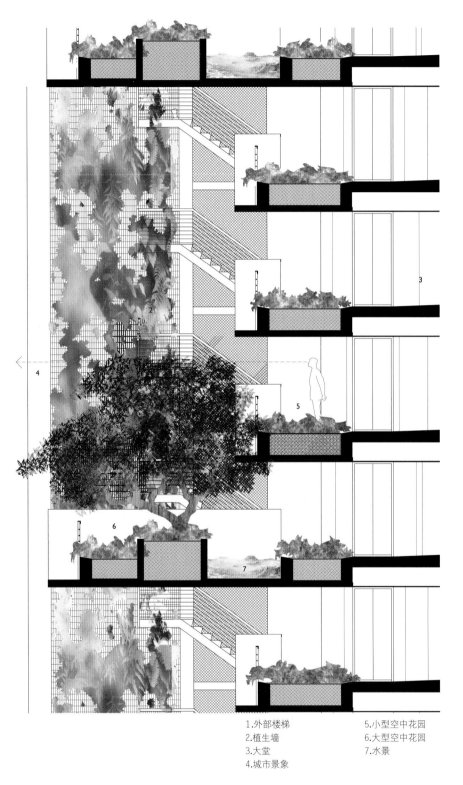

除此之外，住宅大厦南侧还有一座独特的5层楼车库裙楼，其东、西、南侧大面积的植生墙设计也别具特色。

住宅大楼的景观设计区域还包括一楼的花园、车库屋顶以及私家阳台。另外，建筑师每四层楼规划了一座悬桁式"空中花园"，内植特色花草树木，设有小水池和休息区域，为居民提供了交流聚会的空间。住宅大楼的电梯厅向户外开放，所以在每一层的电梯厅中都可以看到这些室外空中花园。

植物种类

植生墙采用的主要植物时大花老鸦嘴（见图2.4.7）。这些植物在终止后三个月内便能充分生长，使得设计团队能够及时检查整个系统在实施和性能上的实用性。建筑绿化中还使用了以下植物：

▸ 缅栀花

▸ 波士顿蕨

▸ 黄色鸢尾

灌溉系统

建筑每层都安装有自动灌溉系统，由定时传感器控制。一般植生墙需要较好的防水性能。设计师选用了自流式弹性材料，既能提供很好的保护又方便使用。另外，灌溉系统还安置了防水薄膜，植生墙后面的结构系统也做了防水处理。

维护

植生墙的维护需要用到住宅大楼的室外梯子，梯子与植生墙相邻，无论在哪一层维护人员都能到达位于金属网架后的花槽和植物所在的位置（见图2.4.8）。另外，由于30个独立的植生墙垂直叠放，

1.外部楼梯　　　　5.小型空中花园
2.植生墙　　　　　6.大型空中花园
3.大堂　　　　　　7.水景
4.城市景象

▲ 图2.4.6：从空中花园剖面图可以看出植生墙的位置。© WOHA

▲ 图2.4.7：植生墙和公共阳台上的"空中花园"景观。© 帕特里克·宾汉-豪

▲ 图2.4.8：植生墙系统的详细视图。© 帕特里克·宾汉-豪

组成了一道从外观上看起来连续的墙体，这样的结果简化了维护工作，同时也节省了维护成本。

分析与结论

由于纽顿轩设计团队独具匠心的绿色规划，使建筑获得了很高的绿色容积率，甚至在后来新加坡建筑性能立法中成为了标杆建筑。现在新加坡市要求所有新建建筑的绿化面积至少要与占地面积相当。该项目之所以意义重大，是因为它至少提供了三个方面的绿化设计。垂直的植生墙设计成为了很多公众——即非纽顿轩住户——可以观赏的景观。人们在远处也能欣赏到这座大楼。种植在空中花园的植物营造了一个绿色的可供人们交流分享的空间，住户们无需麻烦地跑到楼顶或是一楼去。绿植私家阳台在保证了亲密性、庇护所和观景台的基本功能的同时，也为住户提供了与自然亲密接触的机会。

虽然上述的几个方面令人印象深刻，但也要注意到另外一个问题，该项目中与建筑等高的植生墙完全依附于一座约一米厚的主干墙，主干墙上没有包含任何空调空间，而是支撑了一整列的阳台。因此，这部分植生墙对建筑室内空间的降温没有起到任何辅助作用，而这却恰恰是该维度地区建筑绿化设计所追求的主要目标之一。

绿化覆盖率计算

纽顿轩公寓的表面积采取将车库/裙楼和住宅大楼分别计算的方式得出。

住宅楼北侧高120米，宽26米，表面积为3,120平方米。裙楼北侧延伸至住宅楼西侧11米，高13米，增加了北侧表面积143平方米，因此整栋建筑北侧表面积共计3,263平方米，且没有任何绿化。

建筑东侧和西侧的裙楼与住宅楼分成了两个独立的建筑实体。裙楼部分粗略测量为13米高，30米宽，面积为390平方米。住宅楼本身高120米，宽21米，两侧表面积均为2,520平方米，因此东西两侧住宅楼加上裙楼的表面积均为2,910平方米。

建筑裙楼东西两侧的墙壁上也种植了植

由于纽顿轩设计团队独具匠心的绿色规划，使建筑获得了很高的绿色容积率，甚至在后来新加坡建筑性能立法中成为了标杆建筑。现在新加坡市要求所有新建建筑的绿化面积至少要与占地面积相当。

▲图2.4.9：悬桁式空中花园。©帕特里克·宾汉-豪

▲图2.4.10：俯瞰空中花园。©帕特里克·宾汉-豪

▲图2.4.11：裙楼楼顶公共休闲娱乐设施。©帕特里克·宾汉-豪

▲图2.4.12：仰视空中花园景观。©蒂姆·格里菲斯

建筑立面	总墙体面积 (平方米)	植生墙覆盖面积 (平方米)	立面树木覆盖面积(平方米)	绿化覆盖面积 (平方米)	绿化覆盖面积 百分比
纽顿轩公寓					
北侧	3,263	0	0	0	0%
东侧	2,910	300	0	300	10%
南侧	3,541	622	112	734	21%
西侧	2,910	240	0	240	8%
共计	**12,624**	**1,162**	**112**	**1,274**	**10%**

▲ 表2.4.1：绿化覆盖率计算

生墙。东侧植生墙覆盖面积为 300 平方米（高 10 米，宽 30 米）。而西侧由于增加了楼梯的设计，因此该侧植生墙面积为 240 平方米。

住宅楼南侧的一部分面积与裙楼重合。裙楼南侧表面积要略大于北侧，其中包括了六楼绿廊后墙的面积，约为 629 平方米（17 米高，37 米宽）。绿廊后墙主要用于保护公共娱乐设施。从南侧看，住宅楼像是一栋从裙楼上建起的巨大实体，高 104 米，宽 28 米，表面积为 2,912 平方米。因此南侧总表面积为 3,541 平方米。

建筑南侧的绿化面积可分为几块不同的区域。覆盖在车库裙楼墙体上的植生墙可分为两个部分，分别为 240 平方米（高 10 米，宽 24 米）和 70 平方米（高 10 米，宽 7 米）。与住宅楼室外梯子相邻的植生墙从裙楼楼顶开始，几乎延伸至与住宅楼等高，104 米，宽 3 米，总面积为 312 平方米。住宅楼上有 7 座种植了树木的阳台，每座阳台约有 16 平方米的绿化面积，共计 112 平方米。因此，建筑南侧的总绿化面积为 734 平方米，约占南

侧总面积的 21%。

该项目的总垂直表面积为 12,624 平方米，其中 1,274 平方米为绿化面积。因此得出总体绿化覆盖率约为 10%。

项目团队

开发商：UOL 集团有限公司

建筑师：WOHA

植生墙设计师：WOHA

植生墙生产商：Kajima 海外亚洲私人有限公司——总承建商

景观建筑师：Cicada 私人有限公司

结构工程师：LBW 咨询公司

电气工程师：WSP 林肯·斯科特私人有限公司

总承建商：Kajima 公司

其他顾问：KPK 集团（建筑工程管理）

其他顾问：KPK 集团（施工管理）

参考文献及扩展阅读

书籍：

▸ P.布朗（2008）《垂直园林：从自然到城市》。W.W.诺顿&公司：纽约。

▸ N.登尼特，N.金斯伯格（2010）《绿色屋顶与生命墙培植》。廷贝尔出版社：波兰。

▸ G.格兰特（2010）《绿色屋顶与建筑立面》IHS-BRE出版社：沃特福德，英国。

期刊文章：

▸ I.苏索洛娃，M.安古洛，P.巴赫拉米，B.史蒂文斯（2013）"建筑外墙热力性能评估中的绿化立面模型"《建筑与环境》，67 卷，pp. 1–13。

▸ I.苏索洛娃，P.巴赫拉米 "外墙综合绿化作为环境可持续发展解决方案在节能建筑中的应用"《卡地夫大学MADE研究日志》第8卷。

网站文章：

▸ 《摩天大厦中心，世界高层建筑与都市人居学会（CTBUH），全球高层建筑数据库：纽顿轩公寓，2014》,文章来源：< http://skyscrapercenter.com/singapore/newton-suites/8965/>（2014年5月）

▼ 图2.4.13：高层公共休闲娱乐设施。©帕特里克·宾汉-豪

建筑数据：

建筑时间
▸ 2009年

高度
▸ 39米

楼层
▸ 16层

总建筑面积
▸ 33,707平方米

建筑功能
▸ 住宅

建筑材料
▸ 混凝土

植生墙概况：

植生墙类型
▸ 综合生命墙（植物栅网）

绿化位置
▸ 北侧立面

绿化表面积
▸ 139平方米（近似值）

设计策略
▸ 截至建成时间（2009），该建筑植生墙为世界上最高的植生墙；
▸ 建筑北侧的栅网生命墙主要为了美化目的；
▸ 在阳光照射下也能茁壮成长的植物品种被安置在植生墙的顶部；而那些比较娇弱的植物则被安置在植生墙的底部；
▸ 建筑墙体垂直方向每隔三米设有一段浇灌管道，共计十一段；
▸ 自动灌溉每天开启六次，水源主要来自在建筑用地收集的雨水。

案例研究 2.5

三重奏公寓 悉尼，澳大利亚

当地气候

悉尼属于温带气候区，夏季稍热，冬季温和，一年四季都有降雨。悉尼最热的天气出现在 1 月，气候略微干热，平均温度为 26℃。最冷的天气在 7 月，平均温度为 16℃。年均降雨量为 99 毫米，每年平均降雨 138 天（见图 2.5.1）。

悉尼终年湿度较高，使得污染问题加剧，每年总有几天市内浓雾弥漫不散。由于悉尼临海，终年不断的海风改善了城市过于湿润的空气环境。

悉尼的盛行风为来自沙漠方向的西北风，且终年日照范围较广。

背景

这栋拥有 397 套不同面积住房的公寓建在五层地下停车场之上（见图 2.5.2），该设计是 2002 年由开发商组织的建筑设计大赛的获奖作品。该项目响应了城市中心及其周边地区对中等规模、高密度住宅的需求，是一份针对建筑规模、建筑形式和土地环境响应能力的设计作品（见图 2.5.3 和图 2.5.4）。

公寓位于城市一角的西部边缘，是迅猛崛起的坎伯顿郊区的典型地标性建筑。开发该项目的另一个目的是为了补充城市该区域公共设施的不足，并希望所有的居民都能主动去使用这些设施。在项目用地内建设的互动区域内设有体育馆和 50 米长的室外暖水泳池等设施，它们通过景观空间与中央洒满阳光的"村落广场"、室内休闲中心、咖啡馆 / 餐厅区域相连，这些区域的规划无疑体现了建筑师对打造一个真正意义上的"社区"的追求。

气候数据：[1]

建筑所在地
▸ 悉尼，澳大利亚

地理位置
南纬33° 57'
东经151° 10'

地势
▸ 海拔3米

气候分类
▸ 暖温带，夏季温暖潮湿

年平均气温
▸ 18.4℃

最热月份（1月、2月及3月）中白天平均气温
▸ 22℃

最冷月份（6月、7月及8月）中白天平均气温
▸ 13℃

年平均相对湿度
▸ 71%（最热月份）；67%（最冷月份）

月平均降水量
▸ 99毫米

盛行风向
▸ 东南

平均风速
▸ 3.3米/秒

太阳辐射
▸ 最大：959瓦特时/平方米（12月21日）
最小：831瓦特时/平方米（6月21日）

年均每日日照时间
▸ 6.6小时

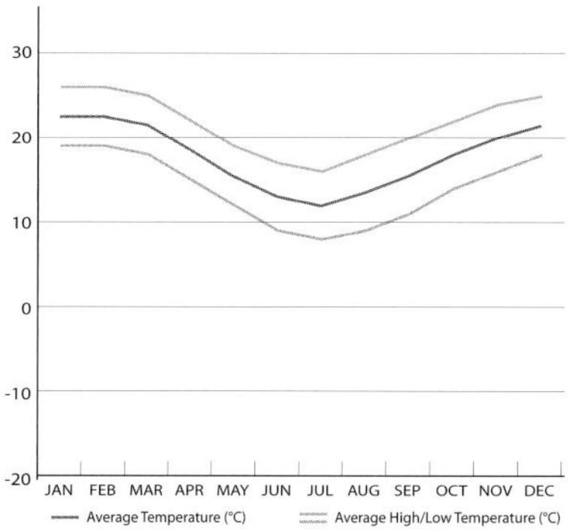

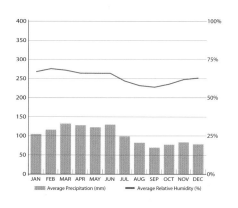

平均气温概况（℃）

平均相对湿度（%）及
平均降雨量

▲ 图2.5.1：澳大利亚悉尼气候概况[1]
◀ 图2.5.2：植生墙景观。© 帕特里克·布朗

[1] 书中列出的气候数据来源于世界气象组织（WMO）、英国广播公司（BBC）以及国家海洋与大气管理署（NOAA）。

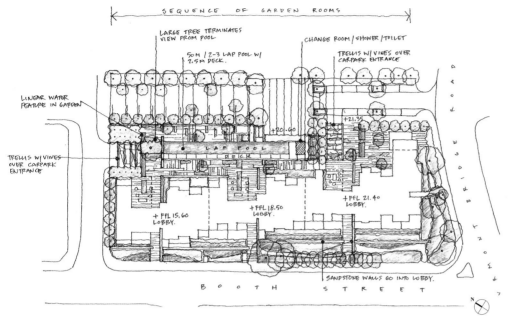

▲ 图2.5.3: 建筑平面图所显示的景观设计理念。© Oculus

植物种类
对澳大利亚本土植物品种的严格使用，使得植生墙极具地方文脉，同时也避免了对植物健康和视觉欣赏的时效性的担忧。主要的植物种类包括:

立面图
植生墙在2009年建成的时候，是世界上最长的植生墙，由超过4,500株澳大利亚本土植物构成。

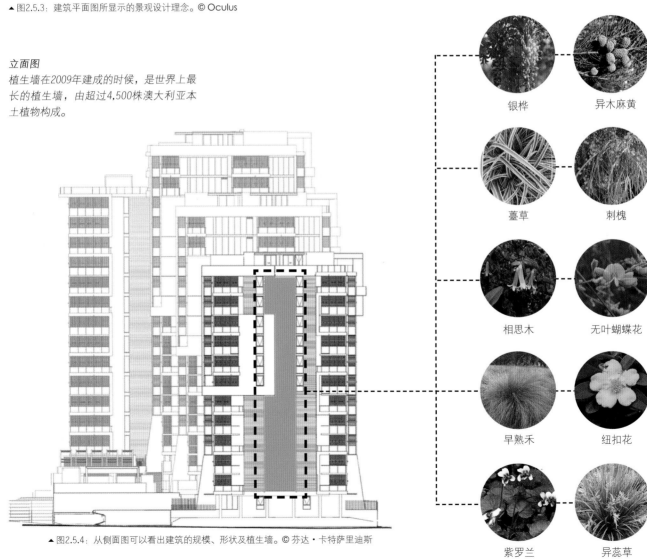

▲ 图2.5.4: 从侧面图可以看出建筑的规模、形状及植生墙。© 芬达·卡特萨里迪斯

银桦　　　异木麻黄

薹草　　　刺槐

相思木　　无叶蝴蝶花

早熟禾　　纽扣花

紫罗兰　　异蕊草

▲ 图2.5.5：建筑北侧外观，由覆盖材料、混凝土及植生墙构成。© 芬达·卡特萨里迪斯

建筑师力求在建筑外墙上打造出一种不断变化的雕塑般的纹理。精致复杂的立面百叶系统的安装，实现了这一目的。该系统结合了一系列覆盖材料、混凝土结构以及大量风化材质，打造了一件布满大型都市图形和雕塑图案的建筑作品（见图2.5.5）。当公寓内的住户从室内打开或关上隔板和百叶系统时，建筑复杂的"拼贴"立面便会不断地变化，而且随着太阳位置的移动，也会呈现出变化的阴影图形。

所有公寓套间都采用了凉廊式阳台，这也是设计的重要理念之一。阳台边缘安装了百叶隔板，既可以打开遮光，也可以收回来以便享受阳光和窗外广阔的悉尼美景。凉廊基本上是作为起居区域和卧室空间的延伸，用于弱化一般公寓式住宅内分区过多的特点。通过凉廊，住户有更多适应从室内转向室外生活方式的机会，而且悉尼的气候对这种生活方式也极为理想。同时，为了使公寓空间能够充分发挥各自的潜能，建筑师在设计中尽可能地减少了对机械降温系统的需求。

该项目在开发中融入了一系列首创，尤其在能源需求、用水、雨水蓄水、建筑材料、室内环境、废物以及运输等方面。其中一些策略如下：

▸ 在建筑立面安装了百叶遮板系统，对建筑外部环境条件（阳光和风）起到了明显的控制，同时也保护了绝大部分立面玻璃不被直接光线照射。

▸ 所有的生活区域都安装了可操作玻璃窗，以促进自然通风。

▸ 根据环境模型识别需求对散热设计进行了改善，在适当的区域采用了高性能玻璃、双层玻璃和其他隔热措施。

▸ 利用再生木材以及在几个特定区域挖掘的砂岩作为建筑材料。

在 2009 年建成之际，公寓植生墙长 33 米，宽 5 米，是世界上最长的垂直园林。整座植生墙由 4,528 株澳大利亚本土植物构成。

那些即使完全暴露在阳光照射下也能茁壮成长的植物品种，如刺槐和早熟禾，被安置在植生墙的顶部；而那些比较娇弱，需要更多水合作用的植物，如栀子花和紫罗兰则被安置在植生墙的底部。

▲ 图2.5.6：构成垂直园林的不同植物品种。 © 帕特里克·布朗

这栋公寓大楼是一次对都市形式创作的探索，同样也是一次对建筑丰富的纹理、材质和设施相结合的尝试。大楼的设计可以说是一种令人难忘而亲切的建筑表达形式。

建筑景观区域约为 3,800 平方米，其中 2,600 平方米为软质景观，包括住宅区园林、屋顶平台和游泳池。

景观设计的重点是在公共区域和私人区域营造出明显的区别。砂石墙壁和倒影池与位于两座景观园林之间的公寓大堂相连，使得建筑与景观完全融合在一起。在整座公寓园区内，通过绿化设计实现了从公共空间到私人空间的转换，这些植被按照叶子的形状、颜色和纹理精心布局，形成了强烈的对比。园区内采用了悉尼本地出产的砂石，尤其在小路的

铺设和主橼墙的修建上，这也是该建筑的一大特色。

公寓三座楼体顶端均设有屋顶平台，铺设了木质甲板的娱乐休闲区域，四周环绕着狭长的水文景观。在这里，住户可以获得宝贵的私人开放空间，也可以看到悉尼城和市区内的广阔景象。

园区内的雨水会被收集到巨大的地下水箱中，因此在植被的选择上就有了更多的可能性，除了那些耐旱植物外，稍微娇弱一些的植物品种也可以生长出茂盛浓密的叶片。

植生墙概况

在 2009 年建成之际，公寓植生墙长 33 米，宽 5 米，是世界上最长的垂直园林。整座植生墙由 4,528 株澳大利亚本土植物构

成（见图 2.5.6）。

植生墙的基本功能主要有两点，一是增加建筑的视觉吸引力，二是为城市环境提供更多的绿化。在城市区域内的可持续植生墙可以作为一个天然空气净化系统，能够减少污染，增加建筑表层隔热能力，并提高公寓室内的降温效果。

三重奏公寓大厦植生墙依附于一道由钢铁和再生塑料框架构成的结构系统，上面挂满了再生纤维支撑的口袋，各种植物便种植在这些口袋内。

三重奏公寓植生墙的建造和安装大约历时八个星期才完成。主要工作内容包括检查施工用地，安置园林控制室（水泵、过滤装饰盒水箱），安装墙体框架板材，灌溉系统，毛毡及植物。

植物种类

为了保证植生墙的健康和提供视觉欣赏的时效性，非常有必要选择澳大利亚本土植物。设计师选择了 70 个种类的植物，如刺槐、异木麻黄、薹草和紫罗兰。虽然它们当中有一些籍籍无名，但根据景观设计师的说法，所有这些植物都能"在野外茁壮地生长，无论是在海边的悬崖上，还是山区的峭壁和布满岩石的山坡上"。

垂直园林在设计上体现出了对四季环境的适应性。那些即使完全暴露在阳光照射下也能茁壮成长的植物品种，如刺槐和早熟禾，被安置在植生墙的顶部；而那些比较娇弱，需要更多水合作用的植物，如栀子花和紫罗兰则被安置在植生墙的底部。

灌溉系统

所有植物都是通过收集来的雨水经由滴灌系统进行灌溉的。滴灌系统采用耐用再生塑料制成。墙壁每隔三米设有一段浇灌管道，由自动滴灌系统控制，每天滴水六次。供应商安装了可以通过遥控控制的系统，根据环境的需求来增加或减少水循环。在许多情况下，垂直园林耗水多和化学药品需求一直受到诟病，但是供应商开发的这个系统可以使用收集到的雨水进行浇灌，从而大大改善了这两方面的问题。

雨水收集系统通过一个专门的 36,000 升水箱收集水分，进行重新利用和施肥，因此减少了相当数量的耗水。植物没用完的剩水和在循环过程中没有蒸发掉的水分会再次回到水箱之中，留待以后再用（见图 2.5.7）。

维护

为了克服维护一座 12 层楼高的垂直园林的难题，保证维护的成功，植物供应商发明了旋转载物台，可以供维护人员在墙壁前攀爬，以进行持续的维护工作。

通常每个星期进行的维护工作需要在地面以肉眼观察，然后在控制室检查系统的水泵和过滤装置。每个月需要对植物的健康情况进行一次检查，同时除虫防病及修建植物。每月一次的维护工作需要使用旋转载物台（见图 2.5.9），大约每天两个工人，在墙体前上上下下地检查植物、除草、修建，以确保整个植生墙结构和浇灌系统都在正常运行。

分析与结论

三重奏公寓大厦以独树一格的青翠植生墙为特色，充分证明了帕特里克的设计和灌溉系统的有效性。设计除了在促进环境和节水方面的功能外，雨水收集和存储系统也是植生墙在未来可行性上的花费的一笔巨大投资，这两个策略在其他建筑中都没有成功实施。三重奏公寓

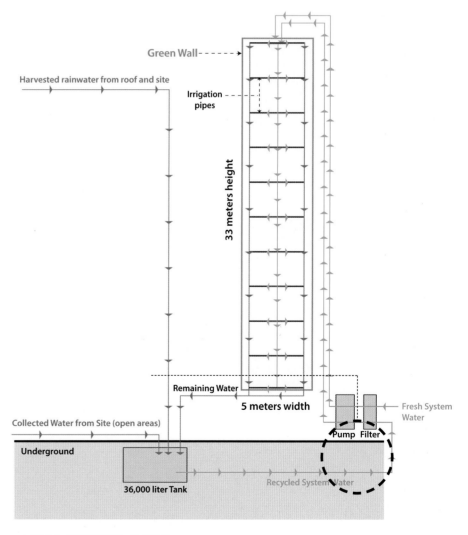

▶ 图2.5.7：图解灌溉系统。© CTBUH

在许多情况下，垂直园林耗水多和化学药品需求一直受到诟病，但是供应商开发的这个系统可以使用收集到的雨水进行浇灌，从而大大改善了这两方面的问题。

拥有世界上（指项目建成时）最长的植生墙，这样具有开拓性的地位使得大厦成为该类型建筑中的范例，理所应当为大厦带来相当程度的曝光率。

该系统最大的缺点是覆盖区域比较有限。整座公寓大厦的垂直表面积近 19,000 平方米，而只有仅仅 139 平方米——还不到 1%——为植生墙面积。如果再考虑到为了维护植生墙正常生长所花费的时间和劳动——修建植物、布局、维护滴灌系统——似乎全部 397 户公寓住户中没有谁能够直接从植生墙中直接受益，尤其是在为室内空间降温方面。住户可能会希望用于维护植生墙的费用不应该由全体住户分摊，毕竟绝大部分人无法从植生墙中获益。而那些每天通过备用入口进出公寓的人甚至可能根本不知道植生墙的存在。

绿化覆盖率计算

三重奏公寓，正如它的名字形容的，是一座独立的长方体建筑，由三座底部相连、顶部依次升高的建筑体构成。为了计算出建筑垂直部分的表面积，将三个建筑体相连的立面分成了各自独立的平面。

建筑北侧外观并不规则，但其轮廓为直角形，因此可以转换成由五个长方形构成的一组图形，然后将这些长方形的面积相加。通过这种方式得出该侧面积为 2,776 平方米。北侧立面的植生墙内有一小部分是建筑立面遮板，将遮板面积（高 13 米 × 宽 2 米 =26 平方米）从大的长方形面积（高 33 米 × 宽 5 米 =165 平方米）中减掉，最后得出植生墙的面积为 139 平方米（见表 2.5.1）。

▲ 图2.5.8：建筑北侧外观。© 芬达·卡特萨里迪斯

▲ 图2.5.9：站在旋转载物台上的帕特里克·布朗正在查看澳大利亚悉尼三重奏公寓的植物状况。
© 帕特里克·布朗

建筑立面	总墙体面积 （平方米）	植生墙覆盖面积 （平方米）	绿化覆盖面积 百分比
三重奏公寓			
北侧	2,776	139	5%
东侧	6,412	0	0%
南侧	3,322	0	0%
西侧	6,366	0	0%
共计	**18,876**	**139**	**0.7%**

▲ 表2.5.1：绿化覆盖率计算

建筑东侧立面也可以把每座建筑体侧面没有重合的部分放在一起组成一个长方形，得出总面积为 6,412 平方米。西侧立面采取同样的方式，得出面积为 6,366 平方米。南侧面积的计算方式与北侧相同（但没有植生墙部分的面积），计算结果为 3,322 平方米。这三个立面均没有任何绿化。

将上述结果相加（2,776+6,412+6,366+3,322），得到最后的建筑垂直表面积为 18,876 平方米。植生墙覆盖面积为 139 平方米，占整栋建筑垂直表面积的 0.736%。

项目团队

开发商： 费雷泽地产集团
建筑师： 芬达·卡特萨里达斯
植生墙设计师： 帕特里克·布朗
植生墙生产商： 帕特里克·布朗
植物供应商： 菲利普·约翰逊景观设计公司
景观建筑师： Oculus 景观建筑与城市设计公司

参考文献及扩展阅读

书籍：

▸ P.布朗（2008）《垂直园林：从自然到城市》。纽约，W. W.诺顿&公司：纽约。

▸ G.霍普金斯，C.古德温（2011）《活着的建筑：绿色屋顶与植生墙》，CSIRO出版集团：Vic.柯林伍德。

网站文章：

▸ 《摩天大厦中心，世界高层建筑与都市人居学会（CTBUH），全球高层建筑数据库：三重奏公寓，2014》，文章来源：< http://skyscrapercenter.com/sydney/trio-apartments/16772/>（2014年5月）。

▲ 图2.5.10：从建筑外观显示出的景观构成元素。© 西蒙·伍德摄影

建筑数据：

建成时间
- ▶ 2009年

高度
- ▶ 129米

楼层
- ▶ 30层

总建筑面积
- ▶ 74,147平方米

建筑功能
- ▶ 办公

建筑材料
- ▶ 钢铁

植生墙概况：

植生墙类型
- ▶ 综合生命墙（模块生命墙）

绿化位置
- ▶ 建筑南侧的辅助建筑体
  绿化层的表面区域

绿化表面积
- ▶ 221平方米（近似值）

设计策略
- ▶ 将植生墙作为一份艺术作品，提高逐渐老化的单调混凝墙壁的可观赏性；
- ▶ 把植生墙打造成公司品牌；
- ▶ 所有的植物都是经过苗圃中的培育后再移植到建筑的垂直立面上；
- ▶ 不同花期的植物赋予了植生墙季节性的变化；
- ▶ 起初采用了不锈钢面板和托架装置，后因性能发挥的各种缺陷而替换为G-02™系统。

案例研究 2.6

One PNC广场 匹兹堡，美国

当地气候

匹兹堡位于美国东北部宾夕法尼亚州的西南角，坐落在阿里根尼山脉脚下。城市地处湿润的大陆气候带，拥有鲜明的四季之分。由于匹兹堡接近美国东海岸和月平均降水量83毫米的五大湖区，其湿润的气候也受到了一定的影响（见图2.6.1）。

匹兹堡春夏秋冬四季分明，每年最热的月份为7月，平均气温22.6℃，最冷的月份为1月，平均气温0℃。

背景

从2009年开始，PNC金融服务集团开始针对公司在匹兹堡的总部建筑设施进行了一系列的"绿化"行动。PNC植生墙便是公司有意致力于可持续发展的第一次尝试的结果。用于支撑植生墙的原有建筑建成于1972年（见图2.6.2）。

One PNC广场的植生墙设计因此成为了公司正在进行的各种可持续发展首创项目的活"海报"。PNC正在建设一栋新建筑，NPC广场摩天大厦。这是一项更加具有可持续发展首创性的建筑，以超越美国绿色建筑委员会颁发的最高认证等级——能源与设计先锋奖铂金项目为目标。在这栋新建的大厦中，将采用很多新技术，诸如地热井、太阳能烟囱以及雨水回收系统等。

气候数据：[1]

建筑所在地
▸ 匹兹堡，美国
地理位置
北纬40° 30'
西经80° 13'

地势
▸ 海拔373米
气候分类
▸ 冬季降雪，夏季温暖、潮湿
年平均气温
▸ 10.3 ℃
最热月份（6月、7月及8月）中白天平均气温
▸ 21 ℃
最冷月份（12月、1月及2月）中白天平均气温
▸ -2 ℃
年平均相对湿度
▸ 67%（最热月份）；70%（最冷月份）
月平均降水量
▸ 83 毫米
盛行风向
▸ 西南
平均风速
▸ 3.9米/秒
太阳辐射
▸ 最大：893瓦特时/平方米（4月21日）
  最小：795瓦特时/平方米（8月21日）
年均每日日照时间
▸ 5.5小时

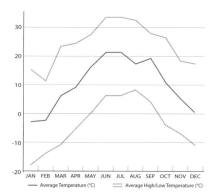

平均气温概况（℃）

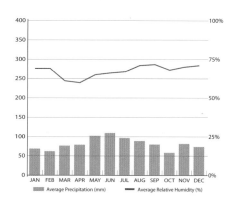

平均相对湿度（%）及平均降雨量

▲ 图2.6.1：美国匹兹堡气候概况。[1]
◀ 图2.6.2：广场大厦植生墙全景。© PNC

[1]书中列出的气候数据来源于世界气象组织（WMO）、英国广播公司（BBC）以及国家海洋与大气管理署（NOAA）。

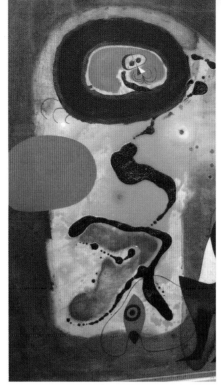

▲ 图2.6.3设计师的灵感源自艺术家亚历山大·凯尔德在密歇根大溪城的雕塑作品（左图）（© 马修·萨瑟兰）以及琼·米罗在1948年完成的画作《红日》（右图）（© 乔·豪）。

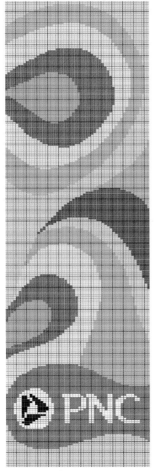

▲ 图2.6.4：最终设计概念的数码绘图。© 明戈设计。

植生墙概况

匹兹堡 PNC 广场植生墙在建成之际是北美最大的植生墙，并与 2009 年在匹兹堡召开的 20 国集团峰会时进行了揭幕仪式。植生墙被安置在辅助建筑体上，这一块被混凝土包裹的绿色墙体也是 PNC 金融服务集团对环境的一贯承诺的一种表现。植生墙的设计灵感来自艺术家琼·米罗和亚历山大·凯尔德的艺术作品。设计师综合了卡尔德雕塑作品中那些曲度的优美平衡和琼·米罗作品中彩色图形与曲线（见图 2.6.3）的结合，创造了 PNC 植生墙的概念图。

设计师试图采用一种新的方式来进行垂直绿化，创造一个"垂直的有机公共艺术作品"，能够在美国园艺设计领域内制造一种认知和刺激。设计师还希望能够拓展适合植生墙使用的植物品种的范围——即便是在垂直表面上生长的植物，

并打造一件充满了生机勃勃的植物的活的艺术品，用植物来构成和谐的曲线，给旁观者制造一种移动的幻觉。

建筑南侧立面为 PNC 公司提供了一处与众不同的品牌宣传的空间，而且在走进 PNC 广场后，也能感受到 PNC 大厦以此向周围社区致意的意味。测量结果证明，植生墙覆盖的位置温度要比相同立面其他部位的温度低。

对于垂直植生墙设计来说，最主要的挑战之一便是如何调节植物对充足阳光的需求，以控制植物的生长方向及维护植物品种的适当分组。

植生墙的设计师卡里·卡特山德说："在高层建筑中设计垂直园林是，遭遇到的最大的挑战之一是随着一层一层楼的增高，生态系统也会不断发生变化。同时光照强度发生改变，水的分配量发生改变，风向和风量发生改变，维护时的进入难易程度也会发生变化。"

为了确保适当的布置排列植物能够使其一年四季都获得充足的日照，设计师为植生墙设计了"太阳立体图"，这在设计过程中是非常重要的一个组成部分。该设计将具备类似生长习惯和用水需求、阳光需求的植物融合在一起，这在进行如此复杂的项目时显得尤为重要。

实际上 PNC 植生墙自 2009 年建成以来经过了两次安置。第一次是在 2009 年，后来在 2012 年被 G-02™ 系统所取代。

最初的植生墙系统由标准植被模块构成，这些植被模块都是预先定制的产品，运至现场后再进行安装。植物被事先放进

模块中进行培育，所有组成该系统的构件结合在一起都是为了维护结构的完整性。

原系统安装了不锈钢金属架和面板系统，直接镶嵌在 One PNC 广场大厦加固的混凝土砌体上。植生墙共由 602 块面板构成，每块规格 610 毫米（长）×610 毫米（宽）×102 毫米（深），每块种植 24 株植物（见图 2.6.5）。每块面板上固定了 120 毫米（高）×152 毫米（宽）×102 毫米（深）的铝制单元格，内部装着厚厚一层无土栽培基质。

原系统在 2012 年被替换掉的原因会在后面介绍灌溉系统的部分作出解释。PNC 植生墙的所有硬件设施、植物、材料以及安装工人均在匹兹堡市中心半径 805 千米以内的范围获得。

植物种类

在植物品种的选择标准上，主要考虑到了植生墙维护的难易程度、植物的美观程度以及最终植生墙呈现出的外观。

所有选取的植物一方面要具备在匹兹堡的气候条件下茁壮生长的能力，另一方面还要随着季节的变化使图案设计呈现出纹路及颜色上的变化。植生墙中约植入了 14,448 株植物，共计 8 个品种，包括组合苔草、紫叶珊瑚钟、筋骨草、铜扣草、金钱草、卫矛、黄色金钱草以及蕨类植物（见图 2.6.7）。

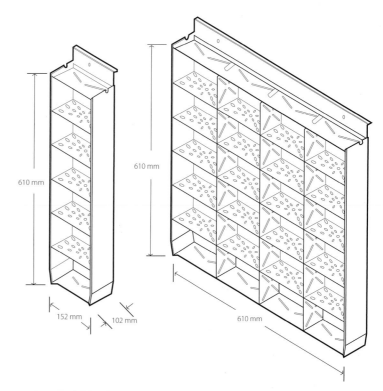

▲ 图2.6.5：最初面板系统的细节图。© 明戈设计

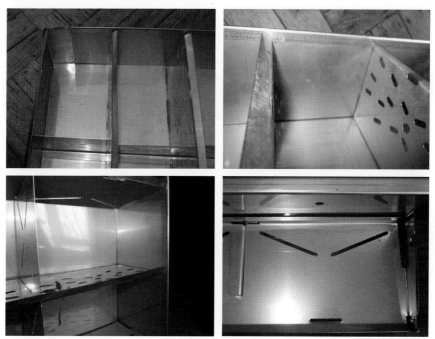

▲ 图2.6.6：安装前的不锈钢面板装置细节图。© 明戈设计

苔草 "冰上舞者"

金钱草 "嫩黄"

筋骨草 "古铜美人"

紫叶珊瑚钟 "宫廷紫"

扶芳藤

红盖鳞毛蕨

植物种类
植生墙中采用了8种植物，共计14,448株，随着季节的变化在建筑表面产生不同的纹理和色彩。

▲ 图2.6.7：辅助建筑体南侧植生墙景观。© 明戈设计

灌溉系统

在原植生墙系统中，浇灌过程是通过一系列管径 6.4 毫米的滴灌管线实现的。这些管线水平方向每 610 毫米留出一定间隔。每个 610 毫米 ×610 毫米的面板顶端都镶嵌着一根这样的管线。在面板顶端有一些细小弯曲的凹槽，滴灌管线便镶嵌在这些凹槽之中。在系统运行时，水就会从一个单元格渗透到另一个单元格，共经过 9 个灌溉区。系统会实现设定浇灌时间，以保证水在流经各个单元格时的浪费程度降到最低，同时还能防止位置较低的植物被浇灌了过多的水。当植生墙被充分灌溉后，整座墙体重达 24 吨，由安装在内部的控制系统进行调节。维护植生墙，平均每个星期只需进行 15 分钟浇灌即可。

然而，该系统在使用过程中却出现了相当严重的问题。由于无法控制大面积干旱区域的产生，植生墙的植物很难成活。当植物开始神秘死亡的时候，人们才发现问题出在无土栽培基质上。如果单元格中的栽培基质过于干燥，就会形成砖样结块。这时如果水流到这些单元格中，就会顺着阻力较小的地方流失到其他方向，于是植生墙中就会出现一些无法维持植物生命的干旱区域。

系统中大量的水流失带走了栽培基质中的营养物质，于是单元格中便只剩下残渣。由于无土栽培基质干涸结块问题的出现，持续的输水对整个垂直园林的存活就成为了首要且必要条件。但是这么多的水流经植生墙系统，很多植物都被浇了太多的水，因此又会产生会造成根系腐烂和叶螨感染等问题的环境。

植生墙的垂直灌溉特点引起了植物病害和营养物质流失，严重影响了植生墙的生命力，同时也给下方的地面造成了破坏。

由于滴灌系统位于植生墙面板顶端，造成水从植物材料后面或面板后面流过，无法被植物吸收。尤其当无土培育基质干涸结块之后，会产生收缩，从而在硬块和单元格板之间形成一些水流的支路，因此会进一步造成系统的干涸。

除此之外，要摘除死掉的植物只能把单棵植物移走（通过电梯或移动脚手架）（见图 2.6.7 至图 2.6.10）或者在新的洞里重植一棵球茎，但这需要细心的手工操作，以确保新植入的植物不会从植生墙掉出来，所以在新的植物根系扎稳之前必须对其进行固定。重植工作需要将相应的模块从系统中取出，让植物在水平位置充分成长。

2012 年 5 月，PNC 植生墙更换成了绿植社团有限公司开发的 G-02™ 系统，整个植生墙系统包括植物和灌溉系统都进行了升级处理。

新的 G-02™ 系统采用了遥控监测传感装置，会提供关于植生墙状况的重要信息，以便根据维护需要做出决策。在系统中，植物都是预先培育的，在植生墙模块中能够充分生长，这样在安装之前才能达到最佳生长状态。

对于垂直植生墙设计来说，最主要的挑战之一便是如何调节植物对充足阳光的需求，以控制植物的生长方向及维护植物品种的适当分组。

▲图2.6.8：运送植生墙面板装置。© 明戈设计

新的 G-02™ 系统采用了维护监测系统，安装了创新的维护管理软件来控制灌溉系统。

维护策略

原系统的主要维护策略以植生墙植物自然长成的图案为基础。在植生墙达到90%的成熟度和覆盖率之前，每个星期需要进行一次维护。在植物成熟前后，每两个星期进行一次维护即可。等到植物完全成熟，可以每个月进行一次，或是根据景观服务机构的建议进行维护。

新的 G-02™ 系统采用了维护监测系统，安装了创新的维护管理软件来控制灌溉系统。新系统所采用的遥控监测传感器装置为植生墙维护提供了更加环保和可持续发展的解决方案。

分析与结论

在第一次安装的时候，PNC 植生墙是整个北美地区最大的植生墙。这座植生墙色彩丰富，是对凯尔德和米罗艺术作品的一种解读。它的清新特质有别于一般的"公司大堂艺术"或是平面的壁画装饰。但是我们不能因此便认为这座植生墙对建筑整体能源效率有着明显的改变，尤其是植生墙的支撑墙体为混凝土材质，自己本身就是个巨大的蓄热体。

初步研究显示，建筑南侧立面的植生墙部分要比该立面其他表层部分的温度低一些（NPC，2009）。更为精确地说，植生墙表面温度要比周围区域的温度低25%。

由于植生墙能够吸收阳光而不是反射光线，所以对其下面的广场起到辅助降温的作用。另外，立面植生墙还能够帮助吸收噪音，而不是反射来自广场的噪音。

采用本土植物和每星期只需浇水15分钟的灌溉系统的做法值得赞扬，但是事实情况是原来的植生墙系统并不能让人满意——绝大多数植物都死亡了。因此原系统必须被新的植生墙系统所替代。新的系统通过在苗圃中预先将植物培育成熟再安装进墙壁的方式，解决了一些问题，而且遥控监测系统还能减少一些浪费或是浇水不足的问题。

植生墙带来的营销效益真实可见，并没有因为其类别的问题而被抹杀。植生墙项目本身非常适合规模更大、投资更多的项目，例如公司在匹兹堡开发的新建大楼项目和在马里兰州巴尔的摩建成的办公楼。植生墙在很大程度上已经成为了公司优质企业公民的象征，但是植生墙成本有点高，其结构比较复杂，而在建筑运行和整体节能方面的效果却是比较有限的。

绿化覆盖率计算

One PNC 广场由一座直线型的摩天大厦和一座混凝土外壳的辅助建筑体构成。辅助建筑体约高129米，宽36米，长68米。

建筑立面	总墙体面积 (平方米)	植生墙覆盖面积 (平方米)	绿化覆盖面积 百分比
One PNC广场			
北侧	4,703	0	0%
东侧	8,773	0	0%
南侧	4,703	221	5%
西侧	8,773	0	0%
共计	**26,952**	**221**	**1%**

▲ 表2.6.1：绿化覆盖率计算。

建筑北侧和南侧立面高 129.2 米、宽 36.4 米，每侧表面积为 4,703 平方米。东西两侧高 129.2 米、宽 67.9 米，每侧表面积为 8,773 平方米。

PNC 植生墙位于辅助建筑体南侧立面，约高 27 米、宽 8.2 米，总面积为 221 平方米。因此绿化面积占建筑南侧立面面积的 5%，占整栋建筑垂直表面积的 1%。

项目团队

开发商：PNC 银行
建筑师：威尔顿·贝克特联合建筑设计有限公司
植生墙设计师：明戈设计有限责任公司
植生墙生产商：绿色生活科技（原系统）；G-02™（升级后的系统）
植物供应商：绿植社团有限公司
其他顾问：塞恩科纳工程联合公司（结构）；BD&E 战略品牌设计（图案）

参考文献及扩展阅读

书籍：

▶ A.兰博蒂尼，M.希安比，J.林恩哈特（2007）《垂直园林》，韦尔巴·沃兰特：伦敦。

期刊：

▶ A.史密斯（2013）"大型公司实体中的成功绿化创新：stakeholder perspective案例研究"《服务及运营管理国际期刊》，卷14.1，pp. 95–114。

新闻稿：

▶ PNC银行（2009）《PNC揭幕北美最大植生墙》，可向PNC新闻发布中心索取。匹兹堡：PNC银行[2009年9月21日]。

网站文章：

▶ 《摩天大厦中心，世界高层建筑与都市人居学会（CTBUH），全球高层建筑数据库：ONE PNC广场，2014》，文章来源：< http://skyscrapercenter.com/pittsburgh/one-pnc-plaza/9835/>（2014年5月）。

▲ 图2.6.12：由于匹兹堡One PNC广场植生墙的成功安置，公司位于马里兰州巴尔的摩的办公大楼也安置了类似的植生墙。© 明戈设计

建筑数据:

建成时间
- ▸ 2009年

高度
- ▸ 231米

楼层
- ▸ 69层

总建筑面积
- ▸ 124,885平方米

建筑功能
- ▸ 住宅

建筑材料
- ▸ 混凝土

植生墙概况:

植生墙类型
- ▸ 安装在车库裙楼及建筑侧墙上的立面支撑植生墙(金属网)
- ▸ 在阳台上安置花槽
- ▸ 在空中平台安置花槽

绿化位置
- ▸ 裙楼植生墙,建筑北侧和南侧立面1~8层
- ▸ 公寓大厦东侧西侧植生墙,11~69层
- ▸ 建筑北侧和南侧立面的阳台及空中平台

绿化表面积
- ▸ 7,170平方米(近似值)

设计策略
- ▸ 攀爬在金属网上的植生墙将车库内裙楼一到八层遮蔽起来;
- ▸ 东侧和西侧的狭长楼体立面各安置一道狭长的植生墙,几乎与建筑等高;
- ▸ 在私家阳台上安置完整尺寸的赤素馨花树;
- ▸ 在六层高的空中花园安置完整尺寸的赤素馨花树。

案例研究 2.7

Met公寓 曼谷，泰国

当地气候

曼谷位于赤道气候带，冬季气候干旱，是世界上最热的城市之一（见图2.7.1）。曼谷的四季有时多雨，有时炎热，有时也很凉爽，在最热的月份里，平均气温会高达30℃以上。曼谷终年湿度较高，但每年11月至来年5月通常被认为是"旱季"。曼谷的雨季在6月至10月之间，伴随短期暴雨，10月至来年2月为较凉爽的季节，但气温仍维持在25℃至28℃之间。曼谷年均降雨量为1,450毫米，其中300毫米降雨集中在九月。曼谷的气温变化相当小，但降雨量的差异却非常之大。

背景

Met公寓是一栋位于泰国曼谷的高档住宅，高231米，共有69层，包括370套住房（见图2.7.2）。它是曼谷市最高的建筑之一，坐落在两个轻轨站之间，也是这座世界上交通拥堵最为严重的城市之一——曼谷的一项重要福利设施。

公寓的设计灵感源自泰国传统图案，它的瓷砖、织物以及木质镶板。公寓楼体的设计也与传统的西方高层建筑有所不同，并非拔地而起的直线型盒子结构，而是由三个错列的建筑体组成，在每隔六层的位置以空中露台连接在一起。这些露台有的为私人区域，有的则是公共区域，它们将建筑的三个楼体连接起来，在空中营造了人类生活的外部空间。

气候数据：[1]

建筑所在地
▶ 曼谷，泰国

地理位置
北纬13° 55'
西经100° 35'

地势
▶ 海拔12米

气候分类
▶ 赤道气候，冬季干燥

年平均气温
▶ 28.5℃

最热月份（4月、5月及6月）中白天平均气温
▶ 33℃

最冷月份（11月、12月及1月）中白天平均气温
▶ 31℃

年平均相对湿度
▶ 72%（最热月份）；65%（最冷月份）

月平均降水量
▶ 116毫米

盛行风向
▶ 南

平均风速
▶ 2.9米/秒

太阳辐射
▶ 最大：748瓦特时/平方米（12月21日）
　 最小：589瓦特时/平方米（3月21日）

年均每日日照时间
▶ 7.2小时

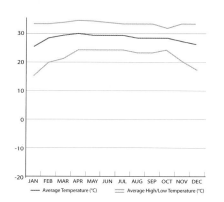

平均气温概况（℃）

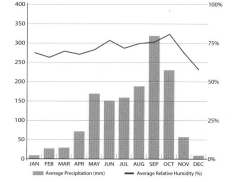

平均相对湿度（%）及
平均降雨量

▲ 图2.7.1：泰国曼谷气候概况。[1]
◀ 图2.7.2：大厦外观。© 帕特里克·宾汉-豪

[1]书中列出的气候数据来源于世界气象组织（WMO）、英国广播公司（BBC）以及国家海洋与大气管理署（NOAA）。

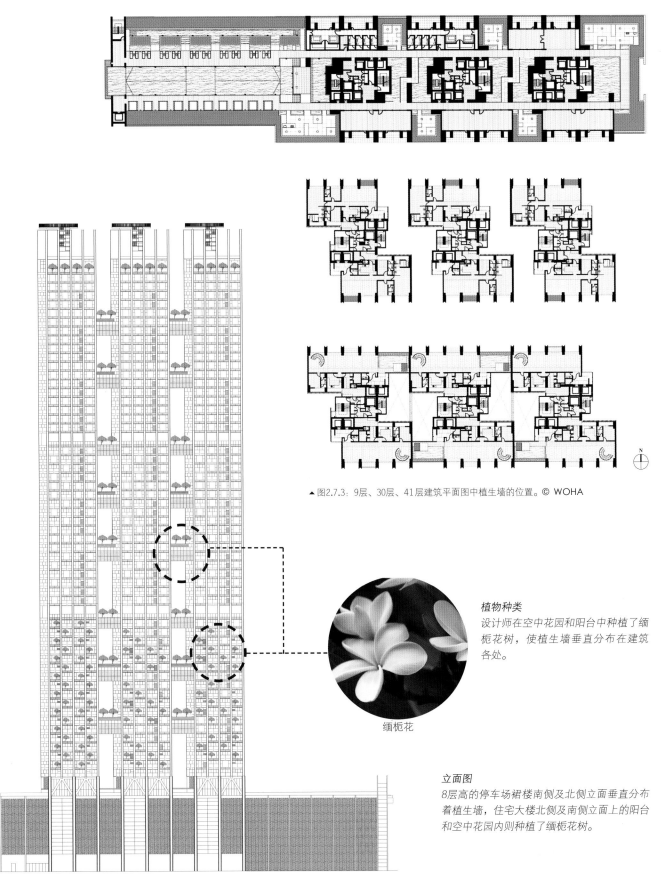

▲ 图2.7.3：9层、30层、41层建筑平面图中植生墙的位置。© WOHA

植物种类
设计师在空中花园和阳台中种植了缅栀花树，使植生墙垂直分布在建筑各处。

缅栀花

立面图
8层高的停车场裙楼南侧及北侧立面垂直分布着植生墙，住宅大楼北侧及南侧立面上的阳台和空中花园内则种植了缅栀花树。

▲ 图2.7.4：剖面图中植生墙的位置。© WOHA

▲ 图2.7.5：立面细节视图显示出飞檐和垂直翼墙的位置（注：该照片摄于2009年建筑刚刚竣工之际，植物还未充分生长）。© 帕特里克·宾汉-豪

▲ 图2.7.6：停车场裙楼外侧攀援植物植生墙外观。© 帕特里克·宾汉-豪

Met 公寓的设计极具创新意识，是针对热带亚洲城市高密度人口问题的解决方案，而且也为热带地区住宅设计提供了新的范本。相比在热带地区比较常见的封闭式玻璃幕墙建筑，这种自然通风、多排孔、室内外交互的绿色高楼显然是更有必要的选择。

窗户飞檐和植生墙可以起到遮阳效果。植生墙也可以将阳光转化成氧气，进而减少高楼林立的大都市曼谷内的热岛效应。建筑师设计了一座内设热带园林和倒影池的宽敞前厅，通过这样的设计将整栋建筑后移，使居民免受沙通南路交通噪音的干扰。

楼顶的悬臂架、垂直翼墙以及多孔的金属围板为建筑遮挡阳光，保护建筑外墙不受高热和阳光的侵蚀（见图2.7.5）。建筑内的所有住房都实现了交叉通风，

因此在曼谷宜人的夜里，空调再也不是一件必需品了。在一楼和休闲区楼层的水景园林也起到了一顶的降温作用，同时还能用于储存雨水。

植生墙概况

植生墙由爬满了攀援植物的垂直金属网构成。公寓 1 至 8 层为停车场裙楼（见图 2.7.6），其立面被植生墙所覆盖。公寓东侧和西侧立面各有一道一米宽的带状植生墙。

公寓房间以落地窗和种植着完整尺寸的赤素馨花树的阳台为特色（见图 2.7.4）。这些树种植在 11 层至 28 层的私家阳台上。除此之外，从 15 层开始每隔 6 层设置一座空中露台，露台上也种植了赤素馨花树，但树形要比私家阳台上的大一些。

公寓房间以落地窗和种植着完整尺寸的赤素馨花树的阳台为特色。这些树种植在 11 层至 28 层的私家阳台上。

▲ 图2.7.7：仰望植生墙外观。© 帕特里克·宾汉-豪

在居民入住后，曾经进行过一次健康调查。调查结果显示，65% 的居民认为绿化空间促进了邻里之间的交往，营造了一种社区感。

作为垂直植生墙的补充，设计师在建筑的所有水平表面上也进行了绿化，使建筑的景观覆盖率达到了 100%（见图2.7.8）。

植物种类

植生墙选择的植物变化不大。停车场区域和东西两侧的垂直植被选用了蔓性金虎尾、桂叶素馨、樟叶老鸦嘴和大花老鸦嘴。私家阳台和空中露台则选用了赤素馨花树。由于这些植物在提供绿化的同时又不会像攀援植物那样影响室内人对室外的视野，它们确实是植生墙的理想选择。在一楼和九楼休闲区域还种植了龙血树及坡垒树。

灌溉系统

公共区域的植物由自动灌溉系统进行浇灌。居民们也有责任照顾阳台上的赤素馨花树。除此之外，收集到的雨水也会被储存进这个系统，然后同从一楼和休闲区域收集到的园林水一同进行再利用。

灌溉系统的再生及对再生资源的利用也降低了系统维护成本。

维护

停车场裙楼和公共区域的植生墙需要每两个星期进行一次维护。维护工作包括除草、修建、护根和施肥。如果出现了某些部分的植株或树木无法存活的情况，维护人员会用新的植株来取代。住户们除了浇水外，也要负责自家阳台上景观树的维护工作。

性能数据

在居民入住后，曾经进行过一次健康调查。调查结果显示，65% 的居民认为绿化空间促进了邻里之间的交往，营造了一种社区感（见图2.7.9）。调查还发现主要由三个因素在影响居民对某个天台的喜好：风，地平线景观以及街道的噪音。总体来讲，60% 的受访居民对综合生命墙表示满意（基什纳尼，2012）。

分析与结论

Met 公寓充分利用了曼谷温和的气候特质，而针对入住后居民的调查也证明了植生墙的布局对建筑内部社区感的形成有着积极的影响。

Met 公寓停车场裙楼墙体被茂盛的垂直植被覆盖，虽然没有充分的数据证明这一点，但我们可以根据正常逻辑推断，这些植物除了视觉欣赏外一定还有其他功能。身处这座全世界交通最为拥堵的城市，任何一个能够吸收空气浮尘、屏蔽噪音和视觉污染的设计策略都应受到鼓励。尤其当你看到建筑本身与一楼和裙楼楼顶繁茂的植被融为一体的时候，一定会相信这栋建筑能够有效缓解城市热岛效应。

但为了达到绿色植物在布局上的平衡效果，确实引起了一些问题。虽然建筑东西两侧立面上狭长垂直绿化带的高度惊人，但因为只有一米宽，所以这两道植生墙对建筑性能的优化作用着实令人质疑。

由于受到预算和阳光直射面积的限制，设计师被迫放弃了对建筑内部核心消防梯位置的绿化。而且建筑本身的高度和其他技术上的限制也影响到了最初的设计理念，因此无法在东西两侧立面大范围安装植生墙至 66 层。虽然灌溉系统使用收集来的雨水进行灌溉会减少一部分维护成本，但其他维护需求还是会给建筑服务设施的效能发挥以及预算带来一定的负担。

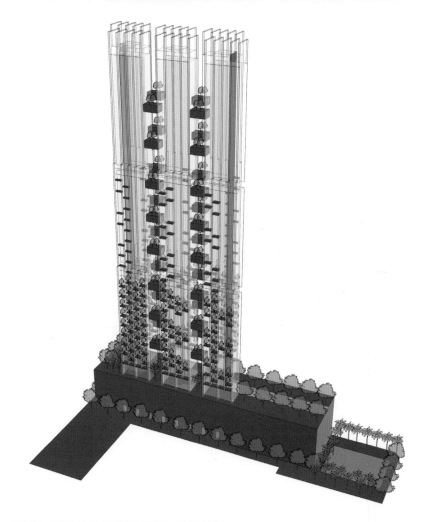

▲ 图2.7.8：图解显示的建筑绿化覆盖情况。© WOHA

▲ 图2.7.9：九层裙楼屋顶的园林景观。© 帕特里克·宾汉-豪

▲ 图2.7.10：从户外看到的阳台和空中花园全景。© 帕特里克·宾汉-豪

居民阳台上的景观树日趋变矮，造成这种情况的原因还不是很清楚。是落地窗和景观阳台在深处相互支撑影响的结果？还是强风改变了树木植株的高度？从建筑最初的概念图（见图2.7.8）来看，在阳台上培植较高植株的目的并没有实现，其具体原因不明。

绿化覆盖率计算

Met公寓由8层高的裙楼和位于其上的三座相连的楼体组成。为了方便计算，将三座楼体表面转换成一个连续的长方体（见表2.7.1）。

裙楼顶部的北侧和南侧立面高200米，宽78米，表面积为15,600平方米。裙楼高28米，宽120米，分别为南北两侧立面增加3,360平方米。由此得出建筑南侧和北侧表面积为18,960平方米。

公寓东侧和西侧立面较窄，垂直表面积为6,000平方米（高200米，宽30米），裙楼为952平方米（高28米，宽34米），总表面积为6,952平方米。

北侧和南侧的植生墙由攀爬在金属网片上的攀援植物构成，每侧覆盖面积为2,400平方米，覆盖了裙楼南侧和北侧立面垂直表面的70%以上。

公寓三座楼体南侧和北侧的私家阳台上共计种植了约81棵赤素馨花树。这些树的绿化面积粗略计算为9平方米（3×3米）。因此得出两侧树木的覆盖面积为729平方米（9平方米×81）。

▲ 图2.7.11：从住宅内看到的空中花园内的树木景观。© 帕特里克·宾汉-豪

建筑立面	总墙体面积 （平方米）	植生墙覆盖面积 （平方米）	树木覆盖立面 面积(平方米)	总绿化覆盖 面积(平方米)	绿化覆盖面积 百分比
Met公寓					
北侧	18,960	2,400	985	3,385	18%
东侧	6,952	200	0	200	3%
南侧	18,960	2,400	985	3,385	18%
西侧	6,952	200	0	200	3%
共计	**51,824**	**5,200**	**1,970**	**7,170**	**14%**

▲ 表2.7.1：绿化覆盖率计算

在建筑南北两侧共有16座空中露台，每个露台的树木覆盖面积约为16平方米（4米×4米）。因此得出露台的总树木覆盖面积为256平方米(16×16平方米）。

最终得出建筑南北两侧的总绿化面积为3,385平方米（256平方米+729平方米+2,400平方米），绿化覆盖率为18%。

东西两侧植生墙只有狭长的一道，宽约1米，从楼梯底部（裙楼顶部）一直延伸到屋顶轮廓线，长约200米。裙楼东西两侧没有进行垂直绿化，因此东西两侧的绿化面积为200平方米，约占总表面积的3%。

通过上面的计算得出，Met公寓总垂直绿化面积约为7,170平方米，约占建筑总垂直表面积的14%。

项目团队

开发商：石丽湾泰国有限公司

建筑师：WOHA

副总建筑师：Tandem 建筑设计公司

植生墙设计师：WOHA

植生墙生产商：布依格泰国有限公司

植物供应商：MONO 集团有限公司

景观建筑师："蝉"景观设计私人有限公司

结构工程师：沃利私人有限公司

电气工程师：林肯·斯科特私人有限公司

主承建商：布依格泰国有限公司

其他顾问：ERM-暹罗有限公司(能源分析)

参考文献及扩展阅读

书籍：

▸ M.布森科尔，P.施马尔（2011）《WOHA：呼吸的建筑》，普利斯特尔：伦敦，pp. 80-89。

▸ N.基什纳尼（2012）《绿色亚洲：可持续建筑新兴原理》，BCI亚洲：新加坡，pp. 252-267。

▸ E.比赖（2009）《WOHA：WOHA建筑作品》，佩扎罗出版集团：悉尼，澳大利亚。N.基什纳尼（2012）《绿色亚洲：可持续建筑新兴原理》，BCI亚洲：新加坡，pp. 252-267。

▸ A.伍德（编辑）（2009）《2009最佳高层建筑：世界高层建筑与都市人居学会（CTBUH），国际大奖获奖项目》。世界高层建筑与都市人居学会（CTBUH）/劳特利奇出版社：纽约，pp. 66-69。

期刊：

▸ M. S.黄，R.哈塞尔，A.约 "呼吸的热带高层建筑"，《建筑设计》卷82.6，pp.112-15。

▸ M. S.黄，R.哈塞尔（2011）"可持续建筑项目报告：东南亚高层建筑——热带地区高层建筑的人文探索"，《可持续建筑技术与城市发展国际期刊》，卷2.1，pp. 21-28。

网站文章：

▸ 《摩天大厦中心，世界高层建筑与都市人居学会（CTBUH），全球高层建筑数据库：MET公寓，2014》，文章来源：< http://skyscrapercenter.com/bangkok/the-met/1134/>（2014年5月）

建筑数据：

建筑时间
- ▸ 2009年

高度
- ▸ 48米

楼层
- ▸ 9层

总建筑面积
- ▸ 5,832平方米

建筑功能
- ▸ 酒店

建筑材料
- ▸ 混凝土

植生墙概况：

植生墙类型
- ▸ 综合生命墙（植物栅网）

绿化位置
- ▸ 南侧与西侧立面

绿化表面积
- ▸ 256平方米（近似值）

设计策略
- ▸ 采用植生墙设计，对老建筑进行改造；
- ▸ 通过西侧与南侧立面相接的拐角处安置几乎与建筑等高的垂直植生墙，增加了酒店建筑的审美价值；
- ▸ 植生墙由260个植物品种构成，共计12,000株；
- ▸ 水培灌溉/营养系统使植物对土壤的需求减至最低；
- ▸ 植生墙重量＝每平方米30千克。

雅典娜神庙酒店 伦敦，英国

当地气候

伦敦是个四季分明的城市，天气常常变化莫测。从5月起进入夏季，到8月结束，天气有时凉爽湿润，有时炎热而干燥，但平均气温维持在22℃左右。伦敦的冬季并不太冷，平均温度为5℃（见图2.8.1），除零星雪花外罕有降雪。深秋及冬季是最为潮湿的季节。虽然伦敦的气候变化不大，而且缺少极端天气，但受到全球变暖趋势的影响，历史最高温度为2003年的38℃。伦敦以阴天为主，盛行风向为西南风。

背景

雅典娜神庙酒店坐落于伦敦皮卡迪利大街北侧，是一座十层高的现代酒店建筑。酒店成立于1850年，据公司历史考证，"雅典娜神庙"的名字定于1864年，已经有超过150年的历史。

当前的这栋建筑建于1970年，外墙以石灰岩覆盖，铝合金窗体，镶有茶色玻璃。为了让这栋建筑更具现代感，公司在2007年对其进行了改造，在建筑南侧和西侧立面安装了帕特里克·布朗植生墙（见图2.8.2）。

设计师将植生墙作为雅典娜神庙酒店的主要改造策略。其次更换了窗体、玻璃和框架结构，以减少热量损失和吸热，提高建筑能源效率。再次，设计师安装了智能控制系统，通过将酒店房间耗能减至最低来进一步提高能源效率。

气候数据：[1]

建筑所在地
▶ 伦敦，英国

地理位置
北纬51° 9'
西经0° 10'

地势
▶ 海拔62米

气候分类
▶ 温带气候，夏季温暖

年平均气温
▶ 10.2 ℃

最热月份（6月、7月及8月）中白天平均气温
▶ 16.3℃

最冷月份（12月、1月及2月）中白天平均气温
▶ 4.5 ℃

年平均相对湿度
▶ 74%（最热月份）；85%（最冷月份）

月平均降水量
▶ 49毫米

盛行风向
▶ 西南

平均风速
▶ 3.2米/秒

太阳辐射
▶ 最大：831瓦特时/平方米（4月21日）
最小：640瓦特时/平方米（11月21日）

年均每日日照时间
▶ 4小时

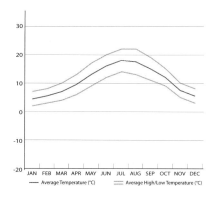

平均气温概况（℃）

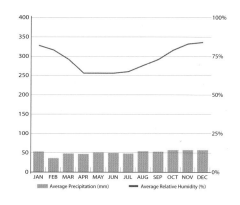

平均相对湿度（%）及
平均降雨量

▲ 图2.8.1：英国伦敦气候概况。[1]
◀ 图2.8.2：从街道看到的植生墙（垂直园林）外观。© 帕特里克·布朗

[1]书中列出的气候数据来源于世界气象组织（WMO）、英国广播公司（BBC）以及国家海洋与大气管理署（NOAA）。

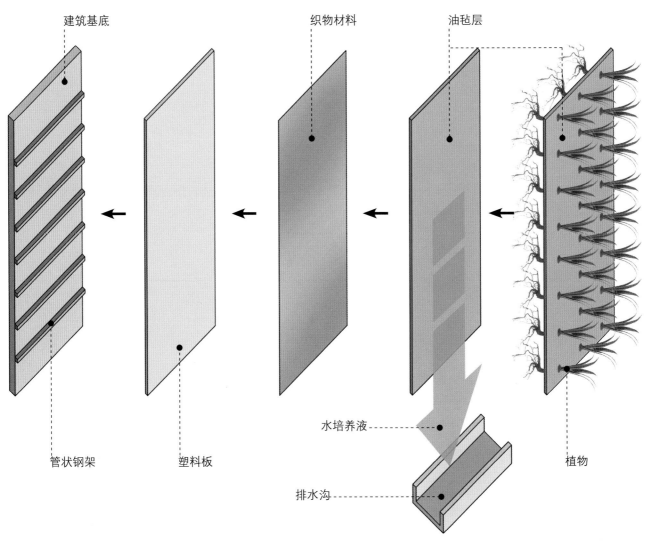

建筑基底　　　　　　　　织物材料　　　　　　油毡层

管状钢架　　　　　　　　塑料板

水培养液

排水沟

植物

▲ 图2.8.3：图解植生墙系统构成元素。图片来源：华盛顿大学建筑与城市规划学院。© CTBUH

整个垂直园林由三部分组成：金属架，PVC 层以及毛毡层……植物的生长并不需要土壤，只要有水、矿物质、阳光和二氧化碳就够了。

植生墙概况

伦敦雅典娜神庙酒店的植生墙是欧洲最高的植生墙之一，至今为止仍是英国最高的植生墙。植生墙最初的概念草图见图 2.8.3 和图 2.8.4。目前酒店的植生墙已经成长为一座繁茂的"垂直园林"，这样的绿化元素使整栋建筑同皮卡迪利大街另一侧的绿地公园融合在一起。

在最初进行设计的时候，植生墙的主要功能是提高酒店建筑的美学价值，吸引访客和过往行人的视线。除此之外，设计师也考虑到酒店所处的位置是伦敦市中心的繁华街道，噪音污染较为严重，而植生墙的安装也可以帮助缓解这个问题。

酒店建筑南侧和西侧立面的植生墙还起到了提高这栋陈旧建筑的辨识度的作用，为酒店提供了非常不错的营销机会。

植生墙系统采用了无土水培方式。主要装配构件包括钢管框架、塑料板、织物层、毛毡层以及织物层（见图 2.8.3）。在框架结构和墙体之间留有空隙，以便空气流通。系统通过自动定时装置来控制滴灌管线和各层之间的养料注射装置。

植物种类

设计师根据建筑立面的高度和用地光线与阴影的变化情况精心选择了植物。植生墙共含260种，共计12,000多株植物。

碎米蕨叶黄堇

秋海棠

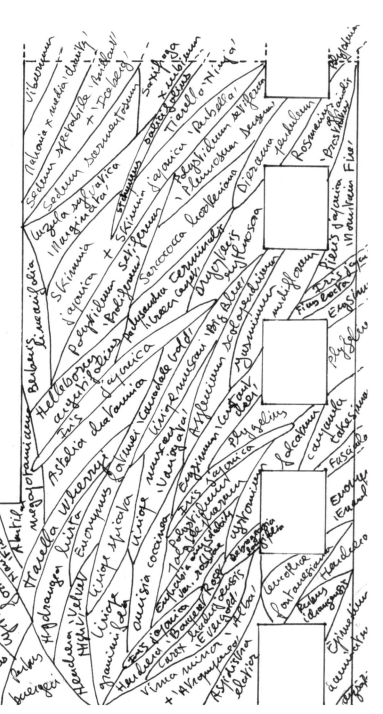

大叶贯众

悬铃叶苎麻

蒙自凤仙花

长叶水麻

牛奶榕

▲ 图2.8.4：从南侧立面植物布局草图可以看出各种植物的组合情况。© 帕特里克·布朗

植物种类

设计师根据建筑立面的高度和用地光线与阴影的变化情况精心选择了植物。植生墙共含260种，共计12,000多株植物。

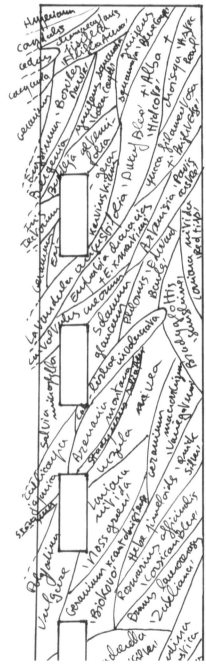

▲ 图2.8.5：西侧立面植物布局草图显示出260种植物的组合情况。© 帕特里克·布朗

狭叶水塔花

铁线蕨

镜面草

蝴蝶花

蕊帽忍冬

秋海棠

白叶莓

在 2006 年《PingMag》杂志的采访中，设计师曾经谈到过植生墙的细节：

"整个垂直园林由三部分组成：金属架，PVC 层以及毛毡层。金属框架可以悬挂在建筑外墙上，也可以自己立住。这个结构中有一个空气层，可以起到非常有效的隔热与隔音作用。金属架上以铆钉固定着 PVC 板，一方面可以使整个结构更加牢固，另一方面也可以起到防水的作用。在 PVC 板上覆盖了一层聚酰胺纤维层。这层纤维具有抗腐蚀性，再加上良好的毛细作用，可以使水均匀地分布在该层。植物根系便扎根于该纤维层上。"

这样的系统可以维持很多种类植物的生长。春季末期和夏季时种植植物的最佳时节。由于植物生长在饱和的栽培基质中，使植物对泥土的需求降至最低，因此它们的生长并不依赖传统的土壤。正如设计师所说的那样："植物的生长并不需要土壤，只要有水、矿物质、阳光和二氧化碳就够了。"（肯恩 & 布朗，2009）

植物种类

设计师根据建筑立面的高度和用地光线与阴影的变化情况精心选择了植物，以保证植物成活率的组织方式为最基本的种植策略。在靠近植生墙顶端的地方，种植那些对阳光需求较多的植物，而对阳光需求较少的植物则种植在植生墙底层的地方。植生墙共含 260 种，共计12,000 多株植物（邝，2009），其中包括温带和热带的珍稀品种。雅典娜神庙

植生墙采用了近 80% 的常绿植物，其他20% 则是季节性植物。

灌溉系统

由于植生墙系统采用了自主灌溉方式，植物可以在没有土壤的垂直平面上生长。灌溉系统内设压力调节滴灌装置，装置由滴灌管线构成，通过自动定时系统控制来实现节水的目的。

"灌溉过程从植生墙顶端开始，营养物质像自来水系统一样被输送进来，整个灌溉和施肥过程都是自动的。包括植物和金属架在内的'垂直园林'每平方米约重不到 30 千克。因此这样的垂直植生墙可以应用在任何建筑外墙之上，不受尺寸和高度的限制。"（布朗，2006）

维护

植生墙的维护一直被控制在最低程度，这不仅是出于成本的考虑，也希望能为伦敦的野生花草提供一片自然栖息地。由此形成的充满"天然"感觉的植生墙受到了行人的喜爱。植生墙每年接受三次整体检查和维护，而底层部分则每年进行五次。

分析与结论

最初为雅典娜神庙酒店增设植生墙的规划申请成功促进了该项目的进行。威斯敏斯特市的城市规划与发展局局长在报告中指出，这栋酒店建筑的"外观需要改善"，它现在的样子"完全配不上皮卡迪利附近的高质量建筑，尤其是皮卡迪利大街两边的那些建筑"。总的来说，

▲ 图2.8.6：完成安装后的植生墙外观。© 帕特里克·布朗

包括植物和金属架在内的'垂直园林'每平方米约重不到 30 千克。因此这样的垂直植生墙可以应用在任何建筑外墙之上，不受尺寸和高度的限制。

▲ 图2.8.7：从人行道仰望植生墙。© 帕特里克·布朗

"对于这栋原本其貌不扬的大楼来说，植生墙是一种积极的补充，它通过掩藏一部分墙体，美化了建筑的外观"。

植生墙的设计不仅让一座原本不符合周边地区标准的建筑外观变得更加柔和，还在公园和周边地区建立了一种视觉上的联系，为栖息在公园里的鸟类和小动物们提供了一座"绿桥"。但关于植生墙一直有一些争议，例如由于植生墙的覆盖率还不到 10%，对改善建筑能效表现方面的作用并不明显，而且开发商和

设计师其实完全可以把酒店整个南侧和西侧立面都安装上植生墙（除了窗子之外），这样就会实现很多功能：将建筑单调的 70 年代复折式屋顶墙体完全遮住，重点强调建筑与绿地公园在视觉上和物理空间上的联系，也许还能为建筑的能效表现方面起到明显的改善。

客户最终选择了非常保守且低维护需求的设计方案，也为周边环境增色不少。但似乎这样的设计走得也不会太远，因为维护大规模的植被需要支付很高的经济

成本，而一旦植生墙维持不下去，便会导致酒店的信誉危机，或者不得不大面积拆除，以更可持续发展的植生墙来代替。

绿色覆盖率计算

雅典娜神庙酒店占据了绿地公园对面伦敦皮卡迪利大街南侧的一角。植生墙便安装在建筑的西南角，西侧和南侧墙体上。

由于建筑北侧和东侧立面与其他建筑相

▲ 图2.8.8：从皮卡迪利大街上看到的植生墙。植生墙与当地的历史文脉相互融合。© 帕特里克·布朗

建筑立面	总墙体面积（平方米）	植生墙覆盖面积（平方米）	绿化覆盖面积百分比
雅典娜神庙酒店			
北侧	N/A	N/A	N/A
东侧	N/A	N/A	N/A
南侧	1,128	97	9%
西侧	692	159	9%
共计	**2,820**	**256**	**9%**

▲ 表2.8.1：绿化覆盖率计算。

接，所以并没有计入总体表面积之中。

建筑南侧高47米，宽24米，面积为1,128平方米。西侧高47米，宽36米，面积1,692平方米。

因此建筑总垂直表面积为2,820平方米（见表2.8.1）。

南侧立面植生墙高34米，宽3米，面积为102平方米，减掉7扇高1.5米、宽0.5米的窗子的面积，得到植生墙的面积月为97平方米。

西侧立面植生墙的计算方式与南侧相同。植生墙高34米，宽5米，面积为170平方米。7扇窗子高1.5米、宽0.5米，总面积约为11平方米，最终得出植生墙面积为159平方米。最终植生墙总面积为（159+97）=256平方米，约占整个建筑立面面积的9%。

项目团队

开发商： 拉尔夫信托有限公司

植生墙设计师： 帕特里克·布朗

植生墙生产商： 帕特里克·布朗

景观建筑师： 丹尼尔·贝尔

参考文献及扩展阅读

书籍：

▶ P.布朗（2012）《垂直园林：从自然到城市》，米歇尔·拉方出版集团：塞纳河畔讷伊，法国

期刊：

▶ P.阿尔姆奎斯特（2012）"墙壁上的自然"《国际地理》，pp. 92–99。

▶ P.布朗（2006）"帕特里克·布朗对垂直园林技术与艺术风格的探索"，《PingMag》，日本。

▶ M.肯恩"垂直园林：值得期待的建筑绿化创意"，《电讯报》，伦敦。

▶ C.邝（2009）"八层空中森林生根了！"《Wired》，纽约。

建筑数据：

建成时间
- ▶ 2010年

高度
- ▶ 34米

楼层
- ▶ 9层

总建筑面积
- ▶ 20,000平方米

建筑功能
- ▶ 办公

建筑材料
- ▶ 钢筋混凝土

植生墙概况：

植生墙类型
- ▶ 建筑立面支撑植生墙（金属网）
- ▶ 垂直农场

绿化位置
- ▶ 建筑南侧及东侧立面，大堂及办公空间

绿化表面积
- ▶ 1,224平方米（近似值）

设计策略
- ▶ 修复一座已经有50年历史的建筑；
- ▶ 将宽1.8米的双层植生墙阳台打造成一座"垂直农场"，可以为大厦用户提供食物，使一些食物的"获取里程"降至零；
- ▶ 通过安置大面积的水培内部绿化植物使植生墙面积扩大至两倍，包括地面植被、顶棚悬挂以及一小块儿稻田。其中稻田中收获的大米供建筑大楼内的自助餐厅食用；
- ▶ 在一些区域种植落叶植物，这样在冬季能够增加吸热和采光；
- ▶ 在各层1.8米宽阳台内的花槽中放置"超级土壤"栽培基质，用于培养植物，且植物会经由特别的培育方法朝着室外墙壁方向生长；
- ▶ 采用自动滴灌喷雾灌溉系统，夏季每天浇灌两次（早晚）；
- ▶ 提高了员工12%的工作效率，并减少了23%的患病率。

保圣那集团总部 东京，日本

当地气候

东京属于湿润的亚热带气候，拥有分明的四季，其气候特征为夏季炎热湿润，冬季温和，偶有降雪（见图2.9.1）。东京年平均气温为16℃，最热的月份为8月，平均温度27℃；最冷的月份为1月，平均温度为6℃。东京的月平均降雨量为127毫米。9月是东京最潮湿的季节，但雨季从6月开始，一直延续到10月。从夏末到秋季期间，是台风季节，多发强风。

背景

保圣那总部大楼位于东京市中心，高9层，占地面积20,000平方米，是日本著名猎头公司保圣那集团的办公大厦（见图2.9.2）。保圣那集团并没有重新建造一栋新的写字楼，而是对原有建筑进行了改造，在建筑外墙和上层构造中融入了新的设计。

该项目由双层绿化立面、办公室、礼堂、自助餐厅、屋顶花园以及最值得一提的城市农场组成。室内外绿化面积达到了4,000平方米，绿化植物包括水果、蔬菜和水稻，收获的食物供应给大楼内的自助餐厅。这是迄今为止在日本写字楼内实现的最大也最直接的"从农场到餐桌"作业方式。

气候数据：[1]

建筑所在地
▸ 东京，日本

地理位置
北纬35° 41'
东经139° 46'

地势
▸ 海拔35米

气候分类
▸ 温带气候，夏季潮湿炎热

年平均气温
▸ 16℃

最热月份（7月、8月及9月）中白天平均气温
▸ 26℃

最冷月份（12月、1月及2月）中白天平均气温
▸ 7.1℃

年平均相对湿度
▸ 86%（最热月份）；69%（最冷月份）

月平均降水量
▸ 127毫米

盛行风向
▸ 北

平均风速
▸ 2.94米/秒

太阳辐射
▸ 最大：839瓦特时/平方米（1月21日）
最小：680瓦特时/平方米（5月21日）

年均每日日照时间
▸ 5.2小时

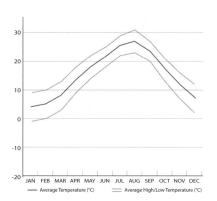

平均气温概况（℃）

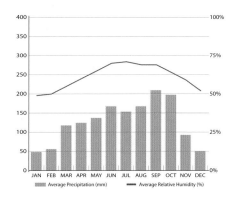

平均相对湿度（%）及平均降雨量

▲ 图2.9.1：日本东京气候概况。[1]
◀ 图2.9.2：垂直园林立面全景。© 坂木保利

[1]书中列出的气候数据来源于世界气象组织（WMO）、英国广播公司（BBC）以及国家海洋与大气管理署（NOAA）。

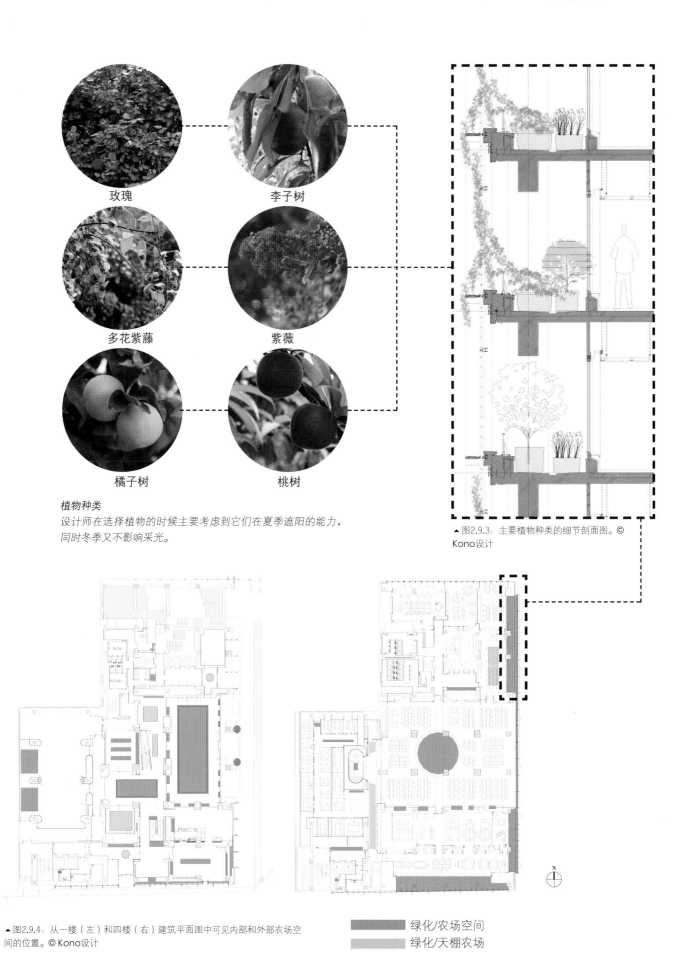

玫瑰

李子树

多花紫藤

紫薇

橘子树

桃树

植物种类

设计师在选择植物的时候主要考虑到它们在夏季遮阳的能力，同时冬季又不影响采光。

▲图2.9.3：主要植物种类的细节剖面图。© Kono设计

▲图2.9.4：从一楼（左）和四楼（右）建筑平面图中可见内部和外部农场空间的位置。© Kono设计

■ 绿化/农场空间

■ 绿化/天棚农场

▲ 图2.9.5：建筑南侧立面侧门外观。© 坂木保利　　　　　　　　　　▲ 图2.9.6：从马路对面看到的建筑东侧立面景观。© 卢卡·维格纳里

在建筑内部，原有的深梁结构导致有些地方天花板高度低至 2 米，因此所有的管道装置和立柱都经过重新改线，安装到建筑四周边缘位置，以便露出横梁之间的天花板，并获得最高高度。这样光线就能到达横梁底端的垂直边缘，将横梁之间的空间转换成较为明亮的拱形空间，而不会因为缺少光线而进一步显得天花板太过低矮。建筑二层到九层的办公空间都采用了这种采光方式，比传统的天花板安装方式节省了30%的电能。

保圣那集团的主要目的是为了让潜在的农场主群体和普通大众了解日本农业生产的重要性。为了响应该企业理念，建筑师希望在新的总部大厦设计中融入一些能够强力支持保圣那集团核心价值的空间规划，通过集团作为猎头公司专业的服务和公共项目来进一步丰富和服务于更为广阔的群体大众。

植生墙概况

植生墙安装在建筑的东侧和南侧立面，从二层到九层，朝向主街道的交叉路口。整个植生墙几乎覆盖了这两个受到阳光直射最多的立面近三分之二的面积。恰好这两个立面的方向与交通主流向一致，公众可见度最高，因此植生墙的安装也赋予了建筑强烈的品牌形象识别特性。

设计师采用了最先进的农业技术实现了在大厦内培育植物——包括双层绿化立面——的目的。植生墙不仅起到了遮挡阳光的作用，还会随着季节的更替而产生变化，现已成为附近区域的重要地标，充分展现了城市农业的重要性以及当地公共贡献意识的增加。

这些部分依赖于户外自然气候生存的植物构成了一道绿色的墙壁，同时也成为了保圣那集团的动态特征。建筑大楼的阳台不仅能够辅助遮阳、为室内空间隔热，还能通过可操作窗户的开合，让室内充满新鲜的空气（见图 2.9.5 和 2.9.6 ）。这一实用的特性能够辅助减少建筑的冷热负荷，但在中高层商业建筑中却非常

罕见。建筑的整个立面被一道深格翼墙包覆，营造了进一步的深度和容积的同时，又能使有机植生墙的布局井然有序。

植生墙安装在 1.8 米深的阳台空间，阳台外面被一层开放式百叶立面所包覆，内部安装了可操作玻璃窗系统。组成植生墙的植物包括季节性的花朵和橘子树，以土壤栽培在每层的 1.8 米深的阳台空间内。开放式百叶外层立面的设置使得植物可以部分依赖户外自然气候生长，由滴灌系统和节能电灯辅助培植。由于百叶系统的存在，植生墙可以显露出来，在不同季节向行人展示自己的外观。

当植物会随季节更替而发生变化，就形成了动态的植生墙，同时也为大厦增添了特性，成为周边地区的一道靓丽景观。由于建筑内层立面安装了可操作玻璃窗，因此可以对室内温度和湿度进行被动调节，大厦用户可以在一年四季都可以通过调整窗户开合程度，来调节直接工作环境的舒适程度。同时用户也可以直接

到阳台上维护植生墙，或者以更近的距离来欣赏植物景观。除此之外，双层立面系统也能为室内空间的遮阳和隔热起到辅助作用。

为了使双层植生墙结构与原建筑外墙更好地结合，设计师采用了全新的管道排水系统，并在原有混凝土墙板上增加了一层新的防水膜，以确保所需的综合结构能够支撑额外的土壤和植被重量。

设计师将花槽盒直接安装在主结构横梁之上，以便原结构能够支撑住附加的这部分重量，但花槽也因此无法更靠近外层的百叶立面。不过维护人员采用了手动将植物枝叶向户外空间推拉的方式，再加上植物天生的趋光性，植生墙的所有植物都能朝着百叶立面方向生长，枝条和花朵也能探到外部空间。

保圣那大厦植生墙的基本功能是赋予建筑强烈的品牌形象识别特性。这座城市农场种植并收获着200多个作物品种；同时，由于植生墙的设计，建筑的内部功能也与户外和街道的公共空间产生了联系，相互交融。

室内绿化

保圣那集团绿化策略中最让人感到震撼的是，设计师在原木绿化元素极为丰富的植生墙基础之上还增加了很多室内绿化应用，与室外绿化相互呼应（见图2.9.7、图2.9.8、图2.9.10至图2.9.12）。设计师运用水培技术做了很多创意设计，前台接待处上方爬满了南瓜藤，会议桌上方悬挂着西红柿藤，室内楼梯周围爬满了攀援植物的藤蔓，在其中高一层办公楼层的中央设有一座西红柿农场，写字楼入口大堂处甚至还开辟了一块稻田。

虽然本书在计算该项目的绿化覆盖率时并没有将这些室内绿化元素计算在内，但像这样将真正绿化、综合、可食用的企业可持续发展项目完全融入进整栋办公大厦的疯狂行动，着实令人感到叹为观止。

植物种类

保圣那大厦植生墙包含了200多种植物，以玫瑰、李子树、橘子树、桃树、紫薇和多花紫藤为主要品种。植物的栽培基质主要是标准土壤和一种叫做"超级土壤"的特殊轻型土的混合物。这种混合土壤可以减轻原建筑结构支撑的植生墙总体重量。植物的选取标准主要以其落叶特点为基础，这样植生墙在夏季可以为建筑遮阳，在冬季又不影响采光。个体植物的开花时节也是选择标准之一，因为植物叶片颜色的变化对植生墙外观的影响也非常重要。

▲ 图2.9.7：接待处上方生长着水培南瓜藤蔓。© 保圣那集团

▲ 图2.9.8：连接一楼大堂的楼梯外观。© 卢卡·维格纳里

▲ 图2.9.9: 建筑整体外观。© 坂木保利

灌溉系统

自滴灌系统是植生墙的主要水源来源，同时也担负着为花槽盒输送营养物质的责任。除此之外，喷雾灌溉系统可以清洗受到空气污染的植物叶片，同时也维持叶片本身的润泽。在夏季，植物每天早晚各接受一次灌溉，冬季则每星期一次。大厦的排水设施安置在阳台内部，以引导雨水和灌溉水顺利排放，为了使阳台内的建筑外墙不受浸室，所有的混凝土墙板均覆盖了一层喷涂型防水膜。

维护策略

根据季节的不同，有时每两天对植物进行一次修剪，有时则每星期进行一次。为了防止虫害，主要采用喷雾杀虫剂进行预防。建筑阳台和办公空间之间以玻璃墙隔开，维护人员可以通过玻璃墙上的可操作门窗进入阳台，以便进行高效率的维护工作。

性能数据

一项针对保圣那总部大厦内部环境的调查显示，公司员工的工作效率提高了12%，疾病与亚健康状态也得到了23%的改善，同时员工旷工与流失情况也有所减少。

在建筑师看来，保圣那总部大厦并不是一个符合 LEED 标准的绿色建筑，因为维护和收获建筑内的作物需要耗费大量的电能。然而该项目还是通过其具有教育意义的规划设计以及调查研究，为整个地区和农业生产带来了积极的影响。城市农场也会产生巨大的价值。尽管维护作物生长需要增加耗能，但保圣那集团还是认为这个项目能够带来的长远利益，也能继续招募到愿意在城市里开辟农场的人，通过开辟更多的城市农田和减少日本的食物里程（食物由生产地运送到家中厨房里所经过的距离——译者注），去尝试非主流的食物分配和生产方式。

分析与结论

保圣那城市农场营造了独特的职场环境（见图 2.9.10 至图 2.9.12），在促进员工工作效率、社交互动以及未来可持续

这座城市农场种植并收获着 200 多个作物品种；同时，由于植生墙的设计，建筑的内部功能也与户外和街道的公共空间产生了联系，相互交融。

▲ 图2.9.10：在会议桌上方悬挂着的水培西红柿植株。© 保圣那集团

发展的同时，还通过展现城市农业的益处和技术为更广阔的东京社区服务。保圣那集团的员工还可以在农业技术专家的帮助下参与维护和收获大厦内的作物。这样的活动促进了员工之间的社交互动，也能使员工在工作中更好地实现团队合作。在种植和维护作物的同时，员工的责任感和成就感也会增强。这不只是简单地填充室内空间或用装饰性的植物遮住建筑外墙。相反，建筑内的绝大部分作物——甚至包括植生墙系统——都是经过员工的培育、维护和收获的可食用作物。

相比各种节能措施，保圣那集团似乎更看重企业的"绿色政策"，集团也正在通过打造一座巨大的绿化建筑的表现方式，将整体经营理念融入企业文化当中。这栋建筑不仅是责任的象征，也是在办公建筑绿化中不断探索实验的教学工具，它们获得的结果不仅能被我们触摸到，甚至还闻得到、尝得到。同时，这种绿化方式除了有益环境之外，员工工作效率的提高也证实了它的经济价值。

▲ 图2.9.11：水培西红柿农场四周环绕着办公空间。© 卢卡·维格纳里

为了公平起见必须指出，维持建筑内所有绿化植物的生命需要企业付出相当大的财力和物力，因此比起那些类似规模的建筑——这些建筑大都经过简单有效的隔热处理、采用节能电器装置——这栋大楼在节能方面要逊色不少。这一点也正好指出了"绿化等级"系统的缺陷。

保圣那大厦外墙植生墙同它的室内绿化一起成为了一个将环境可持续发展政策辅助行动的企业的广告牌，而被钢筋水泥霓虹灯占据的东京街道也由于它们的存在而提升了品质。出于对员工健康和幸福负责的态度，大厦的绿化决策以牺

▲ 图2.9.12：在建筑大堂中的稻田景观。© 卢卡·维格纳里

建筑立面	总墙体面积 (平方米)	植生墙覆盖面积 (平方米)	绿化覆盖面积 百分比
保圣那集团总部			
北侧	1,326	0	0%
东侧	1,972	720	37%
南侧	1,380	504	37%
西侧	1,588	0	0%
共计	**6,266**	**1,224**	**20%**

▲ 表2.9.1：绿化覆盖率计算。

性部分楼层空间为基础，因此减少了人员流失，同时也实现了标准环境下的最大化空间利用。

绿化覆盖率计算

保圣那总部大厦是一栋高 34 米、楼体呈 L 型的九层写字楼，经过重新改造，在两个立面上增设了植生墙。

建筑位于一道十字路口的西北角，其中西侧墙体的一至四层同与其相邻的建筑齐平。

建筑北墙可分为两个部分，一部分约高 34 米、宽 24 米，面积为 816 平方米，另一部分高 34 米、宽 15 米，面积为 510 平方米。北侧墙体表面积共计 1,326 平方米。建筑东侧为建筑正面，是最长的一道连续墙体，高 34 米、宽 58 米，总面积为 1,972 平方米。

建筑南侧墙体高 34 米、宽 39 米，顶部增加了一间高 6 米、宽 9 米的电梯间，因此总面积为 1,380 平方米（1,362 平方米 +54 平方米）。

西侧墙体可分成三部分来计算：电梯间（高 6 米 × 宽 8 米 =48 平方米），靠近南侧位于相邻建筑屋顶上方的部分（高

22 米 × 宽 36 米 =792 平方米）以及靠近北侧从一楼到顶楼的部分（高 34 米 × 宽 22 米 =748 平方米），总面积为 1,588 平方米。

每个植生墙板块约为 9 平方米。南侧立面共有 56 个植生墙板块，总绿化面积为 504 平方米；东侧立面共有 80 个植生墙板块，总绿化面积为 720 平方米。

最后得出建筑总绿化面积为 1,224 平方米，约占建筑垂直表面积的 20%。

项目团队

开发商：保圣那集团
建筑师：Kono 设计有限公司
植生墙设计师：Green Wise 公司
植生墙生产商：Green Wise 公司
景观建筑师：Green Wise 公司
结构工程师：Kajima 公司
电气工程师：富士古河 E&C 有限公司
主承建商：大成建设集团（室外），野村有限公司（室内）
其他顾问：高迁昌元博士，Know-You Sha，M.志木，Espec Mic 公司（农场）

参考文献及扩展阅读

书籍：

▶ D.戴波米耶（2010）《垂直农场：21世纪人类的食物来源》。纽约：圣马丁出版社。

期刊：

（2013）"项目：保圣那东京总部"《FutureArc》，香港。

建筑数据：

建筑成时间
- ▸ 2010年

高度
- ▸ 56米

楼层
- ▸ 10层

总建筑面积
- ▸ 52,946平方米

建筑功能
- ▸ 教育机构

建筑材料
- ▸ 混凝土及钢铁

植生墙概况：

植生墙类型
- ▸ 建筑立面支撑植生墙（金属网）

绿化位置
- ▸ 建筑所有方向的立面

绿化表面积
- ▸ 6,446平方米（近似值）

设计策略
- ▸ 植生墙由重复的简单建筑网片模块构成，为植根在预制混凝土花槽中的攀援藤蔓提供支撑；植生墙覆盖了大部分室外长廊和高处楼层的公共区域；
- ▸ 绿化屋顶还可以作为休闲区；
- ▸ 保留建筑原址上的树木；
- ▸ 在可进入的阳台附近安置平板支架结构，用于辅助维护；
- ▸ 利用垂直植被做飞檐，为建筑遮挡阳光；
- ▸ 增加了庭院和平台，充分利用绿色植被的潜力，营造凉爽的微气候。

新加坡艺术学院 新加坡

当地气候

新加坡位于赤道气候带，根据柯本气候分类法，属于热带雨林气候，终年气候湿润。新加坡四季气温和湿度变化很小，但终年温度较高（见图2.10.1）。由于气温相当稳定，湿度高降雨丰富，新加坡成为了植物生长的理想之地。新加坡月平均气温从23℃至32℃不等，以5月为一年中最炎热的月份。早晨空气湿度可达到近90%，下午时分会下降到60%左右。

背景

新加坡艺术学院位于新加坡市中心，是一所专业教授视觉和表演艺术的高等院校。这所市中心学校的设计方案旨在建造两座看起来相互连接的横向层面建筑结构：下层空间用于公共交流，上层空间用于较为私密的有节制性的互动（见图2.10.2）。设计方案需要解决两个问题一方面是提高公众与更广泛的艺术群体的交流并创造多个交流空间，另一方面可以为学生提供一个安全可靠的学习环境。这两个基本元素共同构成了设计的"背景"和"空白画布"。

背景指建筑的裙楼结构，它包括一个音乐厅、剧院、黑匣子剧场和一些小型的非正式表演区域。在这个背景里，师生们可以同公众领域相互交流。设计师在

气候数据：[1]

建筑所在地
▶ 新加坡

地理位置
北纬1° 22'
东经103° 58'

地势
▶ 海拔16米

气候分类
▶ 赤道气候，潮湿

年平均气温
▶ 27.5℃

最热月份（4月、5月及6月）中白天平均气温
▶ 28.3℃

最冷月份（11月、12月及1月）中白天平均气温
▶ 26.6℃

年平均相对湿度
▶ 82%（最热月份）；86%（最冷月份）

月平均降水量
▶ 201毫米

盛行风向
▶ 北

平均风速
▶ 4.4米/秒

太阳辐射
▶ 最大：837瓦特时/平方米（12月21日）
最小：737瓦特时/平方米（9月21日）

年均每日日照时间
▶ 5.6小时

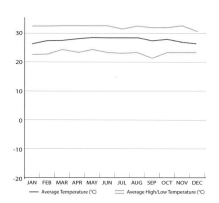

平均气温概况（℃）

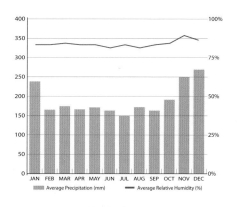

平均相对湿度（%）及平均降雨量

▲ 图2.10.1：新加坡气候概况。[1]
◀ 图2.10.2：建筑全景。© 帕特里克·宾汉-豪

[1]书中列出的气候数据来源于世界气象组织（WMO）、英国广播公司（BBC）以及国家海洋与大气管理署（NOAA）。

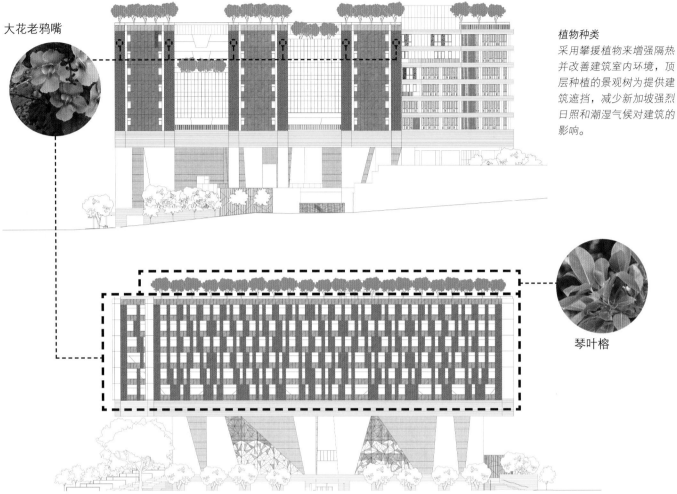

大花老鸦嘴

植物种类

采用攀援植物来增强隔热并改善建筑室内环境，顶层种植的景观树为提供建筑遮挡，减少新加坡强烈日照和潮湿气候对建筑的影响。

琴叶榕

▲ 图2.10.3：建筑东侧（上图）与南侧（下图）立面剖面图显示了植生墙与主要景观树的分布。© WOHA

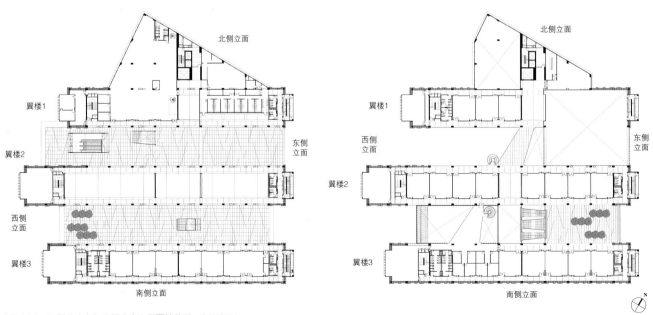

▲ 图2.10.4：五层（左）与八层（右）平面结构图。© WOHA

▲ 图2.10.5: 建筑西侧外观。© 帕特里克·宾汉-豪

表演区域之间的大容量、自然通风的非正式区域设计了螺旋形的步行楼梯，可以让公众亲身体验学校的活动。其他设计元素，如城市圆形露天剧场，建在防护林的树荫下，也非常受欢迎。在结构上，周围的城市景观在设计成多面雕刻区域的"背景"映衬下，变得新鲜且生趣盎然。

"空白画布"则位于裙楼的上方，为学校创造了一个安全的空间。三个长方体翼楼共用一个牢固的通道，而在视觉上呈现出周围所有空间与下面的公共空间相互连通的感觉，包括大量的天桥和露台设计。布局设计中许多露天通道贯穿了建筑物的大部分区域，并且借由天桥和楼台形成狭窄的连接结构（参见图2.10.6），尽管新加坡的室外环境空气流动低且高湿，但设计充分利用了自然通风，通过对风的导向设计，为师生提供了持续降温带来的舒适（布森科尔 & 施马尔，2012）。

植生墙概述

艺术学院大楼由三个长形教学翼楼组成（见图2.10.3和2.10.4）（建筑师称其为"空白画布"），坐落于混凝土裙楼结构上（"背景"），包含大型功能区域如礼堂等。 裙楼的东北角部分设计成小山。在教学翼楼之间，从裙楼的部分划分出许多插入式的广场、天桥、空中花园和平台，其中一些可以种植绿色植物。从建筑的北侧立面伸出一座不规则的多边形工作室，有如建筑的翅膀。

植生墙系统由安置在每一层楼外走廊扶手边缘的预制混凝土花槽盒以及固定在建筑外墙的铝网构成（见图2.10.8和2.10.9）。从花槽中长出的藤蔓沿扶手攀爬蔓延到整张金属网上。每道外置走廊外侧都安装了预制花槽，这样藤蔓便可充分爬至4.2米的高度（一层楼的高度），而不会与其他楼层的植物重叠在一起。

阳台上的藤蔓丝网几乎遍布整个建筑南侧立面，一直覆盖到翼楼之间的内庭，丰富了这些公众聚集区域的树木和植物群。这样的植生墙只在外走廊尽头的地方产生中断（如每栋翼楼东西侧立面末端封顶处，这样设施在这里也转换成垂直钢铁翼墙），或是屋顶板遮蔽下的内庭光线太暗，无法维持植物的茁壮生长时，也会去除一部分植生墙。

植生墙系统是设计中最为关键的部分之一， 包括在地面上建造园林景观并对原有树木进行保护，同时增加空中花园，将屋顶变成一个植被丰富的休闲之地。绿化屋顶也起到了为各翼楼立面顶部边缘遮阳的作用。

屋顶的树木成为建筑物的保护伞，过滤阳光的同时还可以防雨，同时因为其侧面呈开放状态，优化了原本高热高湿的环境。

▲ 图2.10.6：空中花园模型，这些室外空间为学生提供了遮蔽的户外休闲空间。© 帕特里克·宾汉-豪

植物种类

在确定所需植物种类之前，项目的景观顾问用 8 种不同的攀援植物做了一个为期 5 个月的仿真实验，以确定哪种植物的生长速度最适宜，覆盖更均匀、繁殖模式更好。测试表明，大花老鸦嘴的效果最好。

其他较为合适的植物有：盾柱木、香坡垒、狗牙花、金蒲桃、澳洲鸭脚木、榕树、青龙木、菩提树、琴叶榕、繁星花、沿阶草、波斯顿蕨、粗脉蕨、鸟雀蕨、龟背竹、薜荔、斑鸠菊属、地毯草、剑叶草及鱼尾蕨。

灌溉

植物花槽盒采用了自动灌溉系统。所有灌溉和排水管都隐蔽在预制花槽的底部及花槽之间预制的上翻式控制器下面。

维护

植生墙的维护非常重要。维护工作包括目检灌溉和排水系统、修剪、除草和更换植物。制定周密的养护计划可以保持植生墙美观的同时，还能延长植生墙、绿化屋顶以及其他景观的寿命。图 2.10.9 显示预制花槽靠近走廊一侧，这样可以很容易近距离维护植物。而相对简单的丝网系统，靠近带露台的多功能走廊，则更方便进行频繁维护工作，同时尽量减少了对繁忙交通区域的影响。

▲ 图2.10.7：楼顶的花园由人行天桥连接起来，悬于两座翼楼之间的花园平台之上。© 帕特里克·宾汉-豪

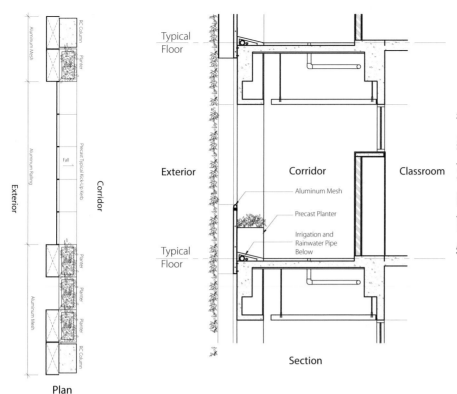

Plan

Section

每道外置走廊外侧都安装了预制花槽，这样藤蔓便可充分爬至 4.2 米的高度（一层楼的高度），而不会与其他楼层的植物重叠在一起。

▲ 图2.10.8：预制花槽和上翻式控制器的细节平面图及剖面图。© WOHA

▲ 图2.10.9：预制花槽位于走廊一侧，便于维护人员进入工作。© 帕特里克·宾汉-豪

分析与结论

该艺术学院建筑的成功在于满足了公众对各种项目的需求，整个建筑与绿色植物的融合，在亲近公众的同时，保证了学校的安全。公众和自然两者"引入"和"渗透"了整个建筑，这种简约的时尚加深了整个项目的功能性。

植生墙优化了建筑的立面，同时过滤了空气和噪音污染，也为原本令人感觉刻板和眩晕的户外空间增加了安全感和环绕的氛围，减少建筑能源消耗及悬臂负重，使酒店免于高湿和炙热阳光的暴晒。

植生墙的使用彰显醒目与人性，最重要的一点是两侧易于维护：因为大部分的丝网结构倚靠着设有花槽的开放式走廊。这一设计的缺点与优点一样——孩子们好奇并乐于体验环境。藤蔓通过花槽蔓延到丝网结构的这一特点使其易于接近，但同时这也存在容易被损坏的隐患。

▲ 图2.10.10：八楼的空中花园。©帕特里克·宾汉-豪

▲ 图2.10.11：口袋花园中规划了大量的走廊设计。©帕特里克·宾汉-豪

对古树的实地保护和屋顶的植被让人不禁感叹，这个建筑物给予了这座城市远远多于这个城市所失去的绿色空间。这些设计举措无疑带来的不仅仅是这些表面的利益；对顶楼的住户来说，屋顶的树木不仅缓解了阳光直射，也起到了为立面的顶部边缘遮荫的效果。

如果说有哪些质疑的话，便是种植在楼层中间露台上的树木（见图2.10.10和图2.10.11），虽然景观的确悦目，但是没有效果图中承诺的雨棚。事实上，它们同世界其他地方的购物中心室内种植的植物并没有什么不同。尽管巨大的建筑结构大部分通过纹理、概念设计和空洞设计被分隔开来，但位于外墙上的藤蔓植物在眼平线位置所带来的舒缓效果似乎在到达裙楼的时候被忽略掉了。被忽略可能因为这样的设置更难保持，下方是波状地平面，且从建筑内部无法接近。

正如本书中所选取的大部分标榜商业本质的案例那样，很少有公共单位会投资做如此水平的植生墙。植生墙使大型挑檐结构得以完善，使其他遮光方案更加完美，也柔和了建筑僵硬的边缘。无论它最终在节能方面发挥的效果如何，从某种程度上讲，这所艺术学院对植生墙的应用，本身最大作用在于它作为环境方面教学范本的潜质。

绿化覆盖率计算

艺术学院垂直表面积计算如下（见表格2.10.1）：

裙楼及三座翼楼，在平面图上记为1、2、3，从北至南，分别计算如下：

裙楼

裙楼为有肋装饰的混凝土结构，由大而高的空间隔开，能提供公众交流区域。其坡度依小山而建，朝向东南，裙楼分为以下几个部分：

裙楼北侧立面有两个矩形，分别为13米高59米宽和21米高26米宽，其总面积为（13×59）+（21×26）=1,313平方米。裙楼东侧立面为一个层级变化结构，该区域可以转化为自上而下的多个矩形，分别为104米宽x9米高、69米宽x2米高、67米宽x3米高和63米宽x7米高。最低的部分为一个36米宽和4米高的矩形。即此部分墙体总面积为（104x9）+（69x2）+（67x3）+（63x7）+（（36x4）/2）=1,788平方米。

裙楼南侧立面85米宽和25米高，总面积为2,125平方米。

裙楼西侧立面是一个不规则的多边形，由多个矩形（104x9.5）+（102x1）+

（99x1）+（95x5）+（49x5）和一个34米宽和5米高（（34x5）/2）的三角形组成，总面积为1,994平方米。

因此得出裙楼总立面面积为（1,313+1,788+2,125+1,994）=7,220平方米。裙楼墙面没有进行任何绿化。

翼楼1

翼楼1的北翼教室由两部分组成，一个矩形结构和一个五面的不规则梯形结构。主结构是93米长，27米高和15米宽的矩形。北侧立面被影音室的楔形突出结构所隔断，其横向尺寸为118米，包括5至10层，27米高。因此得出翼楼1北侧立面面积为（118米x27米）=3,186平方米。

覆盖翼楼1北侧立面由的藤蔓面板模块经测量约4米高×1米宽，总共128块，总面积为512平方米。

翼楼1北侧立面顶部边缘（屋顶或11层）有104长的植树带，约4米高。将此作为一个矩形，然后减少50%叶片覆盖区域的面积，得到绿化面积（104x4）/2=208平方米。因此翼楼1北侧面绿化总面积为（512+208）=720平方米，占北侧总表面面积的23%。

翼楼1的东西侧立面27米高15米宽，面积为405平方米。翼楼1的东西立面各有一道25米高、3米宽的植生墙，共计150平方米，占总面积的37%。

翼楼1南侧立面93米长、27米高，被一座体育馆／多功能厅所隔断。此厅悬于翼楼1和翼楼2的6至9层。结构是34米宽，约15米高。翼楼1的南侧立面的总表面面积（93x27）-（34x15）=2,001平方米。

翼楼1南侧立面安装了两道植生墙，其

中一道7米宽、25米高，另一道24米宽、13米高。南侧立面也受到屋顶的植树带遮蔽，34米长、4米高，减掉叶片覆盖面积50%，即（（34x4=136）/2）=68平方米。得到最后南侧立面的绿化面积（7x25）+（24x13）+68=555平方米，绿化覆盖率为28%。

翼楼1总立面面积为（3,186+（2x405）+2,001）=5,997平方米，约1,575平方米有绿植覆盖，占总面积的26%。

翼楼2

翼楼2是一个长方体结构，108米长，15米宽，27米高。北侧立面108米长、27米高，同样被体育馆／多功能厅所隔断。多功能厅悬于翼楼1和翼楼2的6至9层，34米宽，15米高。从表面积中减去多功能厅占据的面积，得到北侧立面面积为（108x27）-（34x15）=2,406平方米。

在确定所需植物种类之前，项目的景观顾问用8种不同的攀援植物做了一个为期5个月的仿真实验，以确定哪种植物的生长速度最适宜，覆盖更均匀、繁殖模式更好。

▲图2.10.12：五楼空中花园位于翼楼1和翼楼2之间，面向西方。©帕特里克·宾汉-豪

▲ 图2.10.13：垂直植被生长在一道一米宽的网片上。© 帕特里克·宾汉-豪

▲ 图2.10.14：从南侧看到的植生墙外观。© 帕特里克·宾汉-豪

翼楼北侧立面共有两处进行了绿化。其中一道植生墙27米高25米宽，另一道13米高24米宽。立面由24米长和4米高的植树带覆盖。减去50%叶片覆盖面积，树木覆盖面积为（（24x4）/2）=48平方米。得出翼楼2的北侧立面绿化面积（27x25）+（13x24）+（（24x4）/2）=1,035平方米，约占总立面面积的43%。

翼楼2的东西立面与翼楼1相同，东西面积均为405平方米，植生墙面积150平方米，占总面积的37%。

翼楼2南侧立面108米长、27米高，其中图书馆和剧场占去两块面积，一直延伸至翼楼3。图书馆5米高10米宽，剧场10米高，36米宽。得出翼楼2南侧立面面积为（108x27）-（5x10）-（10x36）=2,506平方米。

翼楼2南侧立面的两道植生墙约为25米高、43米宽和13米高、16米宽。立面顶端有一道植树带16米长，约4米高。

减少叶片覆盖占去的50%，得出总树木覆盖面积为（（16x4）/2）=32平方米。因此翼楼2的总绿化面积为（25x43）+（13x16）+32=1,315平方米，约占南侧立面面积的52%。

翼楼2总表面积5,722平方米，绿化面积2,650平方米，约占垂直表面积的46%。

翼楼3

翼楼3北侧立面27米高99米长，其中图书馆和剧场占去两部分面积，延伸至翼楼2。这两个空间所占面积分别为（5米高x13米宽）=65平方米，和（13米高x27米宽）=351平方米。因此北侧立面面积为（27x99）-65-351=2,257平方米。植生墙有两部分，其中之一25米高7米宽，另一道13米高16米宽。

翼楼3北侧立面树木边缘悬挑约52米高度约4米。减去叶片覆盖所占的50%，总

树木覆盖面积为（（52x4）/2）=104平方米。因此得出翼楼3北侧立面总绿化面积为（25x7）+（13x16）+104=487平方米，占总表面积的22%。

翼楼3东西立面与其他两座翼楼相同，面积均为405平方米，植生墙面积分别为150平方米，绿化覆盖率为37%。

翼楼3的南侧立面包括5至10层，99米长27米高，总表面面积2,673平方米，植生墙由321块植物模块面板构成，单块面板规格为4米高1米宽，得出植生墙总面积为1,248平方米。楼顶植物带长93米，4米高。减去叶片覆盖所占的50%，总树木覆盖面积为（（93x4）/2）=186平方米。因此得出，翼楼3南侧立面总绿化面积（1,248+186=1,434平方米，约占总面积的54%。

翼楼3总垂直表面面积为（2,257+（2x405）+2,673）=5,740平方米，其中2,221平方米为植生墙，约占总体表面积的39%。

建筑立面	总墙体面积(平方米)	植生墙覆盖面积(平方米)	树木覆盖面积(平方米)	总体绿化覆盖面积(平方米)	绿化覆盖面积百分比
艺术学院					
裙楼北侧	1,313	0	0%	0%	0%
裙楼东侧	1,788	0	0%	0%	0%
裙楼南侧	2,125	0	0%	0%	0%
裙楼西侧	1,994	0	0%	0%	0%
裙楼墙体总面积	**7,220**	**0**	**0%**	**0%**	**0%**
翼楼1北侧	3,186	512	208	720	23%
翼楼1东侧	405	150	0	150	37%
翼楼1南侧	2,001	487	68	555	28%
翼楼1西侧	405	150	0	150	37%
翼楼1墙体总面积	**5,997**	**1,299**	**276**	**1,575**	**26%**
翼楼2北侧	2,406	987	48	1,035	43%
翼楼2东侧	405	150	0	150	37%
翼楼2南侧	2,506	1,283	32	1,315	52%
翼楼2西侧	405	150	0	150	37%
翼楼2墙体总面积	**5,722**	**2,570**	**80**	**2,650**	**46%**
翼楼3北侧	2,257	383	104	487	22%
翼楼3东侧	405	150	0	150	37%
翼楼3南侧	2,673	1,248	186	1,434	53%
翼楼3西侧	405	150	0	150	37%
翼楼3墙体总面积	**5,740**	**1,931**	**290**	**2,221**	**39%**
共计	**24,679**	**5,800**	**646**	**6,446**	**26%**

▲表2.10.1：绿化覆盖率计算。

总建筑覆盖

裙楼及三个翼楼总立面面积为（7,220+5,997+5,722+5,740）=24,679平方米。绿化面积（0+1,575+2,650+2,221）=6,446平方米，约占整个建筑垂直表面的26%。

项目团队

开发商：信息通讯部
建筑师：WOHA
植生墙设计师：WOHA
植生墙生产商：Tiong Aik 建设私人有限公司
植物供应商：Hock Po Leng 景观建设私人有限公司
景观建筑师：Cicada 私人有限公司
结构工程师：沃利·帕森斯私人有限公司
电气工程师：林肯·斯科特私人有限公司
主承建商：Tiong Aik 建设私人有限公司
其他顾问：AUP 咨询公司

参考文献及扩展阅读

书籍：

▶ M.布森科尔，P.施马尔（2011）《WOHA：呼吸的建筑》，普利斯特尔：伦敦，pp. 140-153。

▶ A.约翰逊（2009）《WOHA》，佩扎罗出版集团：悉尼，澳大利亚。

网站文章：

▶ 《摩天大厦中心，世界高层建筑与都市人居学会（CTBUH）全球高层建筑数据库：艺术学院，2014》，文章来源：〈 http://skyscrapercenter.com/singapore/school-of-the-arts/16766/〉（2014年5月）

建筑数据：

建成时间
▶ 2011年

高度
▶ 52米

楼层
▶ 16层

总建筑面积
▶ 12,130平方米

建筑功能
▶ 酒店

建筑材料
▶ 混凝土

植生墙概况：

植生墙类型
▶ 综合生命墙（模块生命墙）

绿化位置
▶ 建筑西侧立面1～16层，
  南侧立面3～16层

绿化表面积
▶ 1,590平方米（近似值）

设计策略
▶ 植生墙系统由铝框板材构成，里面装
  着栽培基质和预先培养好的植物，然
  后直接固定在混凝土结构的墙壁上；
▶ 植生墙安装之后，会随着植物根系
  的慢慢抓牢而在墙体上得到加固；
▶ 为了增加视觉趣味，并为窗户和其
  他开放空间留出位置，植生墙模块
  的布局方式产生了很多变化；
▶ 植生墙还可以起到隔热和为室内被
  动降温的作用；
▶ 植生墙从最初的培植到完成安装共
  花费了一年的时间；
▶ 该建筑是本书所选案例中植生墙应
  用面积最大的项目之一。

洲际酒店 圣地亚哥，智利

当地气候

圣地亚哥属于地中海气候，夏季炎热干燥，冬季则温和湿润（见图 2.11.1）。在 11 月至次年 2 月的夏季，气温保持在 17℃ 至 20℃ 之间，期间的天气干燥而多风，盛行风向为西南风。在 5 月至 8 月的夏季，气温则在 0℃ 至 13℃ 之间，很少降到零度以下。由于降雨主要集中在冬季，所以圣地亚哥的冬季比较湿润。在圣地亚哥很少有降雪，但城市远方隐隐若现的安第斯山脉却降雪频繁。冬天里，偶尔由逆温现象引起浓雾，便盘桓在山谷之中。圣地亚哥是世界上污染最严重的城市之一，多半因为其天然盆地的地理位置，尤其是在冬季，浓雾天气最为严重。

背景

占地面积 12,130 平方米的洲际酒店位于智利圣地亚哥市中心，16 层高，共含 81 间客房，是对原酒店大楼的补充建筑。由于 196 间客房的原酒店大楼无法满足需求，需要进行扩建，新建大楼已经成为目前智利最大的会展中心（见图 2.11.2）。新建的综合设施共含 377 间客房，20 间会议室，4 间餐厅，1 间大堂咖啡厅，2 座泳池，1 间贵宾休息室以及一座 1,600 平方米的植生墙。重新设计的建筑大楼风格独特，现已成为圣地亚哥市的文化地标。该建筑以其独特的植生墙设计，将大自然的景观带进城市中心地带。

气候数据：[1]

建筑所在地
▸ 圣地亚哥，智利

地理位置
南纬33.5°
西经70.7°

地势
▸ 海拔550米

气候分类
▸ 暖温带，夏干区，夏季温暖

年平均气温
▸ 14.4 ℃

最热月份（12月、1月及2月）中白天平均气温
▸ 20.5℃

最冷月份（6月、7月及8月）中白天平均气温
▸ 8.7℃

年平均相对湿度
▸ 58%（最热月份）；83%（最冷月份）

月平均降水量
▸ 30 毫米

盛行风向
▸ 西南

平均风速
▸ 2.5米/秒

太阳辐射
▸ 最大：976瓦特时/平方米（12月21日）
最小：815瓦特时/平方米（6月21日）

年均每日日照时间
▸ 6.6小时

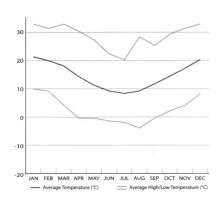

平均气温概况（℃）

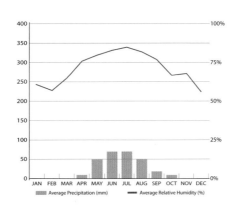

平均相对湿度（%）及平均降雨量

▲ 图2.11.1：智利圣地亚哥气候概况。[1]
◀ 图2.11.2：建筑西南侧外观。© ABWB

[1]书中列出的气候数据来源于世界气象组织（WMO）、英国广播公司（BBC）以及国家海洋与大气管理署（NOAA）。

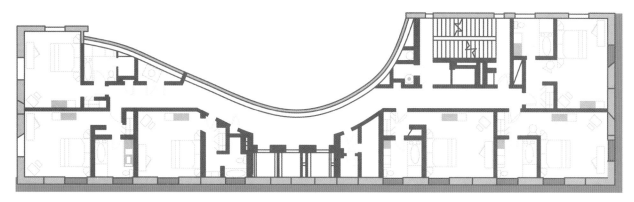

▲ 图2.11.3：从平面图可以看出建筑整体外形和植生墙的位置。© ABWB

植物种类
植生墙所选用的都是本土植物，在圣地亚哥的气候环境下可以茁壮生长。

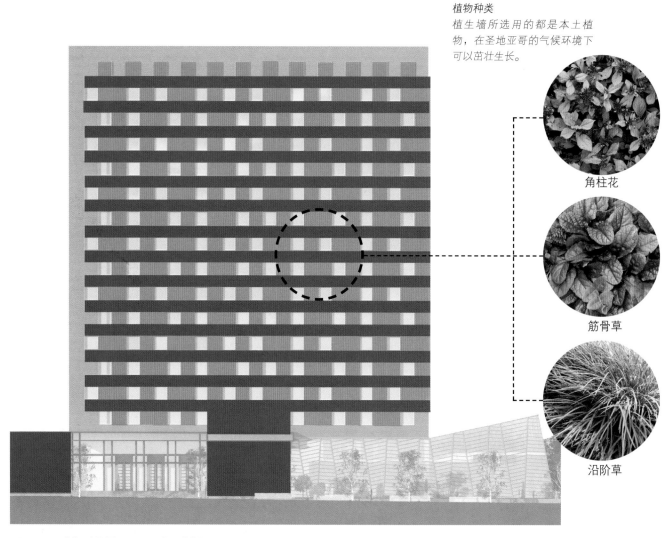

角柱花

筋骨草

沿阶草

▲ 图2.11.4：建筑西侧剖面图显示了绿化区域的位置和植物种类。© ABWB

植生墙概况

洲际酒店植生墙安装在建筑西侧立面的1层至16层以及南侧立面的3层至16层墙体上。植生墙横跨两个立面，分别面向圣地亚哥市金融中心的两条主干道，由于较高的公众曝光率而提高了酒店的市场价值。植生墙同时也是一种被动设计元素，通过增加建筑隔热性能和对微气候气温的降温作用对室内空间进行温度调节。

安装植生墙的主要目的在于减少建筑整体耗能，具体目标包括通过墙体结构隔热性能将空调系统的负担降至最小，过滤并净化受污染的空气，形成一道天然的声音吸收装置，将建筑用户与周边街道的嘈杂隔绝开来。

植生墙系统由绿色生命科技公司（GLT）提供。GLT支撑结构系统由钢筋网格以及安装在钢筋水泥墙体上的铝材组成（见图2.11.5和图2.11.6）。

钢筋网格上共安装了4,300块铝板，这种材料具有较强的防水性能，这一点在圣地亚哥多变的气候环境中尤为重要。铝板规格为600毫米×600毫米，每块可以负担30千克的重量。

如图2.11.7和图2.11.8所示，深200毫米的铝盒中盛放着种植土，植物预先在水平放置的铝盒中进行培育，然后在安装进垂直墙体中。植物在装进铝盒中后完全依靠自然生长，并不需要额外的辅助措施来促进其生长，植物自己的根系会形成结构框架。为了使植物完全覆盖住铝板表面，有时需要4至5个月的生长时间。洲际酒店植生墙的整个安装过程花费了整整一年。

> 钢筋网格上共安装了4,300块铝板，这种材料具有较强的防水性能，这一点在圣地亚哥多变的气候环境中尤为重要。铝板规格为600毫米×600毫米，每块可以负担30千克的重量。

▲图2.11.5：待安装的植生墙模块。©绿色生命科技™

▲图2.11.6：植生墙模块正在被运送到建筑外墙进行安装。
©绿色生命科技™

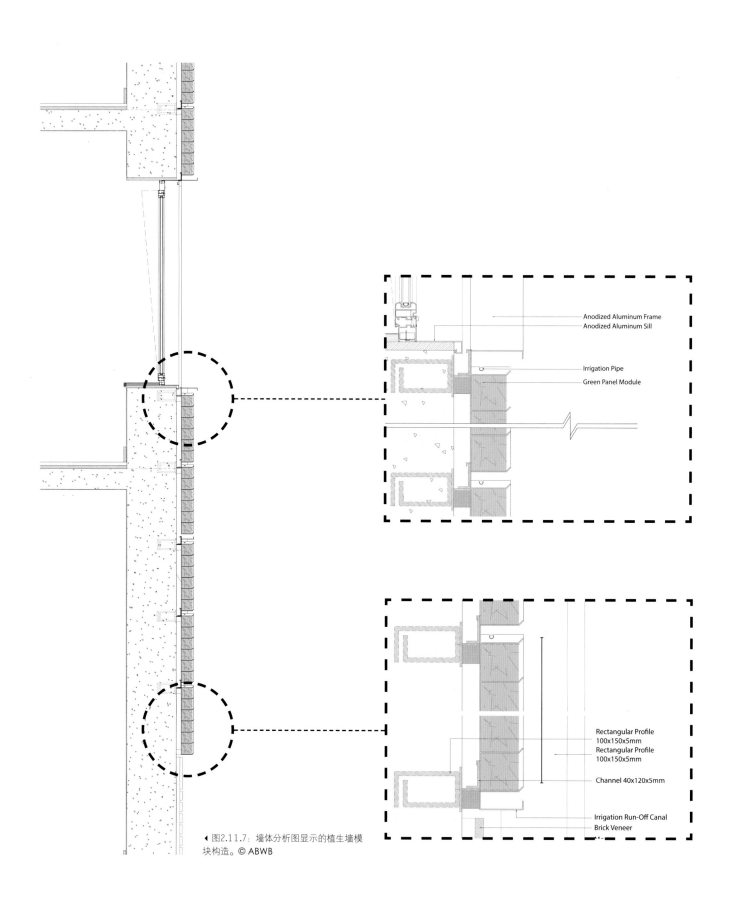

Anodized Aluminum Frame
Anodized Aluminum Sill

Irrigation Pipe
Green Panel Module

Rectangular Profile
100x150x5mm
Rectangular Profile
100x150x5mm

Channel 40x120x5mm

Irrigation Run-Off Canal
Brick Veneer

◀ 图2.11.7：墙体分析图显示的植生墙模块构造。© ABWB

植物品种

植生墙由三种植物组成：沿阶草、筋骨草以及混合了青苔的角柱花。这三种植物在圣地亚哥的气候环境下能够茁壮生长（见图2.11.4）。在植生墙中，三种植物并没有混合在同一块铝板中，而是每块铝板只种植一种植物，然后再通过技巧性的布局，制造出绿色和褐色行列的图案效果（见图2.11.9）。

灌溉系统

植生墙安装有自动滴灌系统，受控于带传感器的电子监控设备，当植物的含水量降到一定的临界值，系统便会自动激活。灌溉系统由22组灌溉区构成，监测之生情的用水情况，并根据季节的不同调整灌溉系统，一面浪费水资源。灌溉系统使用的主要是循环水，混合一部分自来水。滴灌系统还安装了并联手动阀，可选择灌溉不同区域的不同植物品种。

维护

植生墙维护每个月进行两次，维护工作由 Impacto Verde 公司负责。Impacto Verde 是 GLT 公司在南美洲的授权生产商和经销商。在植生墙植物的细节特性还未明显表现，模块中的植物开始在建筑外墙繁茂生长之时，对建筑外墙的维护以及吊篮系统都说明对植生墙模块的维护只能通过从屋顶垂悬下来的平台系统进行。

性能数据

建筑每年总耗能为750兆瓦小时，明显少于圣地亚哥同类型同规模的建筑。据估计植生墙在其中起到的作用不可小觑，它在夏季能够发挥隔热作用，同时又能为建筑墙体附近的微气候提供直接的降温效果。

分析与结论

洲际酒店的植生墙作为企业品牌营销的实验性项目，现在已经实现了高额派现。在本书中所选取的案例中，洲际酒店植生墙是其中覆盖面积最大的项目之一，由于这样的设计，洲际酒店大楼从原本一栋籍籍无名的建筑变成了一座城市地标。而植生墙的模块系统更是能进一步彻底实现企业的品牌营销目标，因为通过重新布置模块布局，或者为这块"活广告牌"添加新的花朵颜色都能给酒店带来益处，哪怕这栋建筑的所属权有所变更也没有关系。

GLT 植生墙系统的活力在此已经得到证实，虽然它可能是最难进行维护的植生墙类型之一，因为维护人员无法从后侧接近植生墙，除非事先将植被模块从墙体上取下来。洲际酒店的能源消耗减少了20%，但植生墙具体在其中发挥了多少作用还不明确。

关于酒店植生墙还有一个疑问。酒店地处南半球，北方日照最为强烈，但酒店

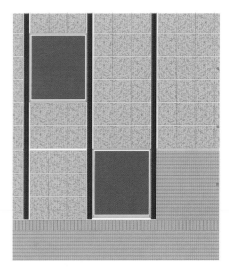

▲图2.11.8：部分建筑立面上的植生墙模块。
© ABWB

植物在装进铝盒中后完全依靠自然生长，并不需要额外的辅助措施来促进其生长，植物自己的根系会形成结构框架。

▲ 图2.11.9：建筑表面外观——由植生墙、铝制扶栏和窗户构成。© ABWB

▲ 图2.11.10：建筑西侧立面外观图显示的植生墙模块。© ABWB

洲际酒店西侧立面面积共计 1,302 平方米，绿化面积覆盖南侧立面的 60%，是本书所选案例的绿化量中最大的项目之一。

的北侧立面却没有进行绿化。这也许是因为考虑到该植生墙是一项针对酒店品牌营销的实验性项目，而从街道上获得的建筑北侧立面的景观非常有限，对品牌营销的意义不大。而且两座酒店建筑归属于同一家公司，如果在北侧立面安装了植生墙的话，势必要为另一座建筑中面向植生墙一面的客房支付一笔额外的维护费用。

绿化覆盖率计算

洲际酒店大楼高 52 米，呈南北走向。建筑坐落在街角，基本上可视为规则的长方体结构。

建筑北侧并非一直延伸至地面的立面结

构，而是落在一座高约 7 米的低层建筑上。将被低层建筑占去的立面面积从北侧立面总面积中减掉，得出（（52 米高 ×11.5 米宽）－（7 米高 ×11.5 米宽））=517.5 平方米在北侧立面上没有任何绿化（见表 2.11.1）。

建筑东侧立面也没有进行绿化，与建筑等长，且局部为曲线设计。为了方便计算，我们将这部分曲面换算成平面结构。因此得出 52 米高 ×42 米宽 =2,184 平方米。

建筑南侧立面为 52 米高 ×11.5 米宽，一直延伸至地面，部分被一座不规则的玻璃多面体建筑结构遮住。多面体建筑与南侧立面相接的部分为长方形，将这

建筑立面	总墙体面积 (平方米)	植生墙覆盖面积 (平方米)	绿化覆盖面积 百分比
洲际酒店			
北侧	518	0	0%
东侧	2,184	0	0%
南侧	518	288	56%
西侧	2,184	1,302	60%
共计	**5,404**	**1,590**	**29%**

▲ 表2.11.1：绿化覆盖率计算。

部分面积从南侧立面面积中减掉，得到（（52 米高 ×11.5 米宽）－（7 米高 ×11.5 米宽））=517.5 平方米。南侧立面的植生墙由从三楼开始的 1.9 平方米和 2.6 平方米两种规格的模块组成，经计数后得出最后总面积为 288.4 平方米。因此南侧立面的绿化覆盖率为 56%。

建筑西侧立面面向主干街道。玻璃多面体建筑被视为一座独立的结构，并没有包括在立面面积之中。立面面积为 52 米高 ×42 米宽 =2,184 平方米。植生墙面积计算方式与南侧立面相同，模块从一楼开始，共计 1,302 平方米，覆盖西侧立面的 60%。该立面是本书所选案例的绿化量中最大的项目之一。

洲际酒店大楼的总垂直表面积为 5,404 平方米，绿化面积为 1,590 平方米，绿化覆盖率为 29%。

项目团队

开发商：Hotelera Luz S.A.
建筑师：阿勒姆帕特·巴雷达·韦德尔斯·贝桑松建筑师协会
植生墙设计师：阿勒姆帕特·巴雷达·韦德尔斯·贝桑松建筑师协会
植生墙生产商：绿色生命科技
植物供应商：薇薇安·卡斯特罗
景观建筑师：薇薇安·卡斯特罗
其他顾问：Impacto Verde（景观）

参考文献及扩展阅读

期刊：

▶ T.纽科姆（2010）"垂直园林的崛起"，《时代》。

网站文章：

▶ 《植生墙技术：17,000平方米植生墙在洲际酒店扎根》2010。文章来源：< http://guides.is.uwa.edu.au/content.php?pid=43218&sid=328596>。（2014年1月9日）

▲ 图2.11.11：建筑鸟瞰图。© ABWB

建筑数据：

建成时间
- ▶ 2011年

高度
- ▶ 94米

楼层
- ▶ 20层

总建筑面积
- ▶ 21,641平方米

建筑功能
- ▶ 住宅

建筑材料
- ▶ 混凝土

植生墙概况：

植生墙类型
- ▶ 建筑立面支撑植生墙（线材支撑绿化立面）

绿化位置
- ▶ 建筑所有楼体立面五层至四层，南侧楼体东侧、南侧、西侧立面从五层至一层

绿化表面积
- ▶ 1,652平方米（近似值）

设计策略
- ▶ 通过悬垂的绿化带将三座分离的楼体连接起来；
- ▶ 简单的藤蔓系统沿着钢丝生长，攀附在四层建筑外圈的露天走廊立面生长，藤蔓有的一直悬垂到地面，有的只在两层楼之间；
- ▶ 为居民提供遮阳调节和冷却功能；
- ▶ 为后面的空间提供隐私保护，同时既不影响微风吹入，又能获得户外景观；
- ▶ 维护工作可以从四层露天走廊直接进行，较长的悬垂枝蔓可以通过地面的自动脚手架进行修剪；
- ▶ 在一些区域的藤蔓"面纱"后的室内空间增加了花槽，内植小型灌木和树木。

案例研究 2.12

嘉旭阁 新加坡

当地气候

新加坡位于赤道气候带，根据柯本气候分类法，属于热带雨林气候，终年气候湿润。新加坡四季气温和湿度变化很小，但终年温度较高（见图2.12.1）。由于气温相当稳定，湿度高降雨丰富，新加坡成为了植物生长的理想之地。新加坡月平均气温从23℃至32℃不等，以5月为一年中最炎热的月份。早晨空气湿度可达到近90%，下午时分会下降到60%左右。

背景

嘉旭阁位于新加坡人口最密集的住宅区，由三座20层高的豪华公寓楼组成，共含140个住户单元（见图2.12.1）。嘉旭阁所处的城市环境高楼林立，有苍翠的山丘，街道绿树成荫，为过往行人提供了良好的环境。呈"Y"字形的建筑用地有12米的高度差，主要车辆通道位于邻近经禧圈的最高处。

三座紧密相连的楼体联合形成"Y"字形平面（见图2.12.3），其第一层居住空间比经禧圈高出一层楼的高度，通过平台、花园、庭院逐渐降低楼面标高，位于下层的是停车场。在车辆入口通道内部，多种建筑元素从楼体悬出形成遮挡，营造出一个社交于视觉趣味并存的空间。

气候数据：[1]

建筑所在地
▶ 新加坡

地理位置
北纬1° 22'
东经103° 58'

地势
▶ 海拔16米

气候分类
▶ 赤道气候，潮湿

年平均气温
▶ 27.5 ℃

最热月份（4月、5月及6月）中白天平均气温
▶ 28.3℃

最冷月份（11月、12月及1月）中白天平均气温
▶ 26.6 ℃

年平均相对湿度
▶ 82%（最热月份）；86%（最冷月份）

月平均降水量
▶ 201毫米

盛行风向
▶ 北

平均风速
▶ 4.4米/秒

太阳辐射
▶ 最大：837瓦特时/平方米（12月21日）
最小：737瓦特时/平方米（9月21日）

年均每日日照时间
▶ 5.6小时

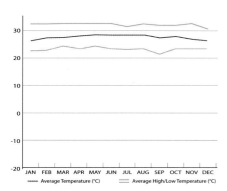

平均气温概况（℃）

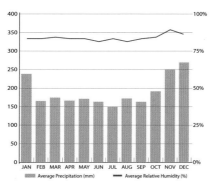

平均相对湿度（%）及
平均降雨量

▲ 图2.12.1：新加坡气候概况。[1]
◀ 图2.12.2：建筑全景。© TR 哈姆扎&杨

[1]书中列出的气候数据来源于世界气象组织（WMO）、英国广播公司（BBC）以及国家海洋与大气管理署（NOAA）。

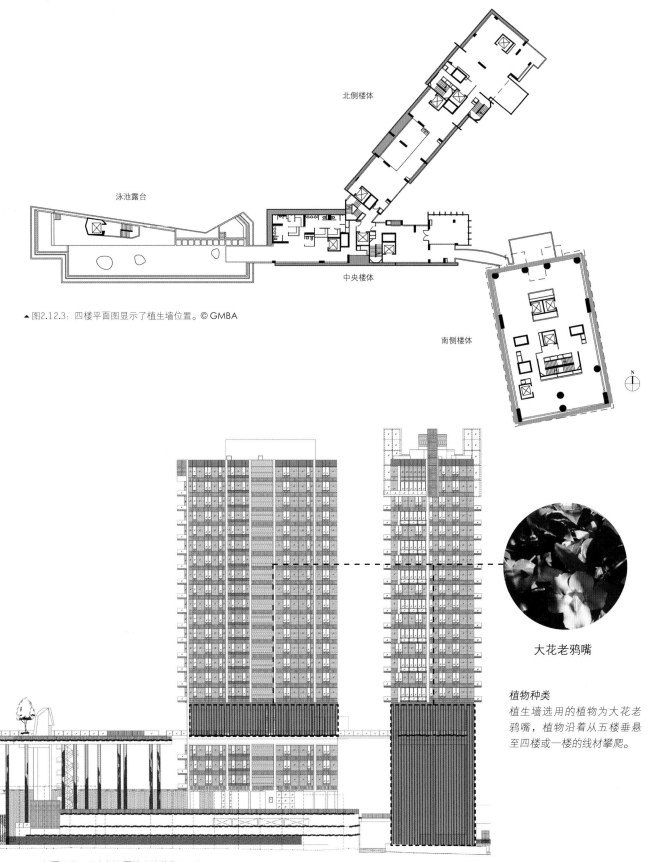

北侧楼体

泳池露台

中央楼体

南侧楼体

▲ 图2.12.3：四楼平面图显示了植生墙位置。© GMBA

大花老鸦嘴

植物种类
植生墙选用的植物为大花老
鸦嘴，植物沿着从五楼垂悬
至四楼或一楼的线材攀爬。

▲ 图2.12.4：剖面图显示了南侧立面植生墙的位置。© GMBA

三座楼体的四层均设有双层楼高的"空中平台"和带屋顶的走廊，使这三座楼体在水平方向上形成相互连接的整体，而在垂直方向上，平台和走廊也成为了下方立柱支撑的开放空间和上方住宅楼体之间的过渡结构。四层开放式的"空中走廊"两侧垂悬着藤蔓"面纱"，这些藤蔓沿着从五层楼板伸出的线材攀爬而下，将整个四楼包裹在内，有些地方甚至垂至 25 米以下的地面。一道空中平台从大厦四层的入口延伸出来，上方修建了无边泳池和休闲露台（见图2.12.6）。建筑师在平台下方规划了一块景观区域——一条通往网球场的林荫小径。

由于建筑在城市中所处的位置——乌节路和彼得福路的交叉口的景观轴线上，嘉旭阁以其独特的造型和照明设计而成为城市地标。

设计从被动使用概念的策略出发，例如规划建筑朝向、为促进通风采用横截面切口、获取邻近建筑和景观间的视野，及高效能建筑系统的选择等。一些策略如下：

▶ 结构体系尽可能少用材料，通过减少生产、使用、运输环节的能源消耗，以节省建筑的蕴藏能量。

▶ 为整体居住空间开发高效的通风系统和高性能幕墙系统。

▶ 采用高性能玻璃，其覆盖面积接近总立面面积的 50%。

▶ 通过建筑朝向的巧妙设计，可以借用相邻建筑进行遮阴。

▶ 利用植生墙和其他绿色空间来帮助遮阴，并降低建筑及周围环境温度。

▲ 图2.12.5：建筑大楼入口出的"绿色面纱"从四楼空中平台垂悬下来。© 约翰·格林斯

▲ 图：2.12.6：外部植生墙及悬桁式泳池全景。© 永泰集团

▲ 图2.12.7：四楼空中平台垂悬下来的藤蔓将整个楼层遮住。© 约翰·格林斯

▲ 图2.12.8：四楼空中平台通道被遮挡在悬垂下来的藤蔓之中。© 约翰·格林斯

▲ 图2.12.9：从中心庭院看到的主入口景观。© 约翰·格林斯

植生墙概况

嘉旭阁项目的主要植生墙景观由一系列生长在不锈钢线材上藤蔓构成，藤蔓垂悬在五楼与四楼楼板之间，其中一些一直垂至地面。这样的立体绿幕为经禧路沿街高大成熟的树木景观再添了一份绿意。

藤蔓种植在地面土壤中，或是四层空中平台的环形花槽中（见图 2.12.7 至 2.12.9）。这两种种植方式为中层空间提供了一个全方位的绿幕，为公共社交空间创造了私密的环境，同时又不影响空气流通和视野。实际上，这片绿色的藤蔓好像为踩着高跷的楼体穿上了"裙子"，而四层的环状绿化带就像给大楼扎上了一条绿腰带。

公共园林空间由绿色植物遮阴，水体降温。由于大面积墙体暴露在外引起的城市热岛效应也因为藤蔓的存在而得以削弱。

绿色立面的主要作用是为人们，特别是行人，营造一个愉悦的视觉环境，打造与周边区域的绿色纽带，为建筑的户外区域创造凉爽的微气候。绿色立面同时起到"生态滤地"的作用，净化住宅区环境，使其具有独特的苍翠繁茂的特征。

植物种类

嘉旭阁苍翠繁茂的环境主要由以下植物构成：

垂直植被：

大花老鸦嘴（见图2.12.4）

乔木与棕榈科植物：

红花缅栀、白花缅栀、窄叶泰竹 Thyrsostachys stamensis、琴叶榕、Buctda Buceras、香水月季、狗牙花、小叶白辛树、澳洲鸭脚木、钟花蒲桃、霸王桐、马来葵、马氏射叶椰子、筋头竹、日本葵、黄椰子、槟郎。

灌木和地被植物：

鹅掌藤、蟛蜞菊、卷柏、Thaumatococcis deniellii、Epiprenum aureum、薜荔、橙羊蹄甲藤、波斯顿蕨、黄时钟花、斑叶禾叶露兜树、黄花巴西鸢尾、Tecomania

capensis、假蒟、锡兰叶下珠、春羽蔓绿绒、黄色五爪木、金英、鹦鹉火鸟厥、金银花、龟背竹、金丝草、闭鞘姜、小叶厚壳树、红色美人蕉、三角梅"伊丽莎白安格斯"、白鹤芋、朱蕉、金黄肖竹芋、杂色美人蕉与黄色美人蕉。

灌溉系统

灌溉利用收集系统收集雨水到贮水池，然后重复利用以进行景观维护。生长在一楼和四楼地面花槽中的藤蔓则采取直接浇水的灌溉方式。

维护

维护人员可以在四楼外侧的空中走廊，或从地面乘坐从地面升降台，直接手动对藤蔓"面纱"进行维护。

分析与结论

嘉旭阁在周边繁茂绿色自然环境和巨大

藤蔓种植在地面土壤中，或是四层空中平台的环形花槽中。这两种种植方式为中层空间提供了一个全方位的绿幕，为公共社交空间创造了私密的环境，同时又不影响空气流通和视野。

▲图2.12.10：绿色植被营造了封闭的社交空间。
© 约翰·格林斯

▲图2.12.11：从室内看到的"绿色面纱"景观。
© 约翰·格林斯

的白色现代建筑间获得了一种互补的平衡，这点尤为引人注目。藤蔓如垂柳般悬至地面，赋予了看似分离的四楼空中平台柔和的特质。被藤蔓环绕的平台本身柔化了地面与平台空间的过渡，既给身处其中的人以安全感，又能让人充分地与自然接触。从外部看，仿佛用绿色"旗帜"覆盖的泳池露台虽然突出但却不显突兀，藤蔓面纱做成的"裙子"和"腰带"使三座楼梯尽显优雅（见图2.12.12）。

虽然南侧立面和西侧立面大约达到12%的绿化覆盖率（见表2.12.1），但由于线材支撑的植生墙系统的深度相对较浅，因此只好牺牲更厚的植被和更强的降温功能，以获得外部景观以及在重量方面对建筑结构较小的影响。从最初植物生长的照片可以看出植被的精致程度，之后从外部拍摄的照片显示出，随着时间的推移，植物的密度（至少在一些部分）也有所增加。

嘉旭阁公寓项目同这本指南中的其他新加坡项目一样，出于美学角度（拉开窗帘享受微风的同时，从"面纱"中窥望世界的惬意独享）和维护角度（不需要复杂设备就可以从墙后操作），对墙体的隐藏和遮盖差不多都是预先决定的。

从理论上来讲，维护似乎是件很简单额事情，因为维护人员不需要移动藤蔓或用吊架就可以进行操作。但是，在南楼停车门廊上环绕着20米长的藤蔓，给维护带来一些麻烦，必须借助升降梯或其他设备才能进行。但这似乎是一个冒险的方案，因为这里是大绝多数访客参观综合楼体时首先会看到的位置。

绿化覆盖率计算

计算绿化覆盖率时，将嘉旭阁项目按三个主楼体划分：北侧、中央和南侧楼梯（见图2.12.3）。

街道、屋顶上的树木、绿化屋顶、灌木和非垂直应用的植被以及泳池露台边缘保留的植被不包含在统计中。

北侧楼体高约94米，周长近91米。因此它的总墙面面积为8,554平方米（见表2.12.1）。包围着四楼廊道的绿"腰带"，各片段总计58米，高度爱4～5米间变化。因此，这一区域的面积为（5x35）+（4x10）+（5x13）=280平方米，占北侧楼体立面总面积的3%。

中央楼体高也是94米，周长68米，墙面总面积6,392平方米。四层的绿腰带部分层高约5米，有17米、29米两段。绿化面积约为（5x17）+（5x29）=230平方米，约占中心楼体立面总面积的4%。

南侧楼体高94米，周长约83米，墙面总面积7,802平方米。

男侧楼梯外面有三片垂至地面的"裙子"，由于地面地形的变化，沿着周长形成几个高度不同的部分，分别为19米、宽23米，高25米、宽14米，高19米、宽12米。围绕着四层和五层的"腰带"高5米，宽分别为10米和7米。从四层走廊和空中平台垂悬至主入口的藤蔓共有两条，高3米，宽分别为9米和5米。

▲图2.12.12：从一楼看到的悬桁式泳池景观。©永泰集团

▲图2.12.13：延伸到地面的植生墙夜间全景。©约翰·格林斯

建筑立面	周长	高度	总面积 (平方米)	植生墙覆 盖面积 (平方米)	绿化覆盖 百分比
嘉旭阁					
北侧楼体	91	94	8,554	280	3%
中央楼体	68	94	6,392	230	4%
南侧楼体	83	94	7,802	1,142	15%
总计			**22,748**	**1,652**	**7%**

▲ 表2.12.1：绿化覆盖率计算。

因此，南侧楼体绿化面积为（19x23）+（25x14）+（19x12）+（5x10）+（5x7）+（3x9）+（3x5）=1,142 平方米，约占南侧楼体立面总面积的15%。

嘉旭阁总计绿色覆盖面积为1,652 平方米，约占总立面22,748 平方米面积的7%。

项目团队

开发商：新加坡永泰集团
建筑师：吉达·莫斯利·布朗建筑设计事务所，P & T 咨询私人有限公司
景观建筑师：SiteTectonix 私人有限公司
结构工程师：Rankine & Hill (S) 私人有限公司
主承建商：塞恩·宋建筑私人有限公司

参考文献及扩展阅读

书籍：

▶ A.伍德（编辑）（2012）《2012最佳高层建筑：世界高层建筑与都市人居学会（CTBUH）国际大奖获奖项目》。世界高层建筑与都市人居学会（CTBUH）/劳特利奇出版社：纽约，p. 80。

报告：

▶ （2012）《2012BCA获奖作品》。新加坡建筑建设局：新加坡，p. 155。

网站文章：

▶ 《空中绿化：嘉旭阁公寓绿化项目资料简报》2011，文章来源：<http://www.skyrisegreenery.com/index.php/home/awards_winners/the_helios_residences/>（2013年9月）

▶ 《摩天大厦中心，世界高层建筑与都市人居学会（CTBUH）全球高层建筑数据库：嘉旭阁公寓》2013，文章来源：< http://www.skyscrapercenter.com/singapore/helios-residences/14231>（2013年9月）。

▼ 图2.12.14：悬桁式泳池露台下面的植被景观。© 约翰·格林斯

建筑数据：

建筑时间
- ▸ 2011年

高度
- ▸ 79米

楼层
- ▸ 15层

总建筑面积
- ▸ 51,282平方米

建筑功能
- ▸ 写字楼

建筑材料
- ▸ 混凝土

植生墙概况：

植生墙类型
- ▸ 阶梯形台地园林/连续的绿色"坡地"

绿化位置
- ▸ 建筑各个立面

绿化表面积
- ▸ 3,065平方米（近似值）

设计策略
- ▸ 一道长1,500米、最窄处宽3米的斜坡围绕着大厦盘旋而上，斜坡上种植着多种植物，起到遮阳通风的作用；
- ▸ 连续的斜坡与台地园林相连，创造出一道"生态廊道"，沿路的植物和动物可以直接进行物理迁徙；
- ▸ 斜坡上的植物大都种植在最深800毫米的花槽中；
- ▸ 植物沿着斜坡，通过有挑檐的露天螺旋形空间，一直延伸进地下停车场；
- ▸ 屋顶和斜坡植被的灌溉通过重力雨水收集系统进行；
- ▸ 增加建筑原址的植物数量。

SOLARIS大厦 新加坡

当地气候

新加坡位于赤道气候带，根据柯本气候分类法，属于热带雨林气候，终年气候湿润。新加坡四季气温和湿度变化很小，但终年温度较高（见图2.13.1）。由于气温相当稳定，湿度高降雨丰富，新加坡成为了植物生长的理想之地。新加坡月平均气温从23℃至32℃不等，以5月为一年中最炎热的月份。早晨空气湿度可达到近90%，下午时分会下降到60%左右。

背景

SOLARIS大厦位于汇集科技研发、媒体、物理科学和工程学行业于一体的新加坡纬壹科技城商业区中心的启汇城，是一座15层的办公楼。这里曾是军事基地，绝大部分原始生态系统已经遭到破坏。因此建筑师为了保存仅存的少量绿色植物，将建筑规划在对生态破坏最小的区域，仅通过建筑的选址便提升了基地的生物多样性。

SOLARIS大厦的两座楼体由被动通风中庭连接。办公楼层通过一系列天台连接，天台位于中庭上方。建筑师设计了超过8,000平方米的景观，比建筑用地面积大得多。这座"生态建筑"的景观是原有用地面积的108%。SOLARIS大厦力图通过生态建筑，可持续设计方法和创新的垂直绿化理念，加强现存的生态系统，而不是取而代之。

气候数据：[1]

建筑所在地
▶ 新加坡

地理位置
北纬1° 22'
东经103° 58'

地势
▶ 海拔16米

气候分类
▶ 赤道气候，潮湿

年平均气温
▶ 27.5 ℃

最热月份（4月、5月及6月）中白天平均气温
▶ 28.3℃

最冷月份（11月、12月及1月）中白天平均气温
▶ 26.6 ℃

年平均相对湿度
▶ 82%（最热月份）；86%（最冷月份）

月平均降水量
▶ 201毫米

盛行风向
▶ 北

平均风速
▶ 4.4米/秒

太阳辐射
▶ 最大：837瓦特时/平方米（12月21日）
最小：737瓦特时/平方米（9月21日）

年均每日日照时间
▶ 5.6小时

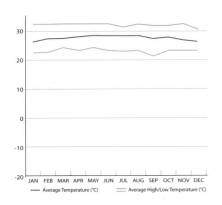

平均气温概况（℃）

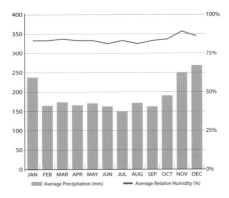

平均相对湿度（%）及平均降雨量

▲ 图2.13.1：新加坡气候概况。[1]
◀ 图2.13.2：建筑绿化全景。© TR 哈姆扎&杨

[1]书中列出的气候数据来源于世界气象组织（WMO）、英国广播公司（BBC）以及国家海洋与大气管理署（NOAA）。

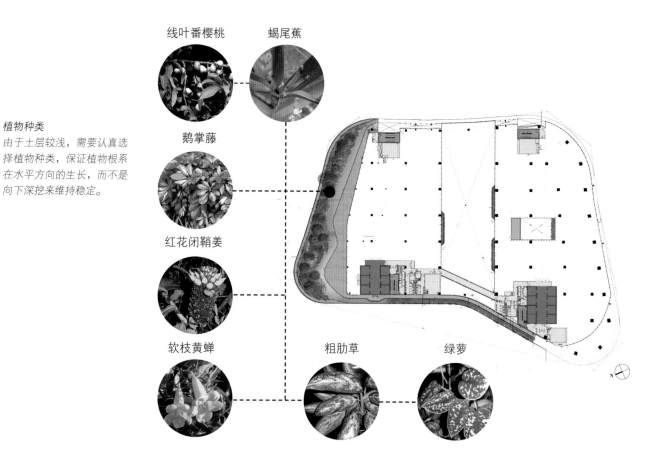

植物种类

由于土层较浅，需要认真选择植物种类，保证植物根系在水平方向的生长，而不是向下深挖来维持稳定。

线叶番樱桃

蝎尾蕉

鹅掌藤

红花闭鞘姜

软枝黄蝉

粗肋草

绿萝

▲图2.13.3：八楼平面图展示出景观坡道外围可观的植物种类。© TR 哈姆扎&杨

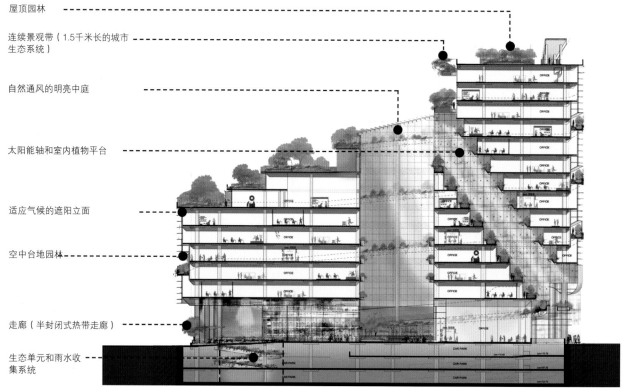

屋顶园林

连续景观带（1.5千米长的城市生态系统）

自然通风的明亮中庭

太阳能轴和室内植物平台

适应气候的遮阳立面

空中台地园林

走廊（半封闭式热带走廊）

生态单元和雨水收集系统

▲图2.13.4：剖面图中的阶梯形台地园林。© TR 哈姆扎&杨

设计策略上，除了应用植生墙，SOLARIS大厦还采用了雨水收集回收系统，适应气候的立面系统，自然通风和采光良好的大型中庭以及大量的遮阳百叶装置。

通过对建筑立面的研究发现，建筑外墙上低辐射双层玻璃的热量传导，由于遮阳系统的设计而有所减少，墙体整体传热系数取得 39 瓦 / 平方米的较低值。通过螺旋形景观坡道、空中花园、长挑檐、遮阳百叶系统的共同使用，为建筑外围的居住空间创造了舒适的微气候环境。如果将建筑的遮阳百叶系统排成直线，长度超过 10 千米。一个巨大的采光井斜向插入较高楼体的上层楼面，使建筑内部获得足够深的采光（见图 2.13.4）。

在阳光充足时，带有传感器的实验性装置会自动关闭灯具以节省能源消耗。

植生墙概况

从一定程度上讲，由于全部景观直接与建筑结构相整合，使得能源消耗总量减少了 36%。SOLARIS 大厦的植生墙设计有着独特的表达形式——外部绿化坡道沿建筑外墙盘旋而上，一直通往台地绿化屋顶。

SOLARIS 大厦的"绿化坡道"是连续的，它连接着地面和建筑的上层空间，使底层的"生态单元"与最高处的屋顶园林连成一串（见图 2.13.5）。"坡道"从上层楼板悬挑而出，结合上面种植的大量遮阳植物，为建筑立面的周边环境提供了降温效果。

地面上的景观，与街对面的纬壹公园相辅相成，为一层广场的对流通风提供了条件，也为人们提供了社交和互动的场所。

底层的"生态单元"位于建筑的东北角，它使绿化、光照和自然通风条件延伸进地下停车场。"生态单元"的最底层是雨水收集系统的蓄水箱和泵房。

作为热缓冲区的坡道和台地景观，为休闲和大型活动创造了空间。大量的园林景观使大厦承租人能够与大自然接触，体验户外环境，俯瞰旁边纬壹公园茂密

▲ 图2.13.5：被连续的生态坡道环绕着的建筑鸟瞰图。© TR 哈姆扎&杨

的树林。绿化设计遍及建筑的各个角落，通过两层楼板的下沉式设计，形成了宽敞的双层楼高空中平台空间。

在 SOLARIS 大厦项目中，植被覆盖了大部分的水平区域。主要植被覆盖数据如下，更细致的计算参见"绿化覆盖率"部分：

▸ 屋顶花园：2,987 平方米

▸ 中庭种植箱：304 平方米

▸ 绿化坡道：4,115 平方米

▸ 地面景观：487 平方米

▸ 总园林面积：8,363 平方米

▸ 绿化面积占建筑墙体面积百分比：17%

▸ 绿化面积占建筑用地面积百分比：108%

▸ 地面总景观面积百分比：95%

螺旋形的景观坡道最窄处为 3 米。坡道上的种植箱设计的非常浅，大多只有 800 毫米深（见图 2.13.6），以免从外部看时给人以庞大之感。

植物种类

由于土层较浅，在植物种类的选择上需要细心，选用一些根水平生长，而不是依靠根的竖向深扎来保证根的稳固性的植物。

主要灌木和地被植物包括闭鞘姜、牙买加矮蝎尾蕉、红花闭鞘姜、鹅掌藤、假蒟、粉绿合果芋、卷柏、细斑粗肋草、粗肋草、姬蕨、箭羽粗肋草、绿萝。

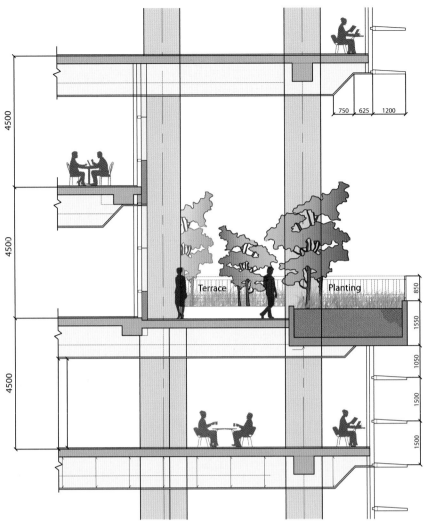

▲ 图2.13.6：种植器细节剖面图。© TR 哈姆扎&杨

主要棕榈科植物和乔木包括：圆叶刺轴榈、可食埃塔棕、黄花第伦桃（中型乔木）、黄荆、软枝黄蝉、番樱桃属麻黄、手巾树（大型乔木）、大叶刺篱木（中型乔木）、凹顶美蕊花（小型乔木）。

灌溉系统

灌溉系统由一个大型雨水回收系统组成。沿着景观坡道布置有排水管线，雨水通过这些虹吸排渗管道，从两座楼体中较高一座的屋顶流下来，储存在屋顶的储水箱和"生态单元"下地下室最底层。上下储水总容量超过 700 立方米。这些收集的雨水可基本满足建筑中绿化区域的灌溉需求。

灌溉施肥系统提供的肥料和土壤改良剂维持着整个灌溉体系的有机养分水平。此外，即使在最恶劣的暴雨天气，精密的排水系统和地下管道网络，也能确保有效的排水。这一点很重要，因为景观坡道的倾斜度很大，如果雨水没有及时被土壤吸收，就会顺着坡道表面高速落下。

维护

由于绿化坡道宽度足够，坡度也比较缓和，使维护工作相当容易进行。维护人员可以通过与坡道平行的一条通道进行维护工作，而不会占用写字楼承租人的使用空间（见图 2.13.7 与 2.13.8）。

分析与结论

SOLARIS 大厦是城市"绿化"先驱杨经文博士的开创性项目。该项目的生态策略整合水平相当高：也许没有其他项目能像这座建筑一样，将植生墙作为建筑螺旋上升结构的一部分。杨经文博士曾经多次强调建筑和城市中"生态走廊"的必要性——它允许植物、昆虫、动物沿着设计的路径迁徙。这个项目最直接的体现了他的理念。

大厦对自然灌溉的高度利用也可圈可点。通常，写字楼的大面积绿化（无论室内室外）都需要同等多的水和维护。

大厦的点睛之笔是植物坡道的设计，尽管到处都是的挑檐和百叶系统可以为建

SOLARIS 大厦的"绿化坡道"是连续的，它连接着地面和建筑的上层空间，使底层的"生态单元"与最高处的屋顶园林连成一串。

▲ 图2.13.7：从线性坡道的外部观察植物的生长情况。© TR 哈姆扎&杨

上下储水总容量超过700 立方米，这些收集的雨水即可基本满足建筑中植物生长区域的灌溉需求。

▲ 图2.13.8：外部遮阳挑檐下的植物。© TR 哈姆扎&杨

筑立面遮阳，但还是坡道对遮阳的贡献最大。建筑上各种条带构造的变化，创造了许多挑檐和高地。相比其他需要更多维护的植生墙类型，如线材或网架支撑的藤蔓，这样的建筑形式为垂直绿化提供了更多机会。但是有些位置的植被有生长无力的趋势，问题或许出在植物种类的选择、维护和位置的选择上，也许三种原因都有，具体尚不明确。

毫无疑问，设计师已经意识到水平和垂直方向上的连续植被，在使人们注意到大厦的同时，也带来了同等的风险。大厦在日常维护和灌溉上节约下来的成本，花费在了监控病害、食草动物和昆虫对坡道植物的破坏上。

绿化覆盖率计算

由于 SOLARIS 大厦外部不同寻常的曲线造型和绿色坡道的倾斜特性，通过基本方向识别建筑立面的典型方法在这里不适用。因此这里使用沿着坡到的垂直表面覆盖率来估算植生墙覆盖面积（见表2.13.1）。

屋顶台地园林、室内空调间的植物和地面绿化不在统计之列。

大厦共有 16 层。立面的起伏使每一层的面积都不相同，为了计算垂直立面面积，我们依照建筑退后的位置，将其简化成四个集合的带状结构。由于沿坡道植物密度的变化，我们把植物的覆盖率按绿

化带面积的 50% 计算。

带状结构 A 包含建筑的 1 ~ 7 层，平均高度 33.5 米，全长 333 米，因此总墙面面积为 11,156 平方米。植被围绕 A 的两侧（2×333 米 =666 米），乔木 / 灌木平均高度为 4.5 米（666×4.5）=2,997 平方米。乘以 50% 的密度损失率，得到绿化面积 1,499 平方米。

带状结构 B 包括 8、9 两层，高 9 米，周长 273 米，墙面总面积 2,457 平方米。由于坡道在建筑的这一部分没有完全环绕，这一区域不计算绿化面积。剩余的少量绿化计入带状结构 A 和 C。

带状结构 C 包含三层楼，高度 13.5 米，

总垂直墙体面积			植生墙对建筑立面的影响	
周长	带状结构高度	建筑立面面积（平方米）	平均绿化高度	去除50%影响后的面积（平方米）
SOLARIS大厦				
带状结构A	333	33.5	11,156	4.5（2层）	1,499
带状结构B	273	9	2,457	0	0
带状结构C	252	13.5	3,402	4.5（3层）	567
带状结构D	222	13.5	2,997	4.5（3层）	999
总计			**20,012**		**3,065**
覆盖率百分比					**15%**

▲表2.13.1：绿化覆盖率计算。

全长 252 米，墙面总面积约 3,402 平方米。植被覆盖面积为（252 米长 ×4.5 米宽 ×0.5）=567 平方米。

带状结构 D 包含最上面的三层楼，高度 13.5 米。全长 222 米，墙面总面积约 2,997 平方米。植被覆盖与两侧，因此绿化带长度记为（2×222）=444 米，该区域绿化总面积为（444 米长 ×4.5 米宽 ×0.5）=999 平方米。

四个带状结构的总立面面积 20,012 平方米，其中 3,065 平方米被植被覆盖，约占总面积的 15%。

项目团队

开发商：SB（Solaris）投资公司——速美集团股份有限公司子公司
建筑师：TR 哈姆扎 & 杨
特约建筑师：CPG 咨询私人有限公司
植生墙设计师：TR 哈姆扎 & 杨
景观建筑师：热带环境私人有限公司
结构工程师：奥雅那新加坡私人有限公司
电气工程师：CPG 咨询私人有限公司
主承建商：速美私人有限公司

参考文献及扩展阅读

书籍：

▸ A.伍德（编辑）（2012）《2012最佳高层建筑：世界高层建筑与都市人居学会（CTBUH）国际大奖获奖项目》。世界高层建筑与都市人居学会（CTBUH）/劳特利奇出版社：纽约，pp. 66–69。

▸ L.布里凡特，K.杨（2011）《生态大厦：第二卷》。马尔格雷夫，澳大利亚：视觉出版集团。

▸ L. V.谢克（2009）《垂直生态建设：T. R.哈姆扎&杨作品》。马尔格雷夫，澳大利亚：视觉出版集团。

期刊：

▸ （2009）"连续绿化"，《国际建筑》。

▸ （2009）"多元化的SOLARIS大厦"，《亚洲屋顶与立面》，pp.12–13。

▸ （2009）"SOLARIS大厦"，《FutureArc》：10，卷16。

▸ S.莱曼，K.杨（2010）"与绿色城市规划师面对面：杨经文与史蒂芬·莱曼关于绿色城市生态总体规划的对话"，《绿色建筑》：卷5，No. 1，pp. 36–40。

网站文章：

▸ 《摩天大厦中心，世界高层建筑与都市人居学会（CTBUH）全球高层建筑数据库：SOLARIS大厦，2013》，文章来源：<http://www.skyscrapercenter.com/singapore/solaris/14290/>（2013年9月）

▲图2.13.9：从建筑屋顶俯瞰植物台地。©TR 哈姆扎&杨

建筑数据：

建成时间
- ▶ 2011年

高度
- ▶ 30米

楼层
- ▶ 9层

总建筑面积
- ▶ 4,374平方米

建筑功能
- ▶ 酒店

建筑材料
- ▶ 混凝土

植生墙概况：

植生墙类型
- ▶ 综合生命墙（植物栅网）

绿化位置
- ▶ 建筑西侧立面2～9层

绿化表面积
- ▶ 264平方米（近似值）

设计策略
- ▶ 综合生命墙覆盖着整个30米高的西侧无窗立面；
- ▶ 保护西侧不受午后阳光侵袭；
- ▶ 通过增加建筑隔热性能和促进微气候降温来减少建筑能量消耗；
- ▶ 隔绝室外噪音，改善朝向街区房间的声音环境；
- ▶ 采用多种植物品种结合的植生墙，在四季更替中实现外观的各种变化，同时也避免了单调；
- ▶ 采用了大面积的本土植物，以增加植生墙的耐受性；
- ▶ 提升了酒店的审美特性，同时也使酒店具备了更强的市场开拓性。

案例研究 2.14

B3维雷酒店 波哥大，哥伦比亚

当地气候

波哥大位于安第斯山脉北部的高原地带，属于赤道气候带，冬季干旱，日间凉爽，平均气温近14℃，而晚间气温会降至5℃。由于城市海拔较高，因此气温波动不大，很少超过21℃。波哥大降雨很多，一年中的绝大部分日子平均相对湿度超过80%，形成了波哥大独特的气候特点（图2.14.1）。

背景

双层楼高的酒店大堂内设有接待前台、休闲酒吧和餐饮区。停车场位于地下室，车辆通过升降机进入，为内部密集的环境留出更多空间。客房位于二层至九层（见图2.14.2）。每层有16套客房，分为三种类型。

为了有效利用空间，为房间提供较好的通风和采光条件，建筑的客房楼层平面设计成了"H"形。房间绝佳的舒适度、声音环境、通风情况及其技术创新，与酒店的经营理念一脉相承。

气候数据：[1]

建筑所在地
▶ 波哥大，哥伦比亚

地理位置
南纬4° 41'
西经74° 7'

地势
▶ 海拔2,548米

气候分类
▶ 赤道气候，冬季干旱

年平均气温
▶ 13.2 ℃

最热月份（3月、4月及5月）中白天平均气温
▶ 13.7℃

最冷月份（11月、12月及1月）中白天平均气温
▶ 12.9℃

年平均相对湿度
▶ 82%（最热月份）；82%（最冷月份）

月平均降水量
▶ 88毫米

盛行风向
▶ 北

平均风速
▶ 2.04米/秒

太阳辐射
▶ 最大：992瓦特时/平方米（1月21日）
最小：912瓦特时/平方米（3月21日）

年均每日日照时间
▶ 4小时

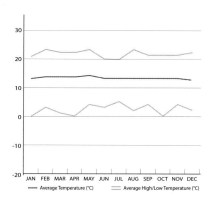

平均气温概况（℃）

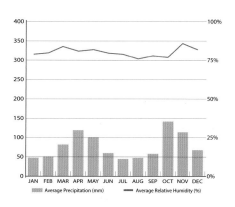

平均相对湿度（%）及
平均降雨量

▲ 图2.14.1：哥伦比亚波哥大气候概况。[1]
◀ 图2.14.2：植生墙全景。© 派萨基斯莫·乌尔巴诺

[1]书中列出的气候数据来源于世界气象组织（WMO）、英国广播公司（BBC）以及国家海洋与大气管理署（NOAA）。

▲ 图2.14.3：建筑西侧立面茂盛的植生墙。© 派萨基斯莫·乌尔巴诺

植物种类

植生墙由55个品种超过25,000株植物构成，其中40%为哥伦比亚本土植物。

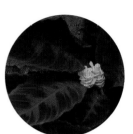

紫背竹芋

薄荷

忍冬

八仙花

植生墙概况

仅有建筑西侧立面的二到九层布置有植生墙。植生墙覆盖着矩形立面的大部分，至留出窗口部分的区域。（见图2.14.3）。植生墙的主要设计策略是通过绿色立面增强墙体的隔热性能，降低局部微气候温度，以减少制冷制热系统对电能的消耗。其他作用包括吸收汽车产生的粉尘微粒，为面向15街区的客房提供舒适的声音环境，降低城市热岛效应的影响。同时，植生墙的安装旨在为酒店打造独特的市场品牌优势。

植生墙采用"自花传粉的水培垂直生态系统"。选用这个系统的原因在于，它仅需要极少的维护，而且价格低廉，可为植物的繁茂生长提供条件，从而形成强烈的视觉效果。植生墙的设计和安装共花费了两个半月时间（见图2.14.4 至2.14.7）。

植物种类

植生墙采用 55 个品类，共计超过 25,000 株植物，其中 40% 为哥伦比亚本土植物。（见图2.14.3）

灌溉系统

采用自动灌溉系统灌溉。肥料和杀虫剂通过水培垂直生态系统作用于植物上，远程控制灌溉系统使之能循环使用。

维护

通过经常性地检查植生墙外观以决定何时需要维护。维护时，工作人员用吊篮从屋顶悬吊下来，到达需要处理的位置。

分析与结论

B3 维雷酒店的植生墙以吸收微粒、阻碍噪音对房客的影响、减少温室气体和树立酒店品牌形象为特定目标。虽然现在

多种植物的运用和植物在突出立面上的覆盖深度，无疑使酒店成为地标性建筑。它也许是本书中最为奢华的垂直绿化项目。

▲ 图2.14.4：安装团队在将植物球茎安装进建筑立面。© 派萨基斯莫·乌尔巴诺

▲ 图2.14.5: 植生墙开始生长，带来了明显的色彩变化。© 派萨基斯莫·乌尔巴诺

▲ 图2.14.6: 建筑立面的准备和安装过程。© 派萨基斯莫·乌尔巴诺

肥料和杀虫剂通过水培垂直生态系统作用于植物上，远程控制灌溉系统使之能循环使用。

缺乏数据上的支持，来判断这些目标是否——至少在数量上——得以实现。但是从直观上，确实很难否定植生墙在树立品牌形象上起到的成功作用。多种植物的运用和植物在突出立面上的覆盖深度，无疑使酒店成为地标性建筑。它也许是本书中最为奢华的垂直绿化项目。

但是，考虑到未来植物的密集生长后，会阻挡人行道或者需要设置悬浮平台来进行维护，这类设计对升降梯的需求也许成为一个弊端。

绿化覆盖率计算

B3维雷酒店是个较为规则的长方体建筑，因此绿化覆盖率的计算较为简单（见表2.14.1）。

建筑东西立面高 30 米，宽 18 米，每侧总面积 540 平方米。

南北立面均部分被其他建筑阻挡。北侧立面上，旁边的建筑南墙与酒店北墙基本持平，只留出酒店护墙部分。北墙部分没有绿化的可能性，因此不参与总覆盖面积的计算。南侧立面与一座稍小型的建筑相连，建筑高约 4 米，长度与酒店持平，所以南侧立面的总面积为（30 米 x 27 米）－（4 米 x 27 米）= 702 平方米。由此可以算出，建筑立面裸露在外的总面积为 1,782 平方米。

只有建筑西侧立面有植物覆盖。植生墙从二楼到九楼，包括窗户在内，24 米高，18 米宽，总计 432 平方米。立面上有 16

建筑立面	总墙体面积 (平方米)	植生墙覆盖面积 (平方米)	绿化覆盖面积 百分比
B3维雷酒店			
北侧	N/A	N/A	N/A
东侧	540	0	0%
南侧	702	0	0%
西侧	540	264	49%
共计	**1,782**	**264**	**15%**

▲ 表2.14.1：绿色覆盖率计算。

扇高 2 米、宽 3 米的窗户，和 24 扇高 2 米、宽 1.5 米的窗户，得出窗户总面积为 168 平方米。因此，西侧立面总计（432 −168）＝264 平方米的绿化面积，占西侧立面总面积的 49%——这是本书中单立侧面绿化覆盖率最大的项目之一——全部立面的总绿化覆盖率为 15%。

项目团队

开发商：B3 酒店

建筑师：派萨基斯莫・乌尔巴诺

植生墙设计师：派萨基斯莫・乌尔巴诺

植生墙生产商：Groncol

植物供应商：Impulsemillas

景观建筑师：Groncol- 比利・艾斯克巴尔

参考文献及扩展阅读

书籍：

▸ A.兰博提尼，M.希安比（2007）《垂直园林：为城市带来勃勃生机》，泰晤士&休斯顿：伦敦。

期刊：

▸ P.阿尔姆奎斯特（2012）"墙壁上的自然"《国际地理》，pp. 92–99。

网站文章：

▸ 《摩天大厦中心，世界高层建筑与都市人居学会（CTBUH）全球高层建筑数据库：B3 维雷酒店，2014》，文章来源：<http://skyscrapercenter.com/bogota/b3-hotel-virrey/16765/>（2014年5月）

▼ 图2.14.7：植物充分生长后的植生墙外观。© 派萨基斯莫・乌尔巴诺

建筑数据:

建成时间
- ▶ 2012年

高度
- ▶ 89米

楼层
- ▶ 15层

总建筑面积
- ▶ 29,227平方米

建筑功能
- ▶ 酒店办公

建筑材料
- ▶ 混凝土

植生墙概况:

植生墙类型
- ▶ 阶梯形台地园林,悬桁式平台绿化

绿化位置
- ▶ 多层,主要集中在北侧和南侧立面

绿化表面积
- ▶ 4,872平方米(近似值)

设计策略
- ▶ 通过在酒店的裙楼和塔楼以及写字楼立面上安装植生墙,来增加城市土地的绿化覆盖率;
- ▶ 为了植物的可持续生长,采用预制水泥板打造了一座波浪形的台地景观,将原本过于巨大的直线型景观项目转化成为看似附近公园绿地自然延伸的地标式景观;
- ▶ 在塔楼4的南侧立面增加花瓶式种植器;
- ▶ 将整个植生墙建在高出地面几层以上的位置,在下方营造出像是圆顶地下城堡的趣味空间,同时也使得上方的植被可以朝着不同的维度生长;
- ▶ 在停车场四周设置花槽;
- ▶ 增设从使用楼层可直接进入的承重平面,用以辅助维护工作。

案例研究 2.15

皮克林宾乐雅酒店 新加坡

当地气候

新加坡位于赤道气候带，根据柯本气候分类法，属于热带雨林气候，终年气候湿润。新加坡四季气温和湿度变化很小，但终年温度较高（见图2.15.1）。由于气温相当稳定，湿度高降雨丰富，新加坡成为了植物生长的理想之地。新加坡月平均气温从23℃至32℃不等，以5月为一年中最炎热的月份。早晨空气湿度可达到近90%，下午时分会下降到60%左右。

背景

皮克林宾乐雅酒店坐落新加坡市中心，位于中央商务区和多彩的中国城及克拉码头交汇处，面向芳林公园。酒店由四座玻璃塔楼（其中三座相连）和一座裙楼组成，塔楼建于裙楼之上（见图纸2.15.2）。底层由架空柱支撑，周围环绕着水泥花槽，在更换了原有植物后，整个建筑绿化面积增加了一倍。波状外形的裙楼与街道规模相互映衬，其灵感来源于模仿景观型盆景布置、用刻画和叠加手法模拟自然景观和山石及亚洲的波状麦田的融合。

4座新颖的流线型塔楼与周围高耸的建筑物形成和谐的统一。开放式的酒店外形，产生了"建筑墙"分解效果，并获得了最大化的视野和采光。蓝绿色的玻璃掩映出铜绿色，让人联想起毗邻的新加坡河粼粼的水光。

气候数据：[1]

建筑所在地
▶ 新加坡

地理位置
北纬1° 22'
东经103° 58'

地势
▶ 海拔16米

气候分类
▶ 赤道气候，潮湿

年平均气温
▶ 27.5 ℃

最热月份（4月、5月及6月）中白天平均气温
▶ 28.3℃

最冷月份（11月、12月及1月）中白天平均气温
▶ 26.6 ℃

年平均相对湿度
▶ 82%（最热月份）；86%（最冷月份）

月平均降水量
▶ 201毫米

盛行风向
▶ 北

平均风速
▶ 4.4米/秒

太阳辐射
▶ 最大：837瓦特时/平方米（12月21日）
最小：737瓦特时/平方米（9月21日）

年均每日日照时间
▶ 5.6小时

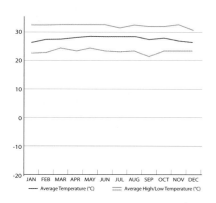

平均气温概况（℃）

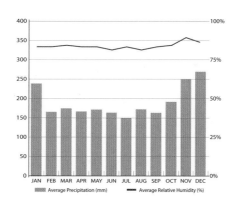

平均相对湿度（%）及
平均降雨量

▲ 图2.15.1：新加坡气候概况。[1]
◀ 图2.15.2：从街道拍摄建筑全景。© 帕特里克·宾汉−豪

[1]书中列出的气候数据来源于世界气象组织（WMO）、英国广播公司（BBC）以及国家海洋与大气管理署（NOAA）。

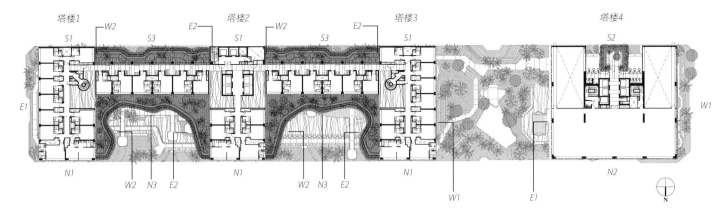

▲ 图2.15.3：六层及五层裙楼平面图。© WOHA

植物种类

植生墙的植物多种多样，从能遮荫的乔木、高大的棕榈树、开花植物、多叶灌木到悬垂的攀援植物，一起形成了葱郁的热带环境，不仅仅吸引着居住者，更吸引着昆虫和鸟类，增加了芳林公园的绿化区域的同时，还增加了城市的生物多样性。

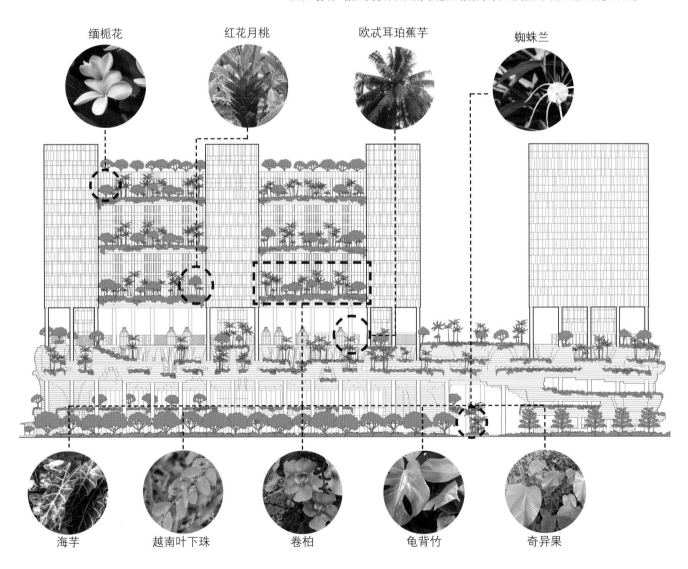

▲ 图2.15.4：北侧立面剖面图，从图中可以看到植生墙的覆盖范围及植物的种类。© WOHA

屋顶配有峰值 60 千瓦的光伏电池，为生长照明灯和夜间的景观照明提供充足的电力来源。

附加功能还包括热水泵，提供热水——而非传统电加热系统——减少了近 70% 能源消耗。LED 灯和 T5 型日光灯减少了照明用电消耗，公共区域如酒店走廊和大堂则充分利用了自然光照明。

植生墙概况

皮克林宾乐雅酒店的绿化面积和景观种植数量在同规模高层建筑中史无前例。设计师用创新的方式整合了各种自然元素，诠释了可持续发展的城市规划。在水平区域内，共有 15,000 平米的植被、水景设计、人工瀑布、露台和植生墙，它们分布于多个空中花园内，在城市的中央创造了一处繁茂的休闲胜地（见图 2.15.3 至 2.15.5）。

设计师以"花园酒店"理念为先导，在设计中加入了大量的景观，并将摩天景观设计成能够自给自足的建筑形式，通过屋顶收集雨水用于灌溉并通过重力给水，实现对珍贵资源的最小限度依赖。

四层的空中花园为酒店客房直接带来了苍翠茂盛的绿色植物，并细化了建筑的规模。走廊、大堂和公共洗手间设计成花园的空间，带有石阶、植物和水景，全天用自然光和新鲜的空气代替 24 小时的空调运行，创造出度假胜地般的迷人环境。高耸悬出的建筑结构及茂密的植物遮蔽着酒店内部空间，使其免于暴露在严苛气候和太阳直射之下。

停车场的绿化设计以葱郁的山谷、溪谷和瀑布形式呈现。景观掩映着地面停车场入口，同时引入了空气和自然光。裙楼顶部是一个繁茂的景观露台，容纳了娱乐设施，其中巨大的敞开游泳池，可以俯瞰城市景观。"鸟笼"式更衣室位于水面之上，增添了视觉趣味。

从周边的街道和建筑物上可以清晰地可看到酒店的空中花园，花园的设计不仅缓和了建筑的僵硬感，也为密集的城市中心带来了视觉上和环境上的调剂。从规模上，水平方向的景观面积相当于建筑占地面积的 215%，即使城市建筑变得更高更密集，在高楼林立的同时，我们也无需失去绿色空间。

在环境方面，大量的绿植减少了城市热岛效应，植物通过蒸发蒸腾作用，可以吸收热量、遮蔽地面，城市空气质量因此得到提高，而且植物通过光合作用吸收二氧化碳并释放氧气，降低温室效应产生的气体。空中花园内的波状植物由标准化半径的预制混凝土模块组成，使复杂呆板的裙楼组合起来形成"统一体"。每个水平区域都种植了植物，为空间提供了繁茂的绿植（见图 2.15.6 至 2.15.8）。

植物种类

植生墙的植物多种多样，从能遮荫的乔木、高大的棕榈树、开花植物、多叶灌木到悬垂的攀援植物，一起形成了葱郁的热带环境，不仅仅吸引着居住者，更吸引着昆虫和鸟类，增加了芳林公园的绿化区域的同时，还增加了城市的生物多样性。

从规模上，水平方向的景观面积相当于建筑占地面积的 215%，即使城市建筑变得更高更密集，在高楼林立的同时，我们也无需失去绿色空间。

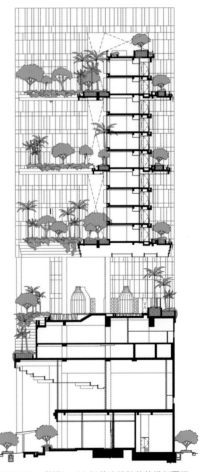

▲ 图2.15.5：塔楼1、2之间的连接结构的横剖面图。
© WOHA

诸多植物种类包括鸡蛋花、高棕榈树、黑橄榄树、琴叶榕、蓬莱蕉、观音莲、蓝花蕉、越南叶下珠及李光耀藤蔓。

灌溉系统

摩天景观为自给自足型设计，使对珍贵资源的依赖将带最低限度。屋顶收集的雨水用于景观的重力给水灌溉。收集槽大小足够储水，但只有在旱季延长的那段时间，才会用非饮用水作为"新生水"（新加坡的废水再利用）补充，这种情况在热带气候的新加坡很少见。

滴灌系统可以优化水的利用。所有景观区域也配有雨量传感器，当检测到最低雨量时，便可以关闭灌溉，以减少浪费。

分析与总结

皮克林宾乐雅酒店是一个颇有代表性的项目，因其对比类似建筑实际节省了30%的能源消耗。它无疑是建筑垂直绿化在视觉效果上最显著的项目之一，就如它在满足了只有公园环境才能给予的心灵宁静的同时，也满足人们对豪华酒店的舒适性要求，以一种特别的艺术方式将二者融为一体。作为一间豪华酒店，如果说它的优点是成为"公共交互空间和社区建筑"有些牵强，但至少会被认为是一个私营的公共场所。然而，城市地区的私有开发场所是个普遍存在的问题，不只在新加坡，也不仅是那些进行了垂直绿化的建筑项目。

从视觉角度和在城市绿化净收益方面，很公平的讲，皮克林宾乐雅酒店的植生墙对于那些从不会走进酒店的人，就同

▲ 图2.15.6：建筑北侧外观。© 帕特里克·宾汉-豪。
▲ 图2.15.7：俯瞰平台上的繁茂植被。© 帕特里克·宾汉-豪。
◀ 图2.15.8：五层裙楼平台。© 帕特里克·宾汉-豪。

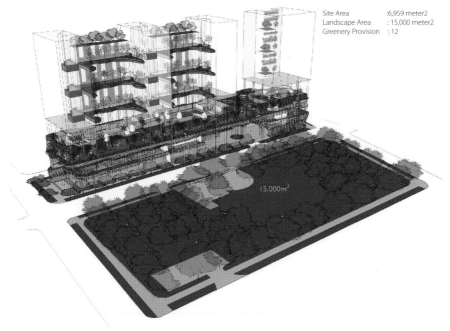

Site Area : 6,959 meter2
Landscape Area : 15,000 meter2
Greenery Provision : 12

15,000 m²

▲ 图2.15.9：在旁边公园对比下的土地绿化情况示意图。© WOHA

空中花园内的波状植物
由标准化半径的预制混
凝土模块组成，使复杂
呆板的裙楼组合起来形
成"统一体"。

对于它的客人一样有价值。从植生墙维护的角度上来讲，很难想象保持植生墙长青并繁盛的维护工作，要比一间豪华酒店里必须做的其他工作更为轻松，毕竟大多数植生墙支架的距离足够维护需要，要开展维护工作并不需要特技飞行技术。

从环境保护角度出发，植生墙的好处显而易见且无需置疑，其绿化面积远多于场地原有绿植。但是也必须考虑到一点，以几层楼高的空中支架支撑一座巨大的混凝土结构，包括植物土壤、游泳池水，更有植物、居住者和建筑本身的重量，这本身也是一种冲击。无论怎样，皮克林宾乐雅酒店是一个花费巨大的项目，尽管独具创造性，但仍需考虑到关于材料的建筑物化能方面的问题。

绿化覆盖率计算

皮克林宾乐雅酒店坐落于东西走向的长方体裙楼之上，由柱子分别支撑，使其高于街面，可以提供挑檐遮蔽和种植植物的平台。裙楼顶部有四座塔楼，塔楼也由位于裙楼顶部的支柱支撑，柱高约15米。四座塔楼与裙楼纵向垂直。塔楼1、2和3由几道平行于裙楼的空间结构连接。塔楼4是一座办公楼，与酒店建筑群分离开来，也坐落于裙楼之上。

地面植物和酒店屋顶树木未包括在计算之内，因为前者为原有植被和当地的典型景观，后者并无实际效果或离护墙边太远，不能确保作为垂直植被给建筑立面带来保护作用。

皮克林宾乐雅酒店绿化覆盖率统计如下：

裙楼为一个28米高、200米长、35米宽的长方体。

裙楼北侧植生墙面积为（28x200）=5,600平方米。三个种植带内包括树木、灌木、地被植物，平均高度分别约3米、6米及10米，在裙楼北侧立面延伸。36个绿化区域的水平长度乘以所在区域的高度，总面积为3,086平方米。减去50%其中作为植被密度损失，为1,543平方米，绿化覆盖率约为28%。

裙楼东侧立面28米高、35米宽，总面积为980平方米。两行绿化带的平均高度3米至10米。12个绿化平台的水平长度乘以所在区域的高度，总面积为735平方米，其中50%为植被密度损失，得到绿化面积368平方米，绿化覆盖率约为38%。

裙楼南侧立面高28米、长200米，总面积为5,600平方米。三道绿化带平均高度为3米、6米和9米。9个绿化区域的水平长度乘以绿化带的高度，得出面积为340平方米。减去50%植被密度损失，得出面积170平方米，绿化覆盖率为3%。

▲ 图2.15.10：塔楼4南侧立面透视图，显示花瓶式种植器的外观。© WOHA

裙楼西侧立面高28米、宽35米。三道绿化带平均高度为3米，6米和9米。6个种植区的水平长度乘以绿化带高度，得出面积为379平方米。 减去50%植物密度损失，为190平方米，绿化覆盖率约为19%。

裙楼总立面面积为（2×5,600）+（2×980）=13,160平方米。绿化面积为2,271平方米，约占裙楼立面面积的17%。

项目的塔楼部分面积分别计算。

塔楼1、2、3分别由两座桥状结构连接在一起，形成一道连续的南北立面。酒店楼群中的三个塔楼均为62米高，17米宽和33米深。北侧立面17米长，在平面图中用"N1"表示（见图2.15.3）。塔楼4的北侧立面，用"N2"表示，37米宽。塔楼1和塔楼2，塔楼2和塔楼3之间的连接桥均为42米高、34米宽，用"N3"表示。因此，塔楼部分的北侧立面总面积（不包括裙楼）为（N1×3）+N2+（N3×2=（3×1,054）+2,294+（2×1,428）=8,312平方米。

塔楼群（N3）的北侧立面的植被分布在两组三个同样的平台上，即三座塔楼之间的连接桥。这六组植生墙经测量为34m宽，植被平均高度为7米。每个平台的绿化面积约为7×34=238平方米。这个结果乘以6，得出塔楼北面总植被面积为1,428平方米。 减去50%作为植被密度损失，为714平方米，绿化面积占立面总面积的9%。

塔楼群的东侧立面由塔楼1至塔楼4的所有东侧立面组成。塔楼1和塔楼4相同，

记为E1，62米高33米宽。塔楼2和塔楼3，记为E2，62米高33米宽，但是被连接桥的纵向部分贯穿，尺寸为42米高8米宽。所以每个E2的表面面积为1,710平方米。 总面积为（2×E1）+（2×E2）=（2×（62×33））+（2×（（62×33）-（42×8））=7,512平方米。

塔楼群东侧立面植生墙可分为两个部分，六个露台（E2），附于塔楼2和塔楼3的东侧以及连接桥的北侧和南侧。其中一组中每个露台的平均高度是7米，宽19米。另一组较浅，每个露台平均高度是7米，宽5米。每个露台组各有6个露台，得出植生墙面积（6×（7×19））+（6×（7×5））=1,008平方米。 绿植面积减去50%的植被密度损失，得出最终植生墙面积为504平方米，该立面的绿化覆盖率为7%。

塔楼群南侧立面的计算方式同北侧立面一致，完全是北面的镜像。立面总面积同样是8,312平方米。

塔楼群的南侧植生墙分为两个部分。每个部分包含两组，其中每组各含三个同样的平台（S3），即三座塔楼之间的连接桥。六个平台34米宽，平均绿植高7米。每个平台的绿化面积约为7×34=238平方米。这个结果乘以6，得出1,428平方米。减去植被因素50%，得出最终绿化面积为714平方米。

第二组，S2，也是塔楼4的特别之处。是于南面凹槽内的花瓶式的种植器。每一个种植器约提供1平方米的绿化面积。种植器共有六排，每排12个，总面积为72平方米。悬桁式露台上面种植了一棵

建筑立面	总墙体面积 (平方米)		植生墙覆盖面积 (平方米)		绿化覆盖面积 百分比	
皮克林宾 乐雅酒店	裙楼	塔楼	裙楼	塔楼	裙楼	塔楼
北侧	5,600	8,312	1,543	714	28%	9%
东侧	980	7,512	368	504	38%	7%
南侧	5,600	8,312	170	879	3%	11%
西侧	980	7,512	190	504	19%	7%
共计	**13,160**	**31,648**	**2,271**	**2,601**	**17%**	**8%**
合计	**44,808**		**4,872**		**11%**	

▲表2.15.1：绿化覆盖率计算。

▲图2.15.11：从建筑内部看到的裙楼外观。© 帕特里克·宾汉–豪。

占地面积约 25 平方米的树，阻断了其中三排种植器。受到阻断的种植器有 6 个，总面积约为 6 平方米。 花瓶种植器的总绿化面积（6×12）+（3×6）=90 平方米，3 棵树额外增加 75 平方米。S2 面积为 75+90=165 平方米。南侧植生墙总面积为 165+714=879 平方米，绿化覆盖率约为 11%。

塔楼的西侧立面与东侧立面的面积计算方式一样，是东侧立面的镜像。其数值也一致，立面总面积为 7,512 平方米，绿化面积为 504 平方米，绿化覆盖率约为 7%。

皮克林宾乐雅酒店总垂直总表面积是全部塔楼各立面面积和裙楼立面面积的总和 =（13,160+31,648）=44,808 平方米。绿化总面积为 4,872 平方米，约占总面积的 11%。

项目团队

开发商： 广场酒店地产（新加坡）私人有限公司

建筑师： WOHA

植生墙设计师： WOHA，提拉设计私人有限公司（咨询）

景观建筑师： WOHA

结构工程师： TEP 咨询私人有限公司

电气工程师： BECA 卡特·豪林斯 & 芬那（S.E. 亚洲）私人有限公司

主承建商： 长城工程（私人）有限公司

参考文献及扩展阅读

书籍：

▸ M.布森科尔，P.施马尔（2011）《WOHA：呼吸的建筑》，普利斯特尔：伦敦。

▸ A.伍德（编辑）（2013）《2012最佳高层建筑：世界高层建筑与都市人居学会（CTBUH）国际大奖获奖项目》。世界高层建筑与都市人居学会（CTBUH）/劳特利奇出版社：纽约，p. 68。

网站文章：

▸ 《摩天大厦中心，世界高层建筑与都市人居学会（CTBUH）全球高层建筑数据库：皮克林宾乐雅酒店》2013，文章来源：< http://www.skyscrapercenter.com/singapore/parkroyal-on-pickering/14115/ >（2014年5月）。

建筑数据：

建成时间
- ▶ 2013年

高度
- ▶ 268米

楼层
- ▶ 73层

总建筑面积
- ▶ 77,000平方米

建筑功能
- ▶ 住宅

建筑材料
- ▶ 混凝土

植生墙概况：

植生墙类型
- ▶ 综合生命墙（模块生命墙）
- ▶ 建筑立面支撑植生墙（金属网）

绿化位置
- ▶ 在空中花园南侧和西侧立面36、37层内部安装植生墙
- ▶ 在空中花园南侧立面中庭区域38层及41层安装植生墙

绿化表面积
- ▶ 189平方米（近似值）

设计策略
- ▶ 在塔楼中央（36层及37层）的空中花园以综合生命墙为主要特色，为建筑带来了别具一格的美感和微气候调节；
- ▶ 格林美西空中花园的设计受纽约格林美西公园的影响，尤其是在原公园的"绿地容积率"方法以及"叶片指数"两方面；
- ▶ 为了便于维护、移除和更换那些生长情况有问题的植物，植生墙采用了桶装垂直模块系统；
- ▶ 在位于38层和41层之间的四层楼高的中庭内种植攀援藤蔓，增加空中花园的美感；
- ▶ 采用隐藏式导向排水系统来减少灌溉水流失。

案例研究 2.16
格林美西空中花园 马卡迪，菲律宾

当地气候

马卡迪城是菲律宾的大都市马尼拉下设的一座城市。马卡迪位于热带季风气候区，从 5 月至 11 月均有降雨，根据柯本气候分类法发被归类为赤道季风气候带（见图 2.16.1）。该气候带属于典型的热带气候区，平均气温 27.5℃，湿度高，以北风为盛行风向，在季风季节风速可达到 4.6 米 / 秒。由于马卡迪城市排水系统的缺陷，在雨季到来的时候，城市也面临着大范围的暴雨和洪水的侵袭。除此之外，由于日益严重的空气污染，马卡迪城正遭遇着环境恶化问题，因为马卡迪城繁荣的经济发展、工业活动和交通情况都是造成污染情况恶化和城市热岛效应的主要原因。

背景

马尼拉近年来经济的增长速度可谓异常显著，使其成为备受外商投资青睐的城市。人口和经济的增长以及来源于海外投资或归国的菲律宾人的投资，催生了城市日益增长的超高密度环境。近些年的繁荣见证了马尼拉两个商业中心的崛起——马卡迪和波尼法西奥环球城。位于马卡迪的"世纪之城"，是一座占地 4 公顷，高密度开发，多功能利用的建筑群，占据了菲律宾金融中心。建筑群包括许多地标性大楼，其中之一就是格林美西美居。

于 2013 年竣工的 73 层的格林美西美居是菲律宾最高的高层住宅（见图 2.16.2）。由单层住宅公寓和两层复式住宅组成，以其休闲娱乐设施著名，包括中层的蓝天阁：格林美西空中花园。

气候数据：[1]

建筑所在地
▸ 马卡迪，菲律宾

地理位置
　北纬14° 40'
　东经121° 3'

地势
▸ 海拔15.4米

气候分类
▸ 赤道地区，季风气候

年平均气温
▸ 27.5℃

最热月份（4月、5月及6月）中白天平均气温
▸ 29℃

最冷月份（11月、12月及1月）中白天平均气温
▸ 26.2℃

年平均相对湿度
▸ 75%（最热月份）；75%（最冷月份）

月平均降水量
▸ 155毫米

盛行风向
▸ 北

平均风速
▸ 3.7米/秒

太阳辐射
▸ 最大：880瓦特时/平方米（2月21日）
　最小：798瓦特时/平方米（6月21日）

年均每日日照时间
▸ 5.8小时

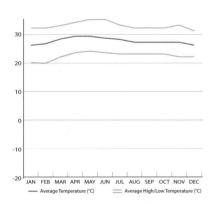

平均气温概况（℃）

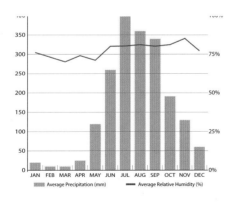

平均相对湿度（%）及
平均降雨量

▲图2.16.1：菲律宾马卡迪气候概况。[1]
◀ 图2.16.2：建筑全景。© 波默罗伊工作室

[1]书中列出的气候数据来源于世界气象组织（WMO）、英国广播公司（BBC）以及国家海洋与大气管理署（NOAA）。

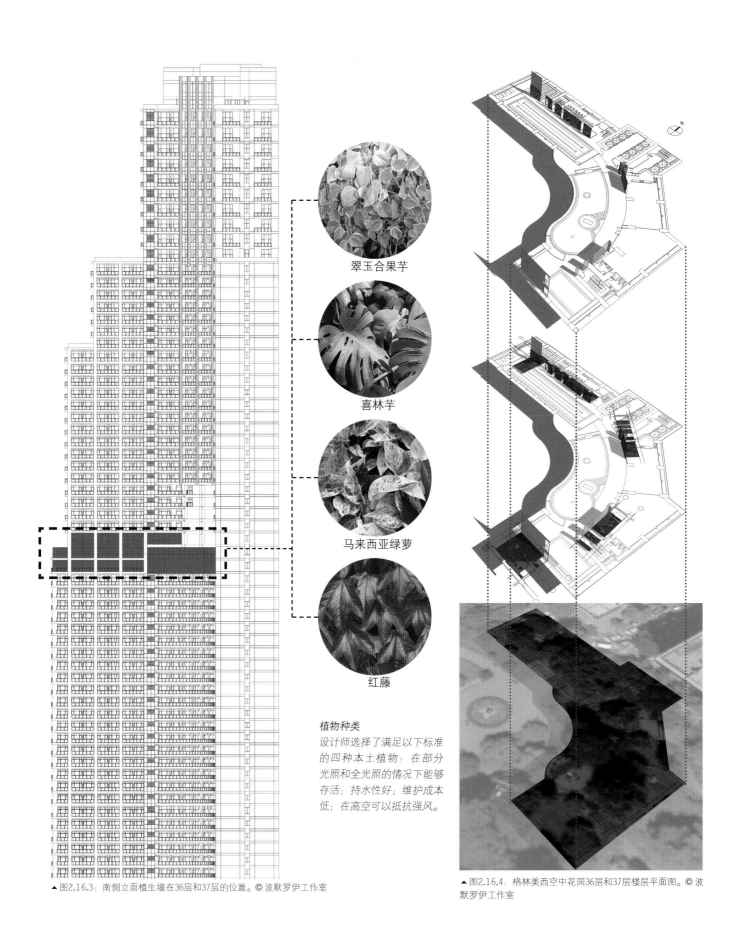

翠玉合果芋

喜林芋

马来西亚绿萝

红藤

植物种类
设计师选择了满足以下标准
的四种本土植物：在部分
光照和全光照的情况下能够
存活；持水性好；维护成本
低；在高空可以抵抗强风。

▲ 图2.16.3：南侧立面植生墙在36层和37层的位置。© 波默罗伊工作室

▲ 图2.16.4：格林美西空中花园36层和37层楼层平面图。© 波
默罗伊工作室

▲ 图2.16.5：空中花园外侧遮檐下的植生墙。© 波默罗伊工作室

格林美西美居是被动设计方法的收益者，例如缩小楼板、采用高楼层间距和落地玻璃，最优化利用日光和空气对流等。建筑本身实现了最小程度吸收东西方向的日照热量。深挑檐结构和露台的设计起到进一步遮挡雨水和阳光的作用。

针对热带高层所需的适宜环境条件，外加马卡迪地区缺少开放式社交空间的现状，设计师引入了休闲社交空间理念，可以满足居住者和来访者的需求，即在36层和37层分别修建一座空中花园——这也是菲律宾最高的空中花园（见图2.16.3和2.16.4）。花园里的休闲娱乐设施包括健身中心、游泳池、酒吧、图书馆、托儿所、电影院、和温泉浴场／健康区域，用以提高舒适性和缓解即时微气候。

植生墙概况

建筑师寻求创造出一种曼哈顿格林美西公园原汁原味的感觉及社交空间，同时也可以改善局部环境。曼哈顿格林美西公园的特色是其在城市里的葱郁的绿色植物、自然树木和宜人的小径。雕塑般的环形喷泉与广阔的天空和古树形成了鲜明的对比。

设计师的主要目的是在垂直方向上，重现格林美西公园原本的社交性及空间性体验。通过复制格林美西公园原本的空间，设计团队确定了小径、座位区、树木及理想的喷泉位置，在水平方向上，叠加个性社交元素及空间立体元素。通过对绿色植物的客观研究，使用"绿地容积率"方法（波默罗伊，2013），确定植物叶子的密集和稀疏区域，然后基

多种当地植物构成的植生墙，配合悬挂式滴灌系统，覆盖在建筑外墙上，形成了一道绿色的壁饰，产生"悬挂在空中的园林"景观。

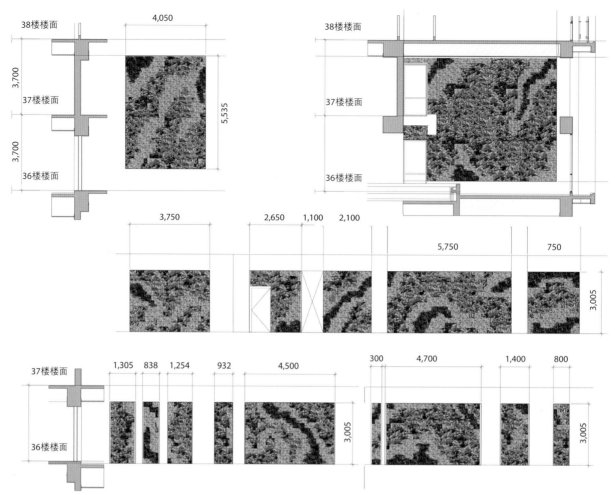

▲ 图2.16.6：植生墙侧面及模块面板细节图。© 波默罗伊工作室

于叶片指数来评估其视觉质量和密度。实际上，原格林美西公园自身水平区域的绿化得到了有效的延伸和翻转，创造了格林美西空中花园的植生墙"壁饰"（见图2.16.6）。

多种当地植物构成的植生墙，配合悬挂式滴灌系统，覆盖在建筑外墙上，形成了一道绿色的壁饰，产生"悬挂在空中的园林"景观。植生墙一直延伸至主流通道墙背面，临近小型游泳池、主游泳池和儿童游泳池，沿着建筑西侧边缘呈弧形一直延伸到南侧边缘。静心区域安置了一面两侧均有绿植覆盖的植生墙。

除此之外，在弧形区域的中心，屋顶平面一直延伸升至四层楼高的中庭，藤蔓沿着墙壁蔓延在一张丝网结构上，与其他位置采用的综合生命墙有所区分，使内部面向中厅的窗户之间的空间得以集中（见图2.16.9）。第二处垂直植生墙位于38层至41层的中庭内侧，靠西南向的墙面上。这道植生墙是菲律宾最高的植生墙。水平衡梁上覆盖着玻璃镜片，进一步加强了反射并突出了绿色植物。

空中花园的中庭帮助降低对建筑物的感知密度，而且居中的设计，更加方便前去休闲区域的住户。空间通过叶子植物的绿化，可以吸收大量空气，带来盛行风交叉通风——能够为周围环境降温，可使环境温度降低约3度。而且，绿色植物还可以缓解娱乐休闲活动产生的噪音，如电影院等，同时，通过叶片吸收

粉尘，还可以减少大气中的有害污染。该设计通过降低压力、促进效率和人际交往，为大厦住户带来了社会和生理性福利（波默罗伊，2013）。

36层和37层的植生墙系统由模块组成，包含单个植物种植盆、支撑结构、支撑架以及灌溉和排水系统。系统由150毫米厚的基质组成，原始重量约25千克/米，植被成熟期增至65千克/米。种植盆固定在支撑结构的背面，形成了模块免板，模块面板固在带有支架的结构上。每平方米墙面有26至30个种植盆，种植盆材料为丙烯腈－丁二烯－苯乙烯共聚物的塑料制品，防腐、质轻，可灵活用于各种设计用途（见图2.16.7）。

支撑结构在正式安装前就已组装好。设计师选取了能够适应空中花园高度固有风速的本地植物，且对灌溉要求不高。植生墙和壁饰嵌入建筑立面后，日光照射同样是一个重要问题。因此，还需要分析日光照射，以确保植物可以存活，并且仔细研究采用全日光和局部日光植被搭配种植，同时可以增加生物多样性。选中的植被要预先种植在苗圃，然后装盆到现场立即进行安装。在潮湿的热带环境下，植物在生长8周后，盆栽才会有葱郁的效果。当植生墙组装好之后，盆栽之间便没有任何可见缝隙。

植物种类

由于空中花园墙面具有内嵌性，所以要求植物不仅要抗风、低维护和省水，还要能在局部光的条件下存活／生长——尤其是在那些不同时间段光照不同的区域。为了创造出空中花园层级的效果，要选择格林美西公园里在密度和布局效果上有代表性的植物。设计师选中了四种本地植物，其中喜林芋是主要植被，还有红藤、豆瓣绿属"翠玉合果芋"和马来西亚绿萝来丰富颜色。

培养植被的基质包括椰纤土、稻壳灰，珍珠岩和拉卡，全部在菲律宾很容易获得。共计8,000盆栽组成了格林美西空中花园的垂直植生墙。

灌溉系统

滴灌系统采用定时器进行控制，该系统靠重力工作，保证了植生墙在仅消耗最小水量的情况下也能保持葱郁。灌溉管道沿种植盆上方水平布置，管孔可以随时灌溉个别盆栽，如果有需要，也可以将单个种植盆拿走养护。垂直植生墙的灌溉系统完全隐蔽。U型不锈钢集液盘安装于每块面板的底部，有排水管连接指定的排水出口。

该方案实现了养分和水的精细组合，可以直接输送到植物根部区域，给植物提供有效的"茶匙供给"。全部植生墙系统分为14个区域，每个灌溉周期安排如下：

▸ 区域1至区域4：　　　　4分钟
▸ 区域5至区域8：　　　　2分钟
▸ 区域9：　　　　　　　　3分钟
▸ 区域10至区域12：　　　2分钟
▸ 区域13至区域14：　　　3分钟

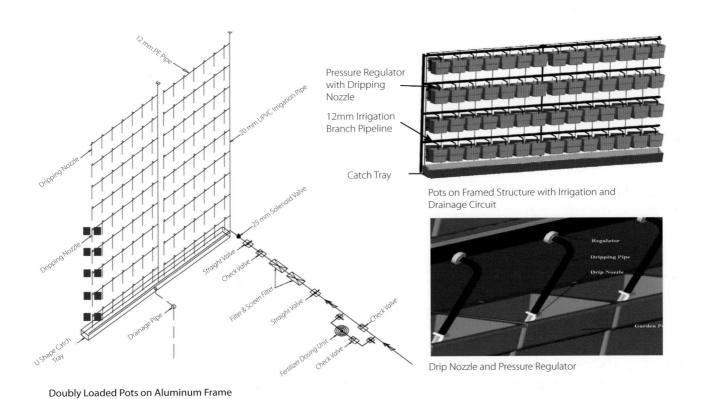

Doubly Loaded Pots on Aluminum Frame

Pressure Regulator with Dripping Nozzle

12mm Irrigation Branch Pipeline

Catch Tray

Pots on Framed Structure with Irrigation and Drainage Circuit

Drip Nozzle and Pressure Regulator

▲ 图2.16.7：植生墙灌溉及施肥系统。© 波默罗伊工作室

灌溉两天进行一次，估计年用水量大约81,466公升。

维护

该建筑大部分植生墙都不超过两层楼的高度，在36层和37层夹层进行维护很容易，节省了爬梯和安全设施。只有两个区域需要起重架：中间有维护平台的静心区的一个双面植生墙以及中央区域的垂直丝网悬挂植生墙。系统的模块性质，使维护非常简单——可以在需要的时候移走单个盆栽，并从苗圃更换新的盆栽，以保持植物轮作能力。

分析与结论

尽管从技术上讲，这并不是一个非常引人注目的垂直植生墙，但是因其植生墙在高度方面的特点及其内部功能区的相互作用，使格林美西空中花园收录在本书中。

相对于建筑的本身的总尺寸，格林美西空中花园的垂直植被面积确实很小，错失了向世人介绍一个"绿色"摩天大楼的机会。但事实可能是，空中花园和整个大楼是带有不同理念的两个不同的建筑师的独立作品。即使如此，本建筑实际绿化率比计划的少很多。曼谷和新加坡的同等建筑能达到更高的绿化率，作为世界上最潮湿气候条件下最高的住宅楼，格林美西空中花园绿化率少于百分之一，这点有些令人失望。

但该植生墙也有积极的一面，模块"盆"栽系统可以减轻维护工作量，并加快维护工作速度，灌溉系统的工作减少了所需的维护工作，可以确保设施的长期工作能力。在某种程度上令人惊讶的是，植于墙面各单个盆内的植物能保持墙面的表面葱郁性。

这种系统类型的缺点在于排水，必须保证避免滞水，因为这种热带环境非常吸引蚊子。前期的植物选择证明是错误的。最开始种植的红藤，在9个月后全部移走，因为这种植物因其宽大的叶面，与面板结构不太匹配。

然而，高层的植生墙是建筑本身最受公众欢迎、拍照最频繁的地方之一，对于只有在地面才能享受绿色植物的人们来说，高层植生墙是在是非常好的替代品。在高层建筑的中央空间里，垂直绿化绿植，不仅仅产生了视觉效果，更体现了在高污染、高湿、高热的城市里所需的全方位的社会性和环境方面功用。

绿化覆盖率计算

格林美西美居平面呈 L 型，这样会使建筑从东至西的容积更大。为了便于计算，将立面分成四个矩形，然后减掉缩进的面积。

南北立面构成一个 268 米高 61 米宽的矩形，减去四处缩进的面积，得出每侧的面积为 13,105 平方米（见表格 2.16.1）。

类似得出东西立面 268 米高，44 米宽，再减去一处缩进面积，得出每面的面积为 11,402 平方米。

空中花园 36 层和 37 层的墙面由许多绿植覆盖。主要区域是在门口的 3 米高的

▲ 图2.16.9：四层高中庭内的立面支撑植生墙。
© 波默罗伊工作室

▲ 图2.16.8：位于36层和37层的空中花园效果图以及中央中庭处一直延伸至41层的攀援藤蔓。
© 波默罗伊工作室

建筑立面	总墙体面积 (平方米)	植生墙覆盖面积 (平方米)	绿化覆盖面积 百分比
格林美西 空中花园			
北侧	13,105	0	0%
东侧	11.402	0	0%
南侧	13,105	138	1%
西侧	11,402	51	0.45%
共计	**49,014**	**189**	**0.4%**

▲ 图2.16.1：绿化覆盖率计算。

结构柱和过道距离，共 31 米长，面积为 93 平方米。两面延伸至一倍高度的植生墙，其中之一 5 米高，4 米宽，另一 5 米高，6 米宽，其中 5 平方米的面积被另一道结构柱中断。因此得出 36 层和 37 层南侧的植生墙面积为（93+（5x4）+（（5x6−5））=138 平方米。

除此之外，一道面向西−西南方向的中庭墙，位于 38 层和 41 层（含）之间，由 8 个 4 米高、8 米宽的模块组成。该墙面约 80% 的面积为玻璃窗，在窗户之间攀爬着藤蔓。由此得出西侧立面总绿化面积为（8x（8x4））x0.2=51 平方米。

因此，格林美西美居的总垂直绿化面积为 138+51=189 平方米，约占建筑总垂直表面积 49,014 平方米的 0.4%。

项目团队

开发商：世纪地产开发公司
建筑师：捷德建筑事务所＋波默罗伊工作室
植生墙设计师：波默罗伊工作室
植生墙生产商：Consis 工程公司
植物供应商：Consis 工程公司
景观建筑师：波默罗伊工作室

参考文献及扩展阅读

书籍：

▸ J.波默罗伊（2013）《空中庭院与空中花园：绿化城市生境》。劳特利奇・泰勒・弗朗西斯：伦敦。

网站文章：

▸ 《摩天大厦中心，世界高层建筑与都市人居学会（CTBUH）全球高层建筑数据库：格林美西空中花园》2013，文章来源：< http://www.skyscrapercenter.com/makati/gramercy-residences/497/> （2014年5月）。

建筑数据:

建成时间
- ▶ 2013年

高度
- ▶ D座: 80米
     E座: 112米

楼层
- ▶ D座: 17层
     E座: 27层

总建筑面积
- ▶ 18,717平方米

建筑功能
- ▶ 住宅

建筑材料
- ▶ 混凝土

植生墙概况:

植生墙类型
- ▶ 在悬桁式阳台上安装的树木花槽

绿化位置
- ▶ 所有朝向的立面,每层

绿化表面积
- ▶ 10,142平方米(近似值)

设计策略
- ▶ 大都市重造树林项目,自然式垂直密植的典型项目。在垂直方向上复制了相当于一公顷的森林面积,以减少噪音和污染,并利用树荫降温,同时增强美观性;
- ▶ 建筑所有立面的每一层都有悬桁式阳台,在上面的花槽中种植乔木和灌木,并起到围护的作用;
- ▶ 通过住户单元可进入阳台,并对阳台上的植物进行维护。

案例研究 2.17

米兰空中森林 米兰，意大利

当地气候

米兰属于亚热带气候，终年潮湿，夏季闷热，冬季阴冷。四季分明，气温变化非常大，温度范围从 -1℃至31℃。12月至次年2月多降雪，春季多雨，夏季温度在20℃ -30℃之间，冬季温度在 -1℃ -10℃之间。降雨通常为小雨和中雨，偶尔有暴风雨。（见图2.17.1）

近几年来，米兰城市内的工业部门有所减少，这使得城市热岛效应减轻，同时长久笼罩在米兰天际的雾霾也渐渐褪去。

背景

空中森林项目邻近意大利米兰的加里火车站，位于老城中心的东北方。这栋建筑是意大利海因斯地产集团的大型再开发项目新门火车站的一部分（见图2.17.2）。

建筑的两栋塔楼分别高80米和112米，上面栽种了近13,000株植物，种类包括大型、中型、小型乔木，地被植物和灌木，植物总量相当于一公顷茂密森林的植物量。

建筑师将"垂直森林"的概念解读为"21世纪城市的实验性项目；它摒弃了20世纪造成城市缺乏质量和个性特征的无秩序扩张方法，认为城市仍然是最适宜生存的地方"。建筑的设计意图在于增加生物多样性，帮助建立城市生态系统，在这里，不同种类的植物创造了一个垂

气候数据：[1]

建筑所在地
▸ 米兰，意大利

地理位置
北纬45° 37'
东经8° 143'

地势
▸ 海拔211米

气候分类
▸ 气候温暖，夏季潮湿炎热

年平均气温
▸ 11.8℃

最热月份（6月、7月及8月）中白天平均气温
▸ 21.7℃

最冷月份（12月、1月及2月）中白天平均气温
▸ 1.6℃

年平均相对湿度
▸ 71%（最热月份）；76%（最冷月份）

月平均降水量
▸ 85毫米

盛行风向
▸ 北

平均风速
▸ 0.9米/秒

太阳辐射
▸ 最大：784瓦特时/平方米（7月21日）
最小：660瓦特时/平方米（10月21日）

年均每日日照时间
▸ 5.1小时

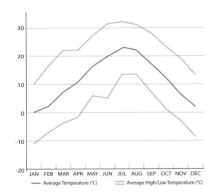

平均气温概况（℃）

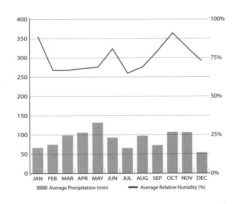

平均相对湿度（%）及
平均降雨量

▲ 图2.17.1：意大利米兰气候概况。[1]
◀ 图2.17.2：从E座阳台上拍摄的D座全景。© 埃琳娜·恰克梅罗

---

[1]书中列出的气候数据来源于世界气象组织（WMO）、英国广播公司（BBC）以及国家海洋与大气管理署（NOAA）。

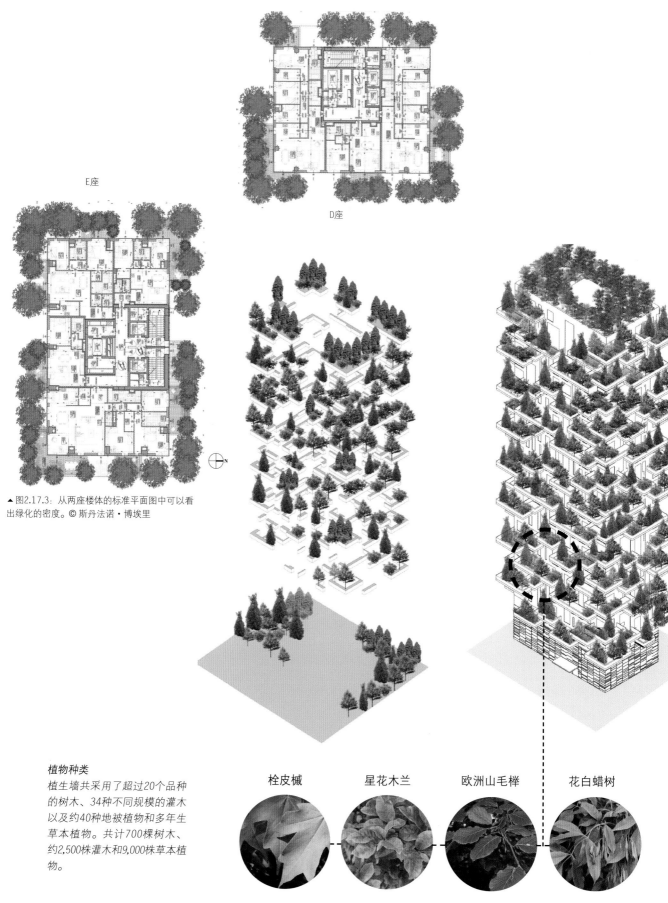

E座

D座

▲ 图2.17.3：从两座楼体的标准平面图中可以看出绿化的密度。© 斯丹法诺·博埃里

植物种类
植生墙共采用了超过20个品种的树木、34种不同规模的灌木以及约40种地被植物和多年生草本植物。共计700棵树木、约2,500株灌木和9,000株草本植物。

栓皮槭　　星花木兰　　欧洲山毛榉　　花白蜡树

▲ 图2.17.4：植物布局示意图及主要植物种类。© 斯丹法诺·博埃里

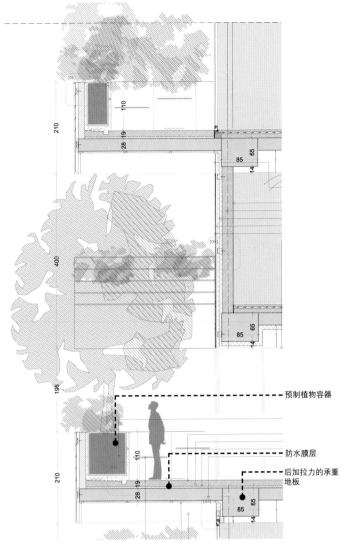

▲ 图2.17.5：细节剖面图显示了植物容器的位置。© 斯丹法诺·博埃里

预制植物容器

防水膜层

后加拉力的承重地板

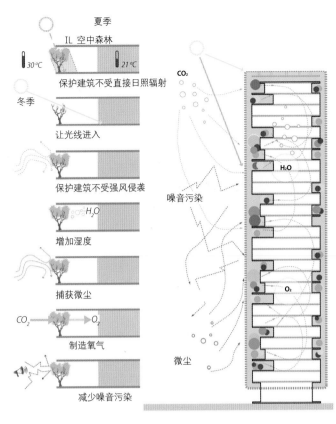

夏季

IL 空中森林

30℃   21℃

保护建筑不受直接日照辐射

冬季

让光线进入

保护建筑不受强风侵袭

H_2O

增加湿度

捕获微尘

$CO_2 \rightarrow O_2$

制造氧气

减少噪音污染

CO_2

H_2O

噪音污染

O_2

微尘

▲ 图2.17.6：概念图强调了"垂直森林"带来的环境益处。© 斯丹法诺·博埃里

直的环境，为鸟类和昆虫提供栖息地，使这里成为动植物生命自发聚集繁衍的有吸引力的城市标志。

该建筑综合体是城市地标，建筑上不同花期的植物，为其提供形态和颜色在四季都会产生变化的景观。

植生墙概况

空中森林的垂直植被分布于两座住宅楼四侧立面全部高度，由灌木和乔木组成。丰富的植物种类，显著提升了开发项目的生物多样性。

植物安装在悬桁式平台外边缘深度较大的容器中，起到围护作用。作为建筑最外层立面，植物密度非常大（见图2.17.3至2.17.5）。这条浓密的"绿裙子"成为室内室外环境之间的过滤器。

植被能够为全部四个立面提供遮阳，同时保证了阳台上居民特有的舒适体验；这些阳台成为了可以俯瞰伊索拉居民区和整个米兰城的私人花园。

空中森林中的植物有过滤微尘的作用，从而创造了微气候（见图2.17.6）。同时，多样的植物可以保持湿度，吸收二氧化碳，制造氧气，为人和建筑阻挡太阳射线，降低城市噪声污染的影响。

悬桁式阳台距离建筑外墙约3米，阳台外边缘的植物容器宽900毫米至1.5米，高1.1米（见图2.17.7）。这些花槽由混凝土浇筑，铺设沥青防水层。

维持植物根部生长的基底由两片合成无纺滤片和一个立体纤维核组成，基质与防水沥青之间有一层分离排水层。在种植容器底部有一个钢焊网，它包裹着树

▲ 图2.17.7：悬桁式阳台。© 艾莉诺拉·卢凯塞

▲ 图2.17.8：透过私家阳台的植物向外远眺。© 埃琳娜·恰克梅罗

木根部的土块。大型和中型的乔木（预先在土块中生长至最大尺寸）通过一个条带固定，条带穿越钢焊网底部并捆绑住根块。

基质包含有机和无机成分，排水良好，肥料充足。花槽的后立面由涂着隔热纤维膜的空心砖砌筑。外层镶嵌瓷砖，由金属柱支撑并保证通风。

建筑为混凝土结构，内部楼板和平台为后加拉力的混凝土板。树木和种植箱使结构的负重大大增加，因此选用相对较轻的基质，这种基质同样可以满足植物对营养成分的需求。

由于进行了专业的研究和测试，植物没有明显加大建筑的风力荷载。压力通过草皮和根系传导到建筑结构中。

植物种类

乔木和大型灌木的种类超过 20 种，其他不同株型的灌木有 34 种，地被植物和多年生草本植物的种类约 40 种。植物总计包括 700 株乔木，约 2,500 株灌木，9,000 株草本植物。选用的植物色彩丰富，与碳黑色立面和白色外墙形成鲜明对比。

乔木种类的选择要与其在立面的位置搭配，同时考虑它们的高度。选择过程由经验丰富的植物学家进行，历时两年完成。建筑主要利用植物的高度营造景观，因此采用经过前期生长，已经成年的植物。经过这段时间，植物渐渐适应建筑的环境条件。

灌溉系统

依据植物在不同层的位置、分布情况和对水的需求，设计了一个"智能"灌溉系统。

系统由不同用途的储水池（储水、灌溉、收集过量水）、植物灌溉主管线和一个可利用收集雨水的小型分发网组成。感应装置监测湿度并通过由电脑控制的中央监视器发出灌溉和停止灌溉的指令。

维护

维护工作在居住单元内进行。合约要求住户必须同意维护人员周期性的使用单元通道。对植被的管护计划被写进大楼的操作手册。植生墙还安装了防跌落的安全系统，通过两条钢丝绳将种植箱吊在上层天花板下（见图 2.17.10）。

分析与结论

空中森林最大价值也许在于它在城市天际创造了醒目的效果。无疑在建筑的外部"正在发生"着一些特别的变化，为城市绿化传递着积极的信息。但是，不能准确定量分析它的成功，因为等待植物枝繁叶茂并带来承诺的益处将花费数年时间。预计树木完全成熟时，空中森林将是本指南中植被最多的建筑之一。大量植物在相邻各单元间建立起的私密感，带来巨大的心理益处，使业主愿意为之花费更多。从材料方面考虑，相比外部遮阳系统，树木更节约能源和成本花费。

出于相同的原因，"垂直森林"是否能长期存活还是未知数。主要的阻碍是，不同于本书中介绍的其他立面系统，即使维护人员是为了照料植物，进入每个单元还是要得到居民的同意。每株树木完全生长成熟前还要防止它们生病死亡。

此外，不可避免的事实是，虽然通过细心挑选轻型种植栽培基质减轻了对建筑结构的拉力，在高处仍需用更多的混凝土（蕴含更多的能量）来支撑成熟树木的根部和土壤。空中森林对环境影响力的准确量化评估还需许多年后进行。

绿化覆盖率计算

空中森林由两座笔直的楼体组成，因其在整个新门火车站项目中的位置，为其命名 D 座和 E 座。

D 座高 80 米，长 32 米，宽 26 米，包括突出墙面 3 米的阳台形成的垂直空间。因此 D 座垂直表面积总计（2x（80x26）+（2x（80x32））=9,280 平方米（见表 2.17.1）。

项目所有绿化面积的计算都以植物充分生长后达到的设计高度为准，而不是植物安装时的高度。D 座北侧和南侧阳台上各有 20 丛高约 1 米，宽度不等灌木丛，总面积 194 平方米。由于灌木密度和覆盖范围的变化，将这一面积乘以 50% 的系数，最终得到每侧立面面积 97 平方米。

建筑为混凝土结构，内部楼板和平台为后加拉力的混凝土板。树木和种植箱使结构的负重大大增加，因此选用相对较轻的栽培基质，这种基质同样可以满足植物对营养成分的需求。

▲ 图2.17.9：两座楼体全景。©艾莉诺拉·卢凯塞

▲ 图2.17.10：钢丝绳防跌落维护系统。©埃琳娜·恰克梅罗

每侧立面各有覆盖面积约为 24 平方米的
乔木 27 株、覆盖面积约 12 平方米的乔
木 20 株。因此，D 座南北两侧墙体总绿
化面积为每侧 (97 + (27 x 24) + (20 x
12)) = 985 平方米。

D 座的东侧和西侧墙面上各有 28 丛灌木
丛，高约 1 米，宽度不等，总面积 232
平方米。乘以由十灌木密度和覆盖面积
变化造成的损失系数 50%，最终得到每
侧立面的绿化面积为 116 平方米。每侧
立面各有覆盖面积约 24 平方米的乔木
33 株、覆盖面积约 12 平方米的乔木 19
株。因此，D 座东西两侧墙体总绿化面积
为每侧（116+（33x24）+（19x12））
=1,136 平方米。

D 座总绿化覆盖面积（2x985）+（2x1,136）
=4,242 平方米，约占楼体垂直立面面积
的 46%。

E 座配置类似，但是楼体更高。包括由悬
桁式阳台产生的 3 米空间，高 112 米，
长 41 米，宽 26 米。E 座垂直总立面面
积为（2x（112x41）+（2x（112x26））
=15,008 平方米。

E 座北侧和南侧阳台各有 52 丛灌木，高
约 1 米，宽度不等，总面积 470 平方米。
考虑到这一区域的灌木密度和覆盖面积
的变化，将结果乘以 50% 的系数，总面
积为 235 平方米。每侧立面各有覆盖面
积约 24 平方米的乔木 34 株、覆盖面
积约 12 平方米的乔木 57 株。因此，
E 座南北两侧墙体总绿化面积为每侧各
（235+（34x24）+（57x12））=1,735
平方米。

◀ 图2.17.11：安装过程，包括包裹植物根部和通过
吊车提升植物。© 海因斯房地产开发公司

建筑立面	总墙体面积 (平方米)	植生墙覆盖面积 (平方米)	绿化覆盖面积 百分比
空中森林			
D座北侧	2,080	985	47%
D座东侧	2,560	1,136	44%
D座南侧	2,080	985	47%
D座西侧	2,560	1,136	44%
D座总计	9,280	4,242	46%
E座北侧	4,592	1,735	38%
E座东侧	2,912	1,215	42%
E座南侧	4,592	1,735	38%
E座西侧	2,912	1,215	42%
E座总计	15,008	5,900	39%
共计	24,288	10,142	42%

▲ 表2.17.1：绿化覆盖率计算。

▲ 图2.17.12：两座楼体施工期间的照片展示了最初树木的安装过程。© 埃琳娜·恰克梅罗

东侧和西侧阳台上各有 38 丛灌木，高约 1 米，宽度不等，总面积 269 平方米。乘以由于灌木密度和覆盖面积不同造成的 50% 损失系数，最终面积为 135 平方米。每侧立面各有覆盖面积约 24 平方米的乔木 26 株、覆盖面积约 12 平方米的乔木 38 株。因此，E 座东西两侧墙体总绿化面积约为每侧(135 +（26x24）+（38 x12））=1,215 平方米。

E 座总绿化覆盖面积（2x1,735）+（2x 1,215）=5,900 平方米，约占垂直立面面积的 39%。

空中森林综合体两座塔楼的总绿化覆盖面积（4,242+5,900）=10,142 平方米，约占全部垂直立面面积的 42%。

项目团队：

开发商：海因斯房地产开发公司

建筑师：斯丹法诺·博埃里

植生墙设计师：斯丹法诺·博埃里，劳拉·加蒂，埃马努埃拉·布力诺

景观设计师：埃马努埃拉·布力诺，劳拉·加蒂

参考文献及扩展阅读

书籍：

▸ J.波默罗伊（2013）《空中庭院与空中花园：绿化城市生境》。劳特利奇·泰勒·弗朗西斯：伦敦。

网站文章：

▸ 《摩天大厦中心，世界高层建筑与都市人居学会（CTBUH）全球高层建筑数据库：米兰空中森林》2013，文章来源：<http://www.skyscrapercenter.com/milan/bosco-verticale-torre-e/10248/>（2014年5月）。

建筑数据：

建成时间
▸ 2013年

高度
▸ 阿诗顿楼134米
史盖利楼62米

楼层
▸ 阿诗顿楼32层
史盖利楼10层

总建筑面积
▸ 37.043平方米（包括塔楼和裙楼）

建筑功能
▸ 住宅

建筑材料
▸ 混凝土

植生墙概况：

植生墙类型
▸ 立面支撑植生墙（金属网）

绿化位置
▸ 阿诗顿楼：东侧与西侧立面1～32
层；北侧与南侧立面1～8层；北
侧立面有树木花槽
▸ 史盖利楼：东侧与西侧立面1～10
层；南侧立面有树木花槽

绿化表面积
▸ 阿诗顿楼：4,549平方米（占整个
立面面积的26%）
▸ 史盖利楼：1,301平方米（占整个
立面面积的17%）
▸ 项目总绿化面积：5,850平方米
（23%）

设计策略
▸ 打造一张类似"树皮"结构的植生
墙，将建筑包裹起来；
▸ 攀援植物攀爬在框架结构上，框架结
构距离建筑外墙625毫米；
▸ 在两栋楼体东西两侧立面每层楼都
安装了植物花槽，内装栽培基质；
▸ 在阿诗顿楼北侧立面中心线和史盖
利楼南侧立面中心线的阳台上种植
树木；
▸ 为8层高的停车场裙楼安装植生墙；
▸ 利用植被将空调单元系统掩盖住。

IDEO Morph 38公寓 曼谷，泰国

当地气候

曼谷位于赤道气候带，冬季气候干旱，是世界上最热的城市之一（见图2.18.1）。曼谷的四季有时多雨，有时炎热，有时也很凉爽，在最热的月份里，平均气温会高达30℃以上。曼谷终年湿度较高，但每年11月至次年5月通常被认为是"旱季"。曼谷的雨季在6月至10月之间，伴随短期暴雨，10月至次年2月为较凉爽的季节，但气温仍维持在25℃至28℃之间。曼谷年均降雨量为1,450毫米，其中300毫米降雨集中在九月。曼谷的气温变化相当小，但降雨量的差异却非常之大。

背景

IDEO Morph 38公寓坐落于一个低层绿色住宅区，远离建筑密度高且拥挤的素坤逸路。为获得最大用地容积率，建筑被分为两座塔楼，分别针对不同需求的目标人群设计（见图2.18.2）。

两座塔楼中较矮的一座，史盖利楼，全部为双层公寓套房，面向人群为单身及年轻夫妇。最小的公寓建筑面积23.3平方米。可以从立面上阳台位置的变化看出套间的位置。较高的楼体，阿诗顿楼，针对家庭住户设计，强调水平的悬桁式空间。户型有带书房的单人间、第八层带泳池和花园的双层公寓、顶层能容纳四张床的双层阁楼。阿诗顿楼北侧每单元都有一个2.4米的悬桁式客厅从楼体探出。客厅三面用玻璃围合，提供了一览无余的最大化视野。面向南侧的每个单元，都有一个半户外阳台，作为弹性空间。传统阳台和室内延伸空间通过双层的滑动窗过渡。

气候数据：[1]

建筑所在地
> 曼谷，泰国

地理位置
> 北纬13°55'
> 西经100°35'

地势
> 海拔12米

气候分类
> 赤道气候，冬季干燥

年平均气温
> 28.5℃

最热月份（4月、5月及6月）中白天平均气温
> 33℃

最冷月份（11月、12月及1月）中白天平均气温
> 31℃

年平均相对湿度
> 72%（最热月份）；65%（最冷月份）

月平均降水量
> 116毫米

盛行风向
> 南

平均风速
> 2.9米/秒

太阳辐射
> 最大：748瓦特时/平方米（12月21日）
> 最小：589瓦特时/平方米（3月21日）

年均每日日照时间
> 7.2小时

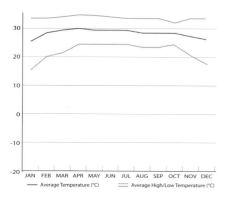

平均气温概况（℃）

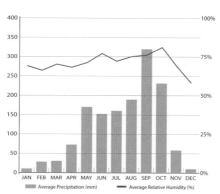

平均相对湿度（%）及平均降雨量

▲ 图2.18.1：泰国曼谷气候概况。[1]

◀ 图2.18.2：建筑西南侧外观。© Somdoon建筑事务所

[1] 书中列出的气候数据来源于世界气象组织（WMO）、英国广播公司（BBC）以及国家海洋与大气管理署（NOAA）。

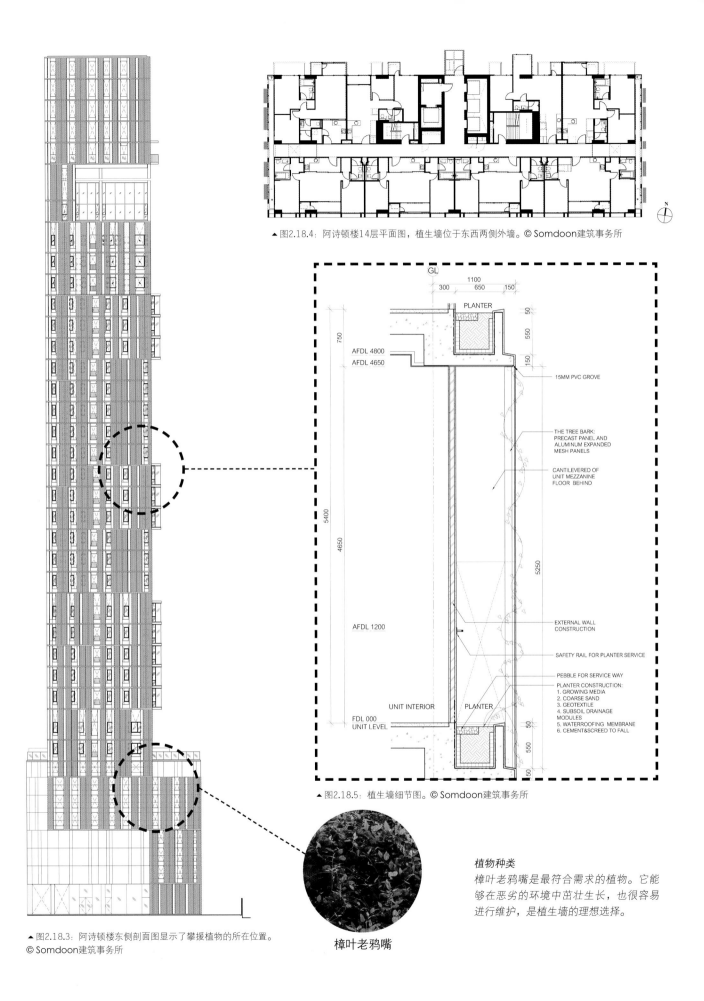

▲ 图2.18.4：阿诗顿楼14层平面图，植生墙位于东西两侧外墙。© Somdoon建筑事务所

GL

1100

300 650 150

PLANTER

750

AFDL 4800
AFDL 4650

550

150

50

15MM PVC GROVE

THE TREE BARK:
PRECAST PANEL AND
ALUMINUM EXPANDED
MESH PANELS

CANTILEVERED OF
UNIT MEZZANINE
FLOOR BEHIND

5400

4650

5250

AFDL 1200

EXTERNAL WALL
CONSTRUCTION

SAFETY RAIL FOR PLANTER SERVICE

PEBBLE FOR SERVICE WAY

PLANTER CONSTRUCTION:
1. GROWING MEDIA
2. COARSE SAND
3. GEOTEXTILE
4. SUBSOIL DRAINAGE
    MODULES
5. WATERROOFING MEMBRANE
6. CEMENT&SCREED TO FALL

UNIT INTERIOR

PLANTER

FDL 000
UNIT LEVEL

550

50

50

▲ 图2.18.5：植生墙细节图。© Somdoon建筑事务所

▲ 图2.18.3：阿诗顿楼东侧剖面图显示了攀援植物的所在位置。
© Somdoon建筑事务所

植物种类

樟叶老鸦嘴是最符合需求的植物。它能够在恶劣的环境中茁壮生长，也很容易进行维护，是植生墙的理想选择。

樟叶老鸦嘴

两座楼体间通过一个折叠的"树皮褶"外壳彼此连通，"树皮褶"包裹着后方32层高的楼体（阿诗顿楼）和前方10层高的楼体（史盖利楼）（见图2.18.6和图2.18.7）。树皮褶的外层"皮肤"由预制混凝土板、展开的丝网及植物花槽组成。这层"皮肤"既能遮阳的又能掩住空调设备，同时，西侧和东侧的"树皮褶"被打造成植生墙，顺应热带阳光的运动轨迹。较低塔楼上62米高的植生墙与较高塔楼上134米高的植生墙，分别为住户和邻近建筑提供了舒适的视觉体验和自然的环境。建筑为东西朝向，以减少对太阳热量的吸收。

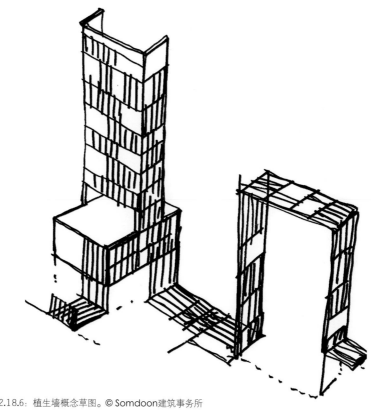

▲ 图2.18.6：植生墙概念草图。© Somdoon建筑事务所

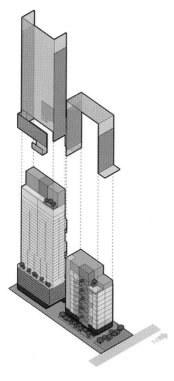
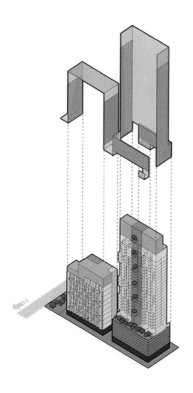

树皮褶的外层"皮肤"由预制混凝土板、展开的丝网及植物花槽组成。这层"皮肤"既能遮阳的又能掩住空调设备。

▲ 图2.18.7：从建筑结构图中可以看到植被的位置分布。© Somdoon建筑事务所

▲ 图2.18.8：两栋楼体之间的植生墙外观。© W工作空间

垂直植生墙与建筑外墙有 625 毫米的距离，使"树皮"间能够以自然通风来降低温度。

植生墙概况

垂直植生墙系统被视为"树皮褶"外壳，覆盖着两座塔楼的东西立面和阿诗顿楼裙楼的南北立面（见图 2.18.8）。依照传统的建筑立面设计方法，这些区域通常是留有最小开口的坚固混凝土墙面，因此会吸收热量，并将热量传导到居住单元中。在 IDEO Morph 38 公寓这个案例中，垂直植生墙与建筑外墙有 625 毫米的距离，使"树皮"间能够以自然通风来降低温度。此外，这个空间也为维护留出了重要的通道。

由于藤蔓容易维护，性价比高，因此植生墙选用藤蔓作为绿化植物。藤蔓植物能抵御强风，对抗曼谷多变的天气。攀爬于框架结构的藤蔓不会阻挡空气流通，保证了自然通风。垂直植生墙由展开的

铝制扩展丝网和每层楼楼面上安装的植物花槽构成，花槽内装有栽培基质。每层楼高 3 ~ 6 米不等，为植物生长成连续的绿色外观提供了足够空间。

建筑南北立面上植被虽然不连续，但依旧占有很大比例。这里采用的植物从藤蔓变成了树木，树木栽植在 950 毫米深的阳台花槽中。阿诗顿楼北侧立面每隔四层、史盖利楼南侧立面每隔一层，安置了一个花槽。在这里，实际上每个花槽中的大树提供了将近 9 平方米的绿化覆盖（见图 2.18.9）。身处阳台有一种特别的体验——虽处建筑之外，却能受到树荫的庇护。另外，在阿诗顿楼裙楼屋顶种植的树木，沿南北立面约有 16 平方米的绿色覆盖面积（见图 2.18.10），同时为车库屋顶和邻墙降温。

植物种类

植生墙的安装面临着挑战，必须保证植物在曼谷多强风的高空可以攀爬并得以存活。植物所适应的自然环境与此处的城市环境完全不同。为了弥补这个缺陷，设计师通过实验性实物模型找出和环境最匹配的植物和条件，以保证垂直植被的持续生长。在植物的选择上主要有以下几个标准。攀缘植物必须能够生长在大风和高温等环境条件严酷的高楼上。因此，所选植物类型必须对恶劣天气有高耐受性，最好是硬木。株型必须是小型或中型，以便穿过花格墙金属网上30毫米的开口。最后，所选植物对维护的需求要低。

樟叶老鸦嘴是一种耐强风，并且在阳光直射或是半遮阴条件下都可以生长的植物，它强壮且攀爬迅速，因此被作为植生墙的首选植物种类。

植物特征

樟叶老鸦嘴，原产自印度、缅甸和马来西亚，是一种蔓延力极强的无毛木质藤本植物，块状根。短期内即可沿缠绕的茎攀爬至12米或以上。樟叶老鸦嘴四季常绿，花朵呈紫色，心形叶，含角质，地上组织有蜡质层，可以阻碍叶片水分的蒸发。樟叶老鸦嘴生长于排水良好的土壤，阳面阴面皆可生存。

灌溉系统

植生墙由一个每天早晚各运行15分钟的自动供水系统进行灌溉。

灌溉系统包括：

▸ 洒水喷头、迷你喷头、ANTELCO 施拉
▸ 布勒 360° 压力补偿灌水器
▸ 水径向分布：400 毫米
▸ 水流量：0.049 立方米 / 小时
▸ 水压：200 千帕
▸ 洒水喷头间距：1 米
▸ 每日耗水：5 升 / 分液器

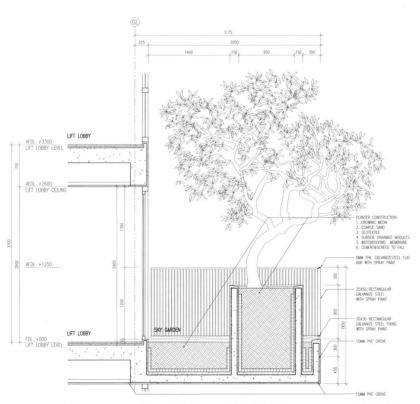

▲ 图2.18.9：细节剖面图显示了悬桁式阳台的位置，阳台种植了树木。© Somdoon建筑事务所

▲ 图2.18.10：阿诗顿楼裙楼上的景观和悬桁式阳台。
© W工作空间

▲ 图2.18.11：史盖利楼南侧立面阳台上的树木。© W工作空间　　　▲ 图2.18.12：阿诗顿楼停车场裙楼南侧立面的植生墙。© W工作空间

运行与维护

处理新安装植物

安装团队准备至少 450 毫米深的混合土壤，并确保混合土壤包括表层土、堆肥、腐殖土、肥料、椰壳纤维和沙土以及至关重要的蛭石，蛭石可以帮助保存水分中的营养，避免过度施肥。

安装后一个月，团队将缓释肥料，装入一个轻型条带中，覆盖在整个神经根带上，神经根带可以生长至植物枝干宽度的二至三倍。通常，新安装的植物由于受到压力只能吸收少量肥料。每三个月，管理团队会配制氮磷钾（NPK）比例为 30:20:10 的肥料，以加速叶片和嫩枝的生长。

肥料在应用于作物前，需要以每 20 升水含 20 ～ 30 克的比例稀释。通常，在植物栽植后的第二周至 3 个月内，肥料溶液通过灌溉系统持续施肥。之后氮磷钾比例改为 15:15:15，稀释成每 20 升水含 50 克肥料。在旱季，液体肥料以每 20 升水含 50 克肥料的比例喷洒于植物上。

供水

最初的维护通常需要大量的水和照料以促进植物的早期生长。栽培基质每六个月需要补充满以维持植物必要的营养。土壤要保持潮湿但不能饱和。

IDEO Morph 38 公寓立面系统最底层的花槽，可以从与之垂直的廊道末端的门进入。

采用自动供水系统。这一系统的优势包括能控制水流量、定时供水。但是为了保持系统持续运转，必须经常检测水的 pH 值。

在旱季，通过喷雾器灌溉植物在晨间进行，因为这是一天中气候变化影响最低的时刻，而且晨间进行喷雾灌溉对行人的妨碍也最小。晨间喷雾同时还能去除叶片表面的灰尘，促进光合作用。

由于旱季湿度低、气温高，灌溉频率需要增加。随着植物叶片的增大，旱季的水蒸发和热损失也会加剧。特别是高层的多风区域，土壤水分蒸发率高，因此高空植物比地面植物需要更多的水。

修剪与整形

为保证适当的覆盖率，以使植生墙在美学和功能上达到人们的期望，团队必须为攀缘植物做大量整枝与修剪。包括定期将新生长的枝条固定到指定的空间，把嫩枝插入缝隙，修剪过长的抽芽。

通常维护人员会在植物开花后立即对植物进行修剪。削去固定框架外的三到四枝嫩芽以使枝条生长得更为密集紧凑，促进修剪后的嫩枝形成花蕾。同时，过于密集的、患病的或受损的嫩枝将被去除。

分析与结论

IDEO Morph 38公寓是本书中一个实现整面墙体广泛覆盖植被的项目。植生墙选择了有附着根的攀缘植物、藤蔓和新生的嫩枝，使其具有更持久的生长基础及朝向同一方向生长的能力，使得这一项目实现了长线投资的目标。考虑到植生墙覆盖面积大，因此设施上的植物密度较低，从而减少了灌溉和施肥的成本。

立面支撑植生墙采用了最下的水平连接获得了最大的高度（与立面灌溉系统相比较）以保持建筑的围合。在主体围合结构外部，为花槽维护设置了安全栏杆，相比那些只能靠外部活动平台维护的系统，维护起来更容易且安全。

但这种方式也有不利的一面，需要经常剪枝并修正藤蔓的生长方向。在绿化立面内部的植物，可能因不能接受充足的阳光，而在室内呈现不同的外观。

除此之外，栽植在悬桁式空中花园阳台的花槽中的树木不容忽视，它们为高层的户外空间提供了天蓬，为整体统一的外观创造出美的变化。

绿化覆盖率计算

阿诗顿楼高约134米、长46米、宽18米。下方是以东西侧为绿化立面，但是向南北方向较长的裙楼。裙楼约24米高，宽27米。由此算出阿诗顿楼的东西立面总面积，包括突出的裙楼，总计为2,628平方米，南北立面总价面6,164平方米。

▲ 图2.18.13：史盖利楼的绿化立面。© W工作空间

▲ 图2.18.14：公寓入口处繁茂的园林景观和植生墙迎接所有访客的到来。© W工作空间

在阿诗顿楼正东方的史盖利楼，无裙楼，高约 62 米，长 43 米，宽 18 米。史盖利楼东西立面总面积 1,116 平方米，南北立面总面积 2,666 平方米。

所有的绿化覆盖率以植物完全生长后的最大值估算。立面支撑植生墙覆盖着两座楼体东西立面的大部分以及阿诗顿楼裙楼南北立面（以遮蔽停车场）。此外，阿诗顿楼北侧立面和史盖利楼南侧立面的悬桁式阳台上栽植的树木，及裙楼楼顶南北两侧的树都起到立面覆盖的作用，这些树木都参与总绿化覆盖面积的计算。但是栽植在地面的树木不参与计算。

两座楼体上主体植生墙由一系列沿着立面布置的宽 0.5 ~ 1 米的格子面板组成，高度随层高的变化而变化（3 或 6 米）。面板布置灵活，在每一侧都不统一。如表 2.18.1 所示，每个格子面板的面积都计入立面植生墙面积中。阿诗顿楼裙楼北侧立面同样采用这种计算方式。但是，裙楼南侧立面使用了不同的系统使整个立面看上去都被植物所覆盖。因此认为阿诗顿楼南立面植生墙的绿化覆盖率为 24 米 ×46 米的 90%，既 994 平方米。

▲ 图2.18.15：阿诗顿楼的绿化立面。© W 工作空间

对于阿诗顿楼悬桁式阳台上栽植的树木，覆盖面积估算为每株约 3 米 ×3 米 =9 平方米。阿诗顿楼北侧立面，有 7 个植树的阳台，总计 63 平方米的树木覆盖面积。再加上沿着裙楼北侧楼顶稍大的树木，每株约 4 米 ×4 米，连续成排，其绿化面积估算值为 4 米 ×46 米 =184 平方米。阿诗顿楼北侧立面树木覆盖面积总计 247 平方米。

阿诗顿楼南侧立面没有悬桁式植树阳台，只有 184 平方米的裙楼顶栽有树木。史盖利楼南侧立面有四座悬桁式植树阳台，在东南角顶端有一座植树阳台。这些树木稍大，每株 4 米 ×4 米。因此得出史盖利楼南立面树木覆盖面积总计为 5×16 = 80 平方米。

两座塔楼及裙楼的立面总计 25,148 平方米。其中约 5,850 平方米被植被覆盖，占

建筑立面	总墙体面积(平方米)	植生墙覆盖面积(平方米)	树木覆盖立面面积(平方米)	总绿化覆盖面积(平方米)	绿化覆盖面积百分比
阿诗顿楼（带裙楼）					
北侧	6,164	653	247	900	15%
东侧	2,628	1,276	0	1,276	49%
南侧	6,164	994	184	1,178	19%
西侧	2,628	1,195	0	1,195	45%
共计	**17,584**	**4,118**	**431**	**4,549**	**26%**
史盖利楼（无裙楼）					
北侧	2,666	0	80	80	3%
东侧	1,116	738	0	738	66%
南侧	2,666	0	0	0	0%
西侧	1,116	483	0	483	43%
共计	**7,564**	**1,221**	**80**	**1,301**	**17%**
两栋楼总计	**25,148**	**5,339**	**511**	**5,850**	**23%**

▲ 表2.18.1：绿化覆盖率计算。

垂直总面积的 23%。史盖利楼东立面绿化覆盖率最高，为 66%。绿化覆盖面积最大的是阿诗顿楼东立面，为 1,276 平方米(覆盖率 49%)

项目团队

开发商：阿南达地产开发 PCL（没有查到适合的缩写解释）

建筑师：Somdoon 建筑事务所

植生墙设计师：Somdoon 建筑事务所，Shma 有限公司

植物供应商：Baan Panmai，M.J. 园林有限公司

景观建筑师：Shma 有限公司

结构工程师：Actec 有限公司

电气工程师：Mect 有限公司

主承建商：韦斯顿公司

其他顾问：泰泰工程(环境)；迈因哈特(建筑立面)；点线面设计事务所（室内）；菲利斯设计事务所（室内）

参考文献及扩展阅读

书籍：

▶ B.明，O.卡蒂尼，O.周·林（2003）《新加坡1001种园林植物》，新加坡国家公园：新加坡。

▶ V.普莱雷克《攀援植物》，阿玛林印刷出版有限公司：曼谷。

网站文章：

▶ C.于（2006）"植物在建筑与气候冲突间的干预作用"，论文，新加坡国立大学。

3.0 设计考量与限制

3.0 设计考量与限制

下面两页的表格显示了数据的对比情况，对书中18个研究案例进行了总结。指南的这部分内容主要讨论的是在调查这些案例时发现的问题，在为高层建筑设计植生墙的时候应该考虑到这些问题。

3.1 气候考量

当地的气候环境特点是在众多影响植生墙设计的因素中最为重要的。气温、相对湿度、风速、太阳辐射、云量以及月平均降雨量都会影响到植生墙的类型和植物的种类选择。

在本书的18个案例中，虽然安装百分比最大的植生墙位于四季温暖的气候带，但可以有令人信服的证据证明，温暖的热带气候并非唯一适合外部植生墙的环境。只要经过仔细的植物品种挑选、适合的立面朝向以及灌溉策略，植生墙便可以安装在多种气候环境中。

> 厚厚的植被层具有为外墙隔热和遮阳的功能，可防止冷、热空气通过建筑墙体与大气产生交互，同时限制建筑外墙表面吸热或通过玻璃窗传递热量。

本书采用了柯本气候分类系统，根据该系统进行分类如下：

▸ 5个项目位于赤道区，气候潮湿
▸ 1个项目位于赤道季风气候带
▸ 3个项目位于赤道区，冬季干旱
▸ 1个项目位于大陆气候带，冬季有降雪，夏季温暖潮湿
▸ 3个项目位于暖温带，夏季炎热潮湿
▸ 2个项目位于暖温带，夏季温暖潮湿
▸ 1个项目位于暖温带，夏季温暖
▸ 2个项目位于暖温带，夏季温暖干燥

每个项目地点的气候特征都需要在项目最开始的时候进行分析，以决定能够在植生墙中正常生长的植物品种和确立的植物生长季节。举个例子来说，在热带潮湿气候环境下，植生墙植物的生长期为全年，而在冬季降雪的大陆气候环境下，同样的生长期则只有几个月。

气候状况还决定了"植物耐寒区"。植物耐寒区是指根据植物对该地区最常见的低温气候的耐受能力划分的地理区域。例如，"耐寒度9区"的植物可以在冬季忍受华氏19度（零下7℃）的低温，这是第九区的常见最低温度值。这样的耐旱区共分为13个；数值最低的植物可以在极冷的环境中生存（农业研究服务中心，2014）。

这本指南中所选取的案例所在地的气候，年最低平均温度最低的为10.2℃（英国伦敦雅典娜神庙酒店），最高的是28.5℃（泰国曼谷Met公寓和IDEO Morph 38公寓）。同时，我们会发现这些城市的年平均温度波动从0.3℃至

23.1℃（米兰）。因此我们可以得出结论，垂直绿化可以在平均温度变化显著的地方进行，只要选择了正确的植物和系统就可以。

指南中案例的气候数据中关于湿度一项，其变化范围也很大，从变化最小的新加坡（82%~86%）到变化最大的智利圣地亚哥（58%~83%），湿度波动是在最热与最冷月份之间发生的。

日光照射量和阳光强度也会影响植物品种的选择和植生墙的朝向。虽然所有的植物都需要光线和阳光，但对于很多植物来说，过度的阳光直射却是毁灭性的。本书中选取的特色项目所在地平均日照时间从4小时（哥伦比亚波哥大）至7.2小时（泰国曼谷）。实际被地面吸收的太阳能的量也很重要，在地区海拔和云量的共同作用下，有时太阳辐射量数据看起来和平均日照时间数据相互矛盾。在日照时间和阳光强度方面，波哥大和曼谷的位置似乎颠倒了过来，海拔2,625米的波哥大最大日照强度998瓦特时/平方米，而海拔仅1.5米的曼谷最大日照强度进有748瓦特时/平方米。作为日照范围最小（根据该地区接受阳光照射最少的月份数据）的城市，波哥大却是所有案例中阳光最强的城市，而伦敦则是光照最弱的城市。

降雨量是决定植物浇灌频率以及哪些植物可以在植生墙中维持生长的决定性因素。本书中包含的项目所在地，其月平均降水量从最低的30毫米（智利圣地亚哥）至201毫米（新加坡）。每个项目

▲图3.1：圣地亚哥康索乔大厦西侧立面绿化覆盖率为43%，减少吸热60%。© 因瑞克·布朗

都采取了适当的灌溉系统以适应当地气候和植物选择（见本书第三部分第四节和第六节）。

另外一项需要重点考虑的因素是植生墙所在位置及暴露在风中的植生墙附近的平均风速。植物通常很容易受到风的影响，也会因为高风应力造成永久性的损毁。不仅如此，指南中的案例研究显示，户外植物可以在平均风速4.4米／秒的位置生长，这在新加坡的五个项目中已经得到了证实。由于热带地区也会遭受偶发性的台风侵袭，可以推测为该地设计的植生墙可以在更强风偶发的地区存活。

3.2 主要功能与设计目标

设计团队应当对植生墙安装的目标进行明确的说明，但是也要留有应对意想不到的结果发生时调整安装的机动空间。

在本书中出现的特色项目，其安装植生墙的目的语动机不尽相同，相应分类及探讨如下：

改善建筑立面热性能，减少建筑耗能

厚厚的植被层具有外墙隔热和遮阳的功能，可防止冷、热空气通过建筑墙体与大气产生交互，同时限制建筑外墙表面吸热或通过玻璃窗传递热量。因此，简而言之，植生墙在寒冷的季节可为建筑提供隔热保障，在炎热的季节则能为建筑遮挡阳光。植生墙的蒸腾作用也能形成一小小的低温空气区，尤其是在植生墙和建筑外墙之间，但同样在有些情况下也会产生于紧邻建筑外墙的空间内，这将进一步在炎热的气候中辅助建筑外墙的传递热量。

以智利圣地亚哥康索乔大厦项目为例，建筑西侧立面的43%被绿色植物覆盖（见图3.1）。报告指出，与其他十栋附近的建筑相比，植生墙减少了69%阳光辐射量并节省了48%的能源消耗。康索乔大厦外墙有植被覆盖的楼层，其实际耗能要比其他位置楼层低35%，运营费用也少25%。这是本书中结果最为明显的案例之一。这样的结果也许在其他案例中并不显示，尤其是在哪些植生墙覆盖率较低或是极端气温范围较大的地区。还应当注意的是，对于本书中的绝大多数案例项目来说，要获得建筑能源性能数据，甚至是一些事实证据，都是不可能实现的。

在附近户外区域形成温和的微气候

植物通过遮挡和蒸腾作用可以明显降低其附近区域的温度。这一原理已经成功应用于本书中的几个项目之中。日本福冈安可乐斯项目报告称绿化区域表面温度与相邻的建筑水泥墙体温差可高达15℃。建筑水平方向和垂直方向厚重茂

案例研究比较分析表

	圣地亚哥康素乔大厦，圣地亚哥，1993	福冈安可乐斯国际大厅，福冈，1995	CH2市政厅2号大厦，墨尔本，2006	纽顿轩公寓，圣地亚哥，1993	三重奏公寓，悉尼，2009	One PNC广场，匹兹堡，2009	Met公寓，曼谷，2009	雅典娜神庙酒店，伦敦，2009	保圣那集团总部，东京，2010
气候分类	暖温带，夏干区，夏季温暖	暖温带，夏季潮湿炎热	暖温带，夏季潮湿炎热	赤道气候，潮湿	暖温带，夏季温暖潮湿	冬季降雪，夏季温暖潮湿	赤道气候，冬季干燥	温带气候，夏季温暖	温带气候，夏季潮湿炎热
年平均气温	14.4℃	16.6℃	15℃	27.5℃	18.4℃	10.3℃	28.5℃	10.2℃	16℃
年平均相对湿度	58%（最热月份）；83%（最冷月份）	77%（最热月份）；63%（最冷月份）	64%（最热月份）；73%（最冷月份）	82%（最热月份）；86%（最冷月份）	71%（最热月份）；67%（最冷月份）	67%（最热月份）；70%（最冷月份）	72%（最热月份）；65%（最冷月份）	74%（最热月份）；85%（最冷月份）	86%（最热月份）；69%（最冷月份）
月平均降雨量	30 毫米	150 毫米	54 毫米	201 毫米	99 毫米	83 毫米	116 毫米	49 毫米	127 毫米
平均风速	2.5 米/秒	3.4 米/秒	3.9 米/秒	4.4 米/秒	3.3 米/秒	3.9 米/秒	2.9 米/秒	3.2 米/秒	2.94 米/秒
最大太阳辐射	976瓦特时/平方米（12月21日）	782瓦特时/平方米（10月21日）	985瓦特时/平方米（11月21日）	837瓦特时/平方米（12月21日）	959瓦特时/平方米（12月21日）	893瓦特时/平方米（4月21日）	748瓦特时/平方米（12月21日）	831瓦特时/平方米（4月21日）	839瓦特时/平方米（1月21日）
最小太阳辐射	815瓦特时/平方米（6月21日）	647瓦特时/平方米（6月21日）	805瓦特时/平方米（6月21日）	737瓦特时/平方米（9月21日）	831瓦特时/平方米（6月21日）	795瓦特时/平方米（8月21日）	589瓦特时/平方米（3月21日）	640瓦特时/平方米（11月21日）	680瓦特时/平方米（5月21日）
年均每日日照时间	6.6 小时	5 小时	5.5 小时	5.6 小时	6.6 小时	5.5 小时	7.2 小时	4 小时	5.2 小时
建筑高度	58 米	60 米	42 米	120 米	39 米	129 米	231 米	48 米	34 米
楼层数	17	14	10	36	16	30	69	9	9
总建筑面积	27,720 平方米	92,903 平方米	12,536 平方米	11,835 平方米	37,707 平方米	74,147 平方米	124,885 平方米	5,832 平方米	20,000 平方米
建筑功能	写字楼	写字楼	写字楼	住宅	住宅	写字楼	住宅	酒店	写字楼
植生墙类型	建筑立面支撑植生墙（水平铝板）	阶梯型台地园林（植生墙与台地园林）	建筑立面支撑植生墙（金属网）	建筑立面支撑植生墙（金属网）；阳台上的树木花槽	综合植生墙（植物栅网）	综合生命墙（模块生命墙）	建筑立面支撑植生墙（金属网）；阳台上和空中平台上的树木花槽	综合植生墙（植物栅网）	建筑立面支撑植生墙（金属网）；垂直农场
绿化覆盖面积	2,293 平方米	5,326 平方米	420 平方米	1,274 平方米	139 平方米	221 平方米	7,170 平方米	256 平方米	1,224 平方米
总绿化覆盖率*	22%	28%	7%	10%	0.7%	1%	14%	9%	20%
单侧立面最大绿化面积	2,066 平方米－西侧	5,326 平方米－南侧	420 平方米－北侧	734 平方米－南侧	139 平方米－北侧	221 平方米－南侧	3,385 平方米－南侧和北侧	159 平方米－西侧	720 平方米－东侧
单侧立面最大绿化覆盖率**	43%	84%	19%	21%	5%	5%	18%	9%	37%
数据	减少阳光辐射60%；比十栋类似建筑减少耗能48%；有植生墙的楼层比其他楼层少耗能35%	植生墙表面与其依附的混凝土墙面温差可达15℃	比同等规模的写字楼减少耗能85%，减少耗水72%（植生墙对该结果的影响相对较小）	景观面积（水平及垂直方向）达到总建筑面积的130%，绿化面积达到总面积的110%	36,000升地下雨水回收水箱；每隔三米设有一段浇灌管道，共计11条管道	植生墙温度要比周围的建筑表面温度低25%	65%的居民认为绿化空间促进了居民之间的互动和社区感的形成	植生墙由260种共计12,000株植物组成；植生墙重量=30千克/平方米	员工工作率提高了12%，减少亚健康疾病发生率23%；为食物的生产方式提供了可替代的方法；减少食物里程

说明： □ = 每个分类下的最高值　　□ = 每个分类下的最低值

项目	新加坡艺术学院，新加坡，2010	洲际酒店，圣地亚哥，2011	嘉旭阁，新加坡，2011	SOLARIS大厦，新加坡，2011	B3维雷酒店，波哥大，2011	皮克林宾乐雅酒店，新加坡，2012	格林美西空中花园，马卡迪，2013	米兰空中森林，米兰，2013	IDEO Morph 38公寓，曼谷，2013
气候分类	赤道气候，潮湿	暖温带，夏干区，夏季温暖	赤道气候，潮湿	赤道气候，潮湿	赤道气候，冬季干旱	赤道气候，潮湿	赤道气候，季风气候	气候温暖，夏季潮湿炎热	赤道气候，冬季干旱
年平均气温	27.5℃	14.4℃	27.5℃	27.5℃	13.2℃	27.5℃	275℃	11.8℃	28.5℃
年平均相对湿度	82%（最热月份）；86%（最冷月份）	58%（最热月份）；83%（最冷月份）	82%（最热月份）；86%（最冷月份）	82%（最热月份）；86%（最冷月份）	82%（最热月份）；82%（最冷月份）	82%（最热月份）；86%（最冷月份）	75%（最热月份）；75%（最冷月份）	71%（最热月份）；76%（最冷月份）	72%（最热月份）；65%（最冷月份）
月平均降雨量	201 毫米	30 毫米	201 毫米	201 毫米	88 毫米	201 毫米	155 毫米	85 毫米	116 毫米
平均风速	4.4 米/秒	2.5 米/秒	4.4 米/秒	4.4 米/秒	2.04 米/秒	4.4 米/秒	3.7 米/秒	0.9 米/秒	2.9 米/秒
最大太阳辐射	837瓦特时/平方米（12月21日）	976瓦特时/平方米（12月21日）	837瓦特时/平方米（12月21日）	837瓦特时/平方米（12月21日）	992瓦特时/平方米（1月21日）	837瓦特时/平方米（12月21日）	880瓦特时/平方米（2月21日）	784瓦特时/平方米（7月21日）	748瓦特时/平方米（12月21日）
最小太阳辐射	737瓦特时/平方米（9月21日）	815瓦特时/平方米（6月21日）	737瓦特时/平方米（9月21日）	737瓦特时/平方米（9月21日）	912瓦特时/平方米（3月21日）	737瓦特时/平方米（9月21日）	798瓦特时/平方米（6月21日）	660瓦特时/平方米（10月21日）	589瓦特时/平方米（3月21日）
年均每日日照时间	5.6 小时	6.6 小时	5.6 小时	5.6 小时	4 小时	5.6 小时	5.8 小时	5.1 小时	7.2 小时
建筑高度	56 米	52 米	94 米	79 米	30 米	89 米	268 米	D座：80 米 E座：112 米	阿诗顿楼：134 米 史盖利楼：62 米
楼层数	10	16	20	15	9	15	73	D座：17 E座：27	阿诗顿楼：32 史盖利楼：10
总建筑面积	52,946 平方米	12,130 平方米	21,641 平方米	51,282 平方米	4,374 平方米	29,227 平方米	77,000 平方米	18,717 平方米	37,043 平方米
建筑功能	教育	酒店	住宅	写字楼	酒店	酒店&写字楼	住宅	住宅	住宅
植生墙类型	立面支撑植生墙（金属网）	综合生命墙（模块生命墙）	立面支撑植生墙（线材支撑）	阶梯形台地园林（连续的绿化坡道）	综合生命墙（植物栅网）	阶梯形台地园林（一些悬桁式平台）	综合生命墙（模块生命墙）	阳台上的树木花槽	立面支撑植生墙（金属网）阳台上的树木花槽
绿化覆盖面积	6,446 平方米	1,590 平方米	1,652 平方米	3,065 平方米	264 平方米	4,872 平方米	189 平方米	10,142 平方米	5,850 平方米
总绿化覆盖率*	26%	29%	7%	15%	15%	11%	0.4%	42%	23%
单侧立面最大绿化面积	1,434 平方米-南侧	1,302 平方米-西侧	1,142 平方米-南侧	1,449 平方米-带状结构A	264 平方米-北侧	2,257 平方米-西侧	138 平方米-南侧	1,735 平方米-D座北侧和南侧-立面	1,276 平方米-阿诗顿楼东侧
单侧立面最大绿化覆盖率**	53%	60%	15%	不适用	49%	16%	1%	47%	66%
数据	不适用	每年建筑消耗能量750兆瓦小时	不适用	减少建筑整体耗能36%；景观面积占总建筑立面面积17%，占建筑面积108%	由55种共计25,000株植物组成，其中40%为本地植物	水平区域绿化面积占建筑面积的215%；与同类似建筑相比，要节省30%的运营耗能	系统最初由150毫米深、重25千克/米的基片构成，植物成熟后，重量达到65千克/米	700棵树木、2,500棵灌木、9,000株草本植物	水流速度：0.049立方米/小时，每日耗水量：5升/分水器

*建筑所有立面的绿化覆盖率平均值（根据所有研究中的案例）为16%

**建筑单一立面最大绿化覆盖率平均值（根据所有研究中的案例）为32%

密的植被造就了该项目的特殊形态，而建筑在地理位置上与公园相邻意味着该地区最主要的特色便是大量的绿地空间。该项目向大家展示了以较大规模为目标的整体植生墙，它不仅降低了温度、改善了建筑周边的微气候环境，还通过缓解城市热岛效应而改善了城市整体环境质量。显而易见的是，在大量的植生墙和垂直植被面积以及园林的共同作用下，将会吸收更多的太阳热量，释放更多的氧气，从而显著增加环境方面的益处。

改善室内外空气质量

植物可以改善其周边环境的空气质量，这一点不难理解。无论从整个城市角度还是某栋建筑范围内，植物在光合作用过程中都能够释放氧气并吸收二氧化碳。植物叶片表层可以吸收大气颗粒物，从而阻止它们进入建筑系统中。这些颗粒物会在建筑内大量积聚并产生再循环的副作用。虽然本书中任何一个项目都没有给出实证证据，证明室内空气质量经由建筑绿化得到了改善，但是这是在绝大多数项目中都被声明过的设计目标。这些项目大多位于交通拥堵，大气颗粒物含量极高的城市。

保护建筑外墙材料不受自然因素（暴雨、阳光、紫外线辐射、极端的温度波动）引起的老化

用植物覆盖建筑立面，可以在极端气候中保护植生墙后的建筑外墙材料，这似乎很合乎道理。但是，当然也有相反的一面，植物本身的根茎——尤其是直接附着于建筑外墙的攀援植物——可能会导致外墙材料的老化，如果不及时加以控制的话甚至会导致建筑结构上的损毁。

提升建筑的美观程度，为建筑居住者和普通大众等提供更多的自然环境。

如果说本书中的所有项目在哪一点上都获得了成功的话，那就是所有建筑物在经过垂直植被的美化后都比之前要漂亮很多。在世界范围内的许多城市中，城市景观就像是由水泥、沥青、商业标识和呆板的建筑构成的毫无人情味的大游行。而建筑外部的植生墙却是城市景观中"一股清新的微风"。它带来的不只是表面上的好处。人们的心理健康会因为绿色环境的存在而得到改善，而利用植生墙作为"绿色广告牌"的做法最起码对零售和商业建筑（如酒店）来说有一定可感知的效果——即便这个效果可能不太容易测量。这样的建筑更容易给大众留下难忘的印象，因此可能常常被用作会议或指示方向的地标性建筑，这对建筑所有人和建筑本身都具有积极的意义。

在东京保圣那集团总部大楼的案例中，这方面的成效实际上是通过对前使用人的调查和其他监测工具进行测量的（见

▲ 图3.2：东京保圣那集团总部的员工的工作效率提高了12%，由生病引起的旷工情况减少了23%，造成这个结果的大部分原因便是建筑内外的绿化设计。© 坂木保利

图 3.2）。在保圣那集团，员工的工作效率提高了 12%，因生病而造成的旷工减少了 23%。

遮挡停车场空间，减少车辆产生的空气污染物

在许多城市，对停车场的需求都是生活中的现实问题，即便对于那些以高密度生活空间和交通系统为开发偏好的地区也是如此。很多高层建筑的塔楼都建造在停车场裙楼之上；而那些比较宽、矮的建筑则通常建有斜坡式停车场。因为这些结构距离地面较近，便因此成为了最经常使用的通道，也是建筑中接受行人目光最多的部分。这是个为建筑立面进行绿化的绝佳机会，一方面因为植生墙可以将不希望被人看到的建筑功能部分遮挡起来，另一方面在于植物可以吸收噪音、烟雾以及汽车在停车场中产生的悬浮微粒。

建筑中的车库也是多余热量的来源之一，主要由于汽车尾气和混凝土的热保留属性。植生墙则既能吸收车库产生的多余热量，又能防止车库储存太多的阳光辐射热量——这会影响汽车内部空间的舒适度，甚至使温度上升到较为危险的程度。

新加坡的纽顿轩和皮克林宾乐雅酒店、曼谷的 Met 及 IDEO Morph 38 公寓都采用了植生墙来遮挡裙楼内的停车场设施。尤其是皮克林宾乐雅酒店，建筑师不遗余力，将原本注重实用的停车场设计成了一道天然的、如雕刻般的景观，还用

▲ 图3.3：福冈安可乐斯国际大厅与公园和水路相连，丰富了植物、昆虫及各种野生生命的交叉传粉、迁徙和在阶梯形台地园林内生存。© 渡边广实

悬垂的植物进行了装饰。

为城市内的野生生命营造自然生境

作为高层绿化的早期倡导者之一的杨经文先生曾特别说明过，垂直绿化的一项重要益处便是它作为"陆桥"或"生态走廊"的潜力，它可以成为植物、昆虫和野生动植物的家园，或者作为植物、昆虫和野生物种迁移和交叉传粉的工具（在减少单一植物栽培方面尤为重要）。

杨经文先生的个人项目，新加坡 SOLARIS 大厦，以最忠实的方式贯彻了这条原则，整栋建筑被一道缓缓的绿色坡道所环绕，从地面下一直延伸到屋顶的景观园林。虽然对于这一作用并没有证据来证明，但人们可以很容易想象到一只勇敢的小鸟或是生活在地面的小动物正在这道坡

地上生活，它们靠着昆虫和花蜜（虽然能产生花蜜的植物并不多）生活。这个设计的关键在于景观的持续性。在持续的景观中，风媒种子和昆虫便可以在较大片的绿色植被区域内实现交叉物种之间的交叉传粉。

日本福冈安可乐斯大厦在这方面也是个相当有说服力的例证，它的植生墙可以看做是旁边公园在垂直方向上的延伸（见图 3.3）。

为建筑居住者提供农作物种植空间

植生墙在增加可得的农产品来源以及减少"食物里程"方面有着巨大的潜力。"食物里程"是指食物需要从原产地运输到需求之地的距离，在这个过程中会产生矿物燃料排放、增加温室气体。但迄今

人们的心理健康会因为绿色环境的存在而得到改善，而利用植生墙作为"绿色广告牌"的做法最起码对零售和商业建筑（如酒店）来说有一定可感知的效果——即便这个效果可能不太容易测量。

为止，实现植生墙这一潜力的项目却几乎没有。大概主要因为在寻找能够在既定环境中——尤其是在大部分环境为垂直方向的情况下——茁壮生长的作物需要耗费巨大的努力，所以还是把生产食物的想法先抛开不谈。

在东京保圣那集团总图大厦，能够生产食物的植生墙是其最典型的特色之一。植生墙作为对室内多种水培设施的补充，可以生产可食水果（杏、桔子、桃子）、蔬菜（南瓜、西红柿）和大米（见图3.4），这些食物在收获后在大厦内的自助餐厅自用。保圣那集团投资在基础建设和灌溉系统的资金数额一定相当巨大，但是正如上面所提到的，公司在品牌营销和最终结果上的获益一定也同样可观。

当然，并非所有的项目在追求可食用的绿化方式时都要像保圣那集团这样彻底；在面对保圣那项目的投资等级时，其他那些投资较少的类似项目无需胆怯。哪怕只栽培一种可食用的作物，加上使用的培植指导，植生墙也能提供农产品，也能为居住者之间的互动提供重要的切入点。

降低街道噪音

在城市环境中，近几十年来的交通噪音和其他城市噪音——如工地等——正明显逐年加剧。

除了视觉吸引力之外，茂密的植被，再加上维持植物生命的栽培基质，具有很好的隔音能力，这一功能在本书所选的

▲ 图3.4：保圣那总部大厦的室内室外都种植了农业作物，这些在东京市内收获的食物会作为大厦内部自助餐厅的食材，这样的做法明显减少了食物里程。© 保圣那集团

多个案例中都得到了采纳。其中几个酒店项目都在植生墙设计目标中将该功能作为一项设计动机，包括智利圣地亚哥洲际酒店和哥伦比亚波哥大维雷B3酒店。在这两个案例中，植生墙都安装在面向繁华街道的建筑立面上，一方面作为酒店的绿色广告牌，另一方面也为那些预定了朝向街道方向的房间的客人提供良好的睡眠环境（见图3.5）。

针对植生墙的这种作用，并没有实验性的数据予以支持，但是不难相信整块的茂密植被和土壤会明显减少交通噪音及城市街道坚硬的建筑表面间的声音混响。

宣传并提升可持续绿化技术的认知度

"可持续发展"已经成为了众多企业和城市政策词汇中根深蒂固的一部分，这个词被如此高频率地提及，以至于到现在它本身的意义似乎已经变淡了。挽回这样的局面，可以部分通过主动施行植生墙策略来实现，将企业致力于打造可持续性环境发展的决心呈现在建筑居住者和路人的视线之前。在诸如城市热岛效应、食物里程、二氧化碳水平、街道噪声控制、野生动植物等问题上，植生墙也是个非常不错的教学工具——可以直接荣誉建筑使用者的日常生活体验之中。

东京保圣那集团总部大厦项目对这一功能的追求可谓积极，在这里，植生墙策略被当成是企业理念和品牌的一种体现，它与集团的日常工作和员工们的休闲时光交织在一起。新加坡艺术学院同样将植生墙安装在孩子们触手可及的地方，当他们走在户外走廊上的时候就可以碰

▲ 圣地亚哥洲际酒店植生墙安装在朝向最繁华的街道的立面上，为客房提供了噪音屏障。© ABWB

触到植物——虽然对于藤蔓植物本身来说这种做法有点危险，但却为孩子们提供了巨大的教学机会。

但实际上，任何规模、种类的植生墙安装，都是呈现出了一种机遇，在这样的机遇下，它可以向众人传达植生墙的技术，可以得出植生墙性能方面的统计数据，并普遍促进城市居民与自然之间更加亲密的互动。

3.3 规划与设计

植生墙既可以安装在原有建筑上，也可以安装在新建筑上。建筑功能（商业、酒店或住宅）、建筑规模以及外墙材料都会影响到植生墙系统类型和植物的选择。还要特别考虑到植生墙的规模问题。植生墙的尺寸从小块儿的植被到覆盖所有建筑立面的绿化系统，其尺寸变化多样。如果扎根于地面的话，立面支撑植生墙中的攀援植物可以达到25～30米高（登尼特，2010）。如果在建筑垂直立面表层设置一些间隔的话，采用攀援植物甚至还可以达到更高的高度。

综合生命墙与立面支撑植生墙不同，由于系统的模块属性，它们不受高度和尺寸上的限制。在最早期的初步设计阶段

就需要考虑好成熟植被的尺寸与重量，以确保足够的植物生长空间。

一旦设计团队确定了植生墙的设计目标，便需要对土地进行分析，以确定针对某个特别位置的适合的植生墙系统类型。下面是一些会影响到植生墙的规划和设计的物理特性：

建筑朝向

在确定建筑某一立面上植生墙的位置和适用性时，与阳光路径和盛行风环境相关的建筑朝向问题应该是唯一最重要的因素。面向小巷的墙体一天绝大部分时间都不见天日，这对于植生墙来说肯定是比较糟糕的候选立面。而获得光照最多、时间最长（北半球的西侧和南侧，南半球的西侧和北侧）的立面则能够维持最大范围的植物生长，在遮阳和降温潜力上也能从绿化中获得最大收益。话虽如此，很多种类的树木、灌木和攀援藤蔓也可以应用在除极阴暗之地外的所有环境中。

通常来讲，高风速对于植被来说是个大敌，尤其是在高空。所以，应该选择那些能够防止植生墙被强风侵袭的立面朝向。另外，在选择植物的时候可以相应作出一些灵活调整，这是建筑朝向无法提供的。

土地微气候环境

在前面已经提到，植生墙对调节其周围墙体的微环境方面有着巨大潜力。建筑的选址也因此在决定植生墙对改变微环境的有效程度上起到至关重要的作用。

举例来说，那些与大片已存绿化区域相邻的项目，如新加坡皮克林宾乐雅酒店和日本福冈安可乐斯大厦，辩证地从附近公园"借取"了它们的调节能力，使自身成为了公园绿地的延伸。如果有同已存绿地产生连接的机会——包括土地上和土地周边的树木——就应该将其最大化利用。

从另一方面来说，身处毫无遮蔽的硬景观环境中的建筑可以为行人提供与周围环境相比温度上的不同，这样的温差可轻易感知——当行人在经过一片表面散发着热量的建筑群后进入一块儿与绿墙相接的区域，那种如释重负般的感觉是非常明显的。

除此之外，土地存水和沥水问题也需要

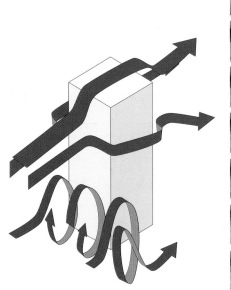

▲ 图3.6：高层建筑周边的强风经常会导致建筑地基和角落位置墙体的漩涡脱落。© CTBUH

▲ 图3.7：新加坡纽顿轩公寓植生墙策略性地布置在建筑南侧立面，也可以起到防风作用。© 帕特里克·宾汉-豪

纳入考量之中，以避免在安装植生墙后出现不希望发生的结果，例如持水或因干涸导致植物无法存活。

受风问题

建筑师在高空安装植生墙时有个较大的心理障碍——这也是基于现实而产生的——就是受风问题，当风在遭遇阻碍（例如一栋高层建筑）的时候会产生加速和漩涡，这在物理学上被称为"漩涡脱落"现象（见图3.6）。虽然这个问题不应该阻止设计师在高空处安装植生墙的尝试，但确实值得对目标安装位置的特定风力环境进行研究，因为随着建筑楼层和立面朝向的变化，风力数据会发生很大的改变。

这本指南中的项目在针对高空受风问题上有几种处理方法。新加坡纽顿轩采用了金属网支撑植生墙系统，几乎与120米的建筑等高。该地的盛行风为北风，平均风速4.4米/秒。植生墙安装在朝东主干墙，与建筑南墙呈垂直方向，将阳台（上面种植了树木）掩藏在突出的建筑体后方，也是一个防风的位置（见图3.7）。

曼谷Met公寓的私家阳台和公共阳台都被安置在垂直翼墙之间的缺口处或者位于悬臂结构之下，使植物不必直接暴露与阳光和强风之下。从另一方面来讲，该项目在保护区内安置植物的方式也是反复试验的结果。设计团队不得不放弃了在内部核心防火梯安置植物的想法，部分是因为植物无法在光照极其有限的环境中生存。

格林美西美居的空中花园项目，是本书选取的最高的案例之一，其综合生命墙系统应用在了对自然环境最为开放的内侧立面，受到玻璃和悬臂后的建筑结构外部曲线的保护。

建筑功能

从建筑内部及其自身考虑，对于一座植生墙的安装是否合适，建筑功能并非一项绝对的决定因素。但是建筑的人流量以及植生墙对维护的需求程度确实对植生墙的位置有着不同的影响，这也是建筑功能造成的结果。

以新加坡艺术学院为例，支撑攀援藤蔓的丝网材料覆盖了整个从教室翼楼探出的户外走廊。之所以选择这种安置方式一部分是由于植物可以从丝网两侧生长，从下面的中庭攀爬或者衣服在阳台上，而不会影响到课堂或是在行人较多的时候破坏人流的连贯性。该建筑作为学校教学楼使用的功能特点决定了其在植生墙安装方面的决定性要比住宅建筑重要很多。

如安可乐斯大厦和市政厅2号楼项目，其市政功能的本质使得植生墙的安装比起商业或住宅建筑要更加煞费苦心，因为植生墙会成为公众评判政府在促进环境可持续发展和为市民提供更多公园绿地及休闲之所方面的职责履行程度的标准。在另一方面，保圣那集团大厦——一栋纯商业建筑——也将同样的理念（以及可食用农作物理念）作为企业文化中需要优先考虑的事，现在也已经与整栋建筑形成了不可分割的整体。

在确定建筑某一立面上植生墙的位置和适用性时，与阳光路径和盛行风环境相关的建筑朝向问题应该是唯一最重要的因素。

建筑/植生墙规模

对于植生墙来说，没有所谓的"理想"规模，但是显而易见，植生墙覆盖率越大，它在审美功能、遮阳潜能、微气候调节以及其他潜在益处上发挥的功效就越大。同时还应当考虑到植生墙的高度和入口方面的限制以及维护大片或是比较远的植生墙所需要的员工数量，尤其是建筑立面较高的位置。

但是，所有规模的建筑都能支撑植生墙，这一点已经得到了证明。本书中最大的建筑项目是曼谷Met公寓，占地面积124,885平方米，最小的建筑项目是伦敦雅典娜神庙酒店，占地面积5,832平方米。

本书中最大的单侧立面植生墙以及最大的单侧立面绿化面积百分比都出现在日

▲ 图3.8：曼谷IDEO Morph 38公寓植生墙环绕着建筑立面的窗子。© W工作空间

▲ 图3.9：新加坡SOLARIS大厦的绿色坡道植生墙，非常方便进行维护工作。© TR哈姆扎 & 杨

本福冈安可乐斯项目中。虽然需要注意到，该建筑的南侧立面实际上是由一系列阶梯形的墙体和平面台地组成的，5,326平方米的植生墙覆盖了整个立面的84%，使得整个南侧立面看上去都被植物所覆盖。在这一点上，可以同本书18个案例的平均最大单侧立面绿化覆盖率32%做一下比较。安可乐斯植生墙项目虽然规模巨大，但是由于采用了Z字形上行通道，使得进入植生墙变得相当容易。

本书中整栋建筑绿化覆盖率最大的项目是意大利米兰的"垂直森林"，其综合建筑体（实际上由两栋楼构成）上42%的垂直表面被种植在突出的住宅阳台上的树木和植物所覆盖。同样，在这一点上可以同本书18个案例的平均总立面绿化覆盖率16%做一下比较。

书中其他规模较大的植生墙还包括曼谷的Met公寓，绿化面积7,170平方米，但总立面绿化覆盖率只有14%；新加坡艺术学院，绿化面积6,446平方米，总立面绿化覆盖率为26%；曼谷IDEO Morph 38公寓，绿化面积5,850平方米，总立面绿化覆盖率为23%。

书中最小的两座植生墙分别是菲律宾马卡迪格林美西美居的空中花园，189平方米（总立面绿化覆盖率仅为0.4%）以及悉尼三重奏公寓，139平方米（总立面绿化覆盖率仅为0.7%）。

建筑外墙材料

建筑外墙所使用的材料对植生墙系统类型的选择有一定的影响。

以玻璃幕墙系统为例，最适合的是与墙体保持一定距离的丝网或线材系统，例如智利圣地亚哥的康索乔大厦。这样维护工作可以从植生墙后方幕墙前的嵌入式平台上进行。这种外墙材料由于其对美观性的要求，使得它无法支撑需要靠近墙体以获得支撑的较为茂密的植生墙系统。

立面综合生命墙可以与绝大多数外墙类型相融合，但是很显然不能安装在坡璃窗前（见图3.8）。针对这样的系统，需要特别考虑材料的重量和系统的排水性能。轻型白色混凝土墙体，或者光泽度高的钢铁、木质墙体，较容易被灌溉系统径流或灰尘弄脏。完全长成的植物加上它们的生长基质的重量也需要纳入考量，安装这样的结构可能会在攀爬架和墙体相互固定的部位导致石膏、灰泥或混凝土墙体的裂缝和剥落。

不推荐在多孔或分层的外墙结构上使用攀援藤蔓植物，除非这些植物能够得到很好的监控和修剪；一些攀援植物和木本植物会扎根于建筑外墙中，引起墙体裂缝。

同样，不推荐在靠近排水沟、屋檐和可操作玻璃窗的位置进行绿化，因为植物可能会堵塞这些建筑设施，抑制建筑性能的发挥。建筑立面采用的窗户类型也很重要；攀援植物在光滑的玻璃或金属结构表面上不太容易攀爬，但在很多年代比较悠久的老建筑中会发现，它们可以附着在木质窗框上。

建筑环境与周边建筑

同其他设计一样，安装植生墙也需要考虑到建筑所处的环境及其周边建筑的特点。从原则上来讲，过去并没有关于邻居们反对安装植生墙的记录。（除非植生墙全部死亡，植物已经枯黄！）但是最好还是将植生墙安装在可以经由自己的地盘轻松进入的位置（见图3.9），并且要定期对藤蔓和树冠进行修剪，以避免植物本身或维护人员不得不侵入他人空间的情况发生，使其不会阻挡邻居的窗户、人行道、公共区域以及行人和车辆通道。

在一些情况下，植生墙的安装会受到明确的鼓励，因为它们会提升或改善原环境的质量。伦敦雅典娜神庙酒店的植生墙项目方案便得到了当地议会的通过，因为该方案一旦实施，将会使一座普通的70年代建筑在所处的绿色公园和伦敦梅菲尔区历史悠久的联排别墅环境中，变得更加具有吸引力。

植生墙灌溉系统用水及用电的便利性

应当直截了当地提醒设计师们，植物需要水，在进行详细计划前应当要考虑不同灌溉设计的细微差别。如果是安装在建筑高层上的植生墙，那么必须保证水压足够供给植物的需水量。很多灌溉系统已经实现了机动化和自动化；水泵和控制设备都需要可靠的电力支持，尤其在浇灌工作是独立进行的情况下。

本书中的一些项目，如SOLARIS大厦、三重奏公寓和格林美西美居的空中花园，都采用收集到的雨水来浇灌植生墙。这种方法的施行关键在于建筑所在地的降雨频率以及植物栽培基质的吸水能力。

当地建筑法规、景观条例与地役权

和其他设计特点相同，植生墙的设计业要适应当地的建筑法规、地役权和景观条例。很多城市严格规定建筑立面上的突出结构只能在某个给定方向并按照给定突出程度进行安装，尤其是在那些允许车辆通道、出入门户、公共设施管线等铺设的地方。其他的法规还包括对悬挂在建筑立面上或探出屋顶的物体的大小和重量的限制。认为所有类型的植生墙都会获得当局的审批，这种想法是不可靠的。但是，一般地方规划委员也常常会为了鼓励植生墙的安装而给出一些特殊的有益激励（见第一部分第四节）。建议在设计前应对当地法规政策做个彻底的回顾。

3.4 植物的选择

选择合适的植物，这是植生墙系统设计最基本的构成元素。为了保证植生墙的成功安装和性能发挥，在选择植物的时候需要考虑以下几个因素：

植物耐寒性应适应项目所在气候区

在选择植物的问题上，推荐选用本土品种，因为这些植物对当地的气候条件有着天然的耐受性，而且对病虫害也有更强的抵抗力（《植生墙101：系统概况与设计 》，未注明出版日期）。凉爽气候带的本土植物在植生墙中普遍对维护的需求要少于来自热带气候区的外地植

本书中最大的单侧立面植生墙以及最大的单侧立面绿化面积百分比都出现在日本福冈安可乐斯项目中。但需要注意到，该建筑的南侧立面实际上是由一系列阶梯形的墙体和平面台地组成的，5,326平方米的植生墙覆盖了整个立面的84%。

▲ 图3.10：在悉尼中央公园，多种不同类型的植物和植生墙系统都能和谐共存。
© 西蒙·伍德

物。作为一项普遍法则，应当避免使用具有强烈扩张性的植物品种。根据土地自然环境，植生墙可以选用的植物范围相当广泛（见图3.10）：多年生和一年生草本植物，落叶植物和常绿植物，喜阴或者喜阳的植物，热带和沙漠植物等。

采用落叶植物很可能也是设计策略中的一部分。以智利圣地亚哥的康索乔大厦为例，设计师在做出选择前考虑到了四种不同植物在不同季节中的美学价值；让植物叶片在秋季改变颜色，这也是设计策略中的一部分（见图3.11），而在冬天，叶子掉落之后，室内便可以获得较多的采光和热量。在选择落叶植物的情况下，当然要考虑到清除死掉的叶子和落叶的需求。

立面支撑植生墙和生命墙准备工作的区别

立面支撑植生墙主要包括攀援藤蔓和灌木，而生命墙采用的植物范围比较广泛，一般是可以在垂直平面上生长的小型植物，如地衣、小灌木、蕨、野花以及可食用的作物。室内植生墙一般采用温带气候植物，要求能够适应低光照和室内空间恒定舒适度——一般气温在华氏68～72度（20℃～22℃）、相对湿度在45%至65%之间（登尼特，2010）。最佳植生墙设计应当能够兼负植物的多样性和季节性，避免单一性（即只有一种植物）。

植生墙和生命墙植物早期的生长一般在当地苗圃或种植设施中进行，模块组装、栽培、生长和环境适应过程也都在同样的地点进行。定制生命墙的种植模块系统需要至少提前12个月进行安装，以便给种子选择、播种盘中的繁殖和系统测试留出猪狗的时间，尤其在使用了独特的技术或非本土作物的情况下，这一点便更为重要（霍普金斯等人，2011）。负责栽种植物的人或安装承包商将充分生长的植生墙模块运送到建筑地点，在那里执行最终的安装。在立面支撑植生墙中，花槽或个体植物将沿着立面周围进行安装。对于生命墙，则通常先将种植模块悬吊到与设计图中相对应的位置，然后与最终的灌溉系统进行连接。在很多情况下，安装承包商要在项目转换成需求维护承包商之前负责早期的维护工作，对系统植物的长期健康进行监管。

在立面支撑植生墙中，攀援植物通常会在安装后的第一年内便适应该地的自然环境，可以在三至五年中达到最大高度。而对于生命墙来说，植物预先在苗圃中种植，在安装的时候大都达到长成状态，但是还需要12至18个月的时间才能适应户外环境（夏普，2008）。在选择植物的时候，应明智选择生长速度较为相似的品种，以避免植物之间的竞争（布朗，2008）。

项目所在地气候环境（气温、湿度，及受风情况）

生长在建筑立面上的植物通常要比地面上的同类植物经历更多的温度波动和强烈的光照以及强风。由于风力会随着建筑高度增加而加大，高层建筑迎风的立面要经受较高的风速和动荡。过度的受风对于植物来说具有极大的破坏性，因为空气流动会阻碍植物从空气中吸收水分的能力的发挥。增加的风力会引起植物叶片和根系水分的迅速流失，而植物根部的吸水量又无法满足叶片流失的水分需求（霍普金斯等人，2010）。

正如之前所提到的那样，只要有可能，就应当在保护植物不受强风侵袭方面多做些努力。

采光度和日光暴晒度（立面朝向及遮阳结构）

建筑朝向和光照度是影响植物选择的另外一项因素。选定安装植生墙和遮阳结构的建筑立面朝向会影响到植物种类的选择（喜阴或是喜阳植物）。以悉尼三重奏公寓为例，对阳光需求最高的植物被安置在植生墙的最高处，而比较娇嫩的植物则安装在稍低层的位置。

年降水量（雨、雪、霜冻）

在某一气候环境下的降雨量对植物选择有着显而易见的影响；这也是偏好本土植物的另外一个原因。在这本指南中，许多植生墙都是直接暴露在自然环境之中；另外一些则受到挑檐和边墙的保护。在本书中并没有经过文献证明的证据显示植生墙会受到雨、雪或霜冻的损害。如果有什么的话，人为造成的失误和设计上的失败才是最大的威胁。举例来说，无论当地气候是干旱还是湿润，不均衡的灌溉（过度洒水或灌溉量不够）对于植生墙来说才是潜在的危害。这会导致植生墙出现干死区域和营养物质绕过植物而流失（如 ONE PNC 广场原来的植生墙），或是形成死水区域——蚊子的滋生地（所有位于靠近赤道热带地区项目共有的风险因素之一）。

生长期长度

在选择植物的过程中，要注意植物的生长周期也是必须考虑的因素之一，但这并不意味着那些"维持绿色状态"最长的植物就是最好的选择。在本书中的几个位于温带地区的项目中，如智力圣地

在选择植物的问题上，推荐选用本土品种，因为这些植物对当地的气候条件有着天然的耐受性，而且对病虫害也有更强的抵抗力。

▲ 图3.11：在圣地亚哥康索乔大厦的设计阶段，便考虑到了叶片色彩的变化。© 因瑞克·布朗

▲ 图3.12：新加坡艺术学院采用的金属网细节图。© 帕特里克·宾汉-豪

亚哥的康索乔大厦和意大利米兰的垂直森林，都选择了可以随着四季更替改变叶片颜色的植物。这为建筑带来了审美价值和使用价值；在冬季中，叶片的减少为建筑内部带来更多的采光，同时也改变了建筑的美学外观。

植物的生理特性（叶片密度、最大高度和重量、生长方式、生长速率）

对于一个植生墙项目来说，精确估计所选植物的完全生长范围也是决定项目成败的重要因素。如果所选植物没能达到预期的覆盖密度，便会降低项目节能和遮阳的效果。而超出了预期重量的植物或植物生长方向与预期相反，便会带来

持续的恼人问题，需要不断修剪或是移除。

可行栽培基质的类型和质量

任何植生墙系统都包括以不同方式承载的栽培基质。在立面支撑植生墙系统中，栽培基质通常放在立面底端的沟槽或花槽中，或者在沿着立面的垂直方向上每隔一定间隔防止的花槽中。而在综合生命墙中，栽培基质则放在单个的容器（挂袋、凹槽或模块盒）中，容器则安置在支持框架上。水培（即无土栽培）系统采用合成垫作为栽培基质。所有的栽培基质都要具有很好的排水性，应该包括适当的有机内容物、理化性质以及微生

物活性（《植生墙101：系统概况与设计 》，未注明出版日期）。一些植生墙精心选用了有机栽培基质混合物，主要由煅烧粘土、膨胀页岩、沙土、珍珠岩、蛭石以及类似的矿物质构成（霍普金斯等人，2010）。有机成分（堆肥、有机纤维、泥煤等）通常在混合物中占不到10%，但是却为植物提供了主要的营养物质。

3.5 结构支撑系统

植物和土壤的重量可以到达相当重的程度，尤其是树木完全成熟以及栽培基质充分吸水之后。支撑结构必须能够充分支撑完全长成后的植物和栽培基质的重量，同时在适当的地方还要考虑应对强风和地震荷载情况下的最大化设计。

立面支撑植生墙和生命墙都会给建筑立面带来额外的重量附带，需要精心设计其支撑结构，这个结构必须经由结构工程师的检验。植物本身的重量可能达到每平方米50千克（登尼特，2010）。附加的结构必须能经受住雨雪和风的负荷。若需要在建成已存建筑上安装植生墙，则需要对建筑立面进行检查，确保立面结构的完整性。在为新建筑设计植生墙的时候，其支撑结构应当与建筑外墙结合在一起。为了使立面能够承受高强度的风力负载并使花槽保持在合适的位置，应当选用适当的结构框架和固定方式。

立面支撑植生墙的支撑结构可分为平面和立体花架、挂网、网格、线材以及绳索，这些结构可以由多种材料构成。支

撑系统可以作为独立的结构进行安装（篱笆和立柱），通常依靠在建筑立面上，或者以镶板的形式固定在墙体上。

综合生命墙结构与建筑立面相互结合，由现场浇筑的水泥、砌体、耐蚀金属框架结构构成。这样的支撑系统应当有良好的防水请，以避免水渍污染建筑外墙。结构材料需要精心选择，以免腐蚀和不良反应给植物健康带来影响。

本书中绝大部分立面支撑丝网/线材系统都是由轻钢龙骨或轻铝龙骨支撑（见图3.12），且支撑系统将栽培基质的负荷从植物生长的结构中分离开来（如新加坡艺术学院），或者将这部分重量均匀地分布在建筑表面。尽管如此，托架结构要负担的重力负荷以及丝网系统在强风环境中承受拉力的性能，都需要在进行细节和安装工作之前做好评估。

实际上，本书中所有支撑整棵树木重量的项目，如米兰的垂直森林和新加坡纽顿轩，都是通过与建筑结合为一体的悬桁式预应力混凝土结构实现的。在这些案例中，如新加坡皮克林宾乐雅酒店，为了能够负担植被区域的重量，建筑的整体结构设计都是在这样的要求下完成的（见图3.13）。

安可乐斯大厦主要为钢架结构，其屋顶上大量的泥土和植被的重量分布十分均匀，主要为了避免建筑结构上的点负载过大，而泥土层与屋顶和墙体预制水泥板之间的泡沫结构也帮助填充了花槽的深度，比起土壤，这种泡沫质量更轻，吸水性也更好。

在安装植生墙前至少一个月的时候，建筑外墙咨询专家、建筑师或项目经理应该对建筑结构墙体的水密性进行检测，以确保不会出现非预期的漏水问题。总承建商应当对墙面进行清洁，并为进入工地提供畅通的路径。如果是在新建筑上安装植生墙，那么在建设的最后阶段进行安装会避免其他施工行为给植生墙带来的不必要的损害。

攀援植物的卷须和吸盘具有一种倾向，即它们会紧紧吸附在已存的缝隙和外墙相互连接的位置上，通常认为会造成建筑立面的损毁，例如导致砖缝松动。通过观察，如果建筑墙体已经开始退化，那么植被确实会引起墙体结构的损坏，但如果是较新的建筑材料，则很少受到栖息于其上的植物的影响（登尼特，2010）。通过采用适当的支撑结构以及

定期的检查，这些问题都可以避免。季节性的结构检查应当确保植物对建筑外墙并没有造成伤害，同时墙体也没有受潮和凝结情况出现。

3.6 灌溉系统

在生长期内，植物需要定期的灌溉和施肥。在自然环境中，植物可以从地下获取必要的水分及营养物质，但如果将植物种植在高层建筑的垂直立面，就只能依靠人工或自动灌溉的方式为植物浇水了。在植生墙中，最常见的灌溉和输送营养方式是采用自动滴灌系统，与液态施肥系统相结合，通过水泵激活。植生墙植物所需的营养物质可以通过人工方式输送——使用带有测量装置的颗粒肥料，也可以自动进行——采用特殊的喷射器来分配液体肥料（有时被称为"滴灌施肥"）（霍普金斯等人，2010）。

立面支撑植生墙主要使用水平方向的滴

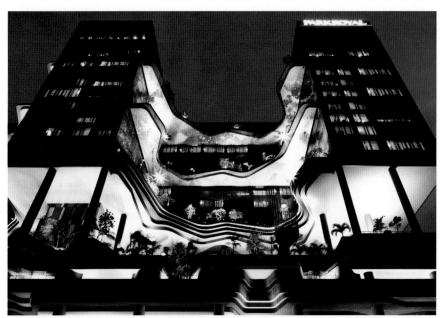

▲ 图3.13：新加坡皮克林宾乐雅酒店的水泥阶梯形台地园林的外形决定了建筑的整体结构设计。© 帕特里克·宾汉-豪

灌系统。综合生命墙可以使用水平方向和垂直方向的滴灌系统，每层模块面板上方都装有发射器，从植生墙模块顶端向下分配水分。生命墙通常可以分成几个灌溉区域，以便灌溉水分布更为均匀。如果不划分这些区域，水会很容易聚集在植生墙底端，这一点相当有害。

灌溉系统需要一个灌溉控制装置，在需要的时候能够提供精确的输水量，还需要双止回阀（也称为回流防止器）以避免污染饮用水。植生墙模块底端需要安装滴灌托盘，收集系统中过量的水径流。灌溉系统还可以搭配安装可选择的气象站，使系统能够根据天气和季节情况进行调整。除此之外，植生墙中也可以安装水传感器，用来监测水分含量，以便根据需求自动激活或关闭灌溉系统（传感器应当安装在植物根部区域，以传递更精确的数据）。

立面支撑植生墙可采用饮用水、雨水，或综合污水回收系统的水来进行灌溉。如果采用了就地收集雨水的方式，则可将雨水存储在地下水箱或地面上由水泵控制激活的蓄水箱内。新加坡 SOLARIS 大厦采用的雨水收集系统特别有趣，雨水存储在"生态单元"内，生态单元位于整个项目最大特色的绿色坡道下方的隐蔽式地下室中。

植生墙灌溉系统比较复杂，需要根据个体应用来进行详细的规划。对于灌溉系统的选择，取决于植生墙的类型、系统高度、灌溉速率和频率、灌溉水源、灌溉水的储存和循环利用潜力以及设备的

空间要求。灌溉速率必须能正好保证植物的健康生长——过量或不足的情况都必须避免。另外，必须对灌溉系统进行经常性的检查，以保证系统功能的正常运行，检查任务主要包括以下几个方面：

▶ 在春季月份里激活灌溉系统，在秋季关闭（在寒冷气候带）

▶ 清理灌溉喷嘴的碎石土

▶ 检查灌溉控制器、传感器、阀门和肥料喷射器

▶ 检查并修复管道上漏水的地方

▶ 确保灌溉系统和施肥系统的适当运行，以优化植物生长

▶ 检查适当的水流和水压

▶ 如果需要的话，为电子设备更换电池

3.7 维护

为了保证长期的成功，植物维护方案应当在项目早期阶段进行开发。该方案应当说明要在三个层面上对植生墙进行周期性检查：支撑结构与建筑外墙的结合情况，灌溉系统性能表现，植物健康。根据植生墙的高度，可能会需要使用特殊设备（剪刀式升降机、车载式吊车或悬空操作台）和受过特别训练的人员进行维护。剪刀式升降机和车载式吊车可用于从地面进入的维护工作，而对高层植被的维护则需要通过固定在植生墙后面的构造平台或从屋顶或中间楼层放下来的悬空式操作台进行。

维护方案还应为维护人员提供适当的入口，在植生墙前方提供足够的放置设备

工具的空间。植生墙整体维护成本各有不同，主要取决于植生墙的规模、高度以及所选的植物品种。在做预算和规划的时候便应当将维护的费用考虑在内。

应当定期对植物健康进行检查。在安装的最初几个星期内，检查应当每星期进行一次，维护可以每个月进行一次。当植物完全长成后，检查工作可以每两个月甚至每三个月进行一次。在每次检查过程中，维护团队需要：

▶ 检查植物病害、杂草生长状况以及虫害情况

▶ 修剪掉生长方向错误或在建筑外墙、屋顶材料内扎根的枝条

▶ 打薄过度生长或乱成一团的植物

▶ 移除并重植生命墙模块中损坏的和生病的植物

▶ 进行土壤测试以确保适合的养分含量

3.8 系统限制

植生墙是一种相当新的产品，有其自身的限制。建筑专家们应当仔细规划植生墙的安装，同时必须意识到各种潜在问题的存在，因为缺乏合适的规划会导致植生墙最终的失败。

植生墙的失败案例可参考 2005 年伦敦天堂公园儿童中心（见图 3.14），在植生墙安装四年之后，由于水泵故障导致了灌溉系统的问题（布兰登，2010）。本书中 ONE PNC 广场第一次安装的植生墙

也以失败告终，由于无土栽培基质出现硬块，导致大面积干涸，使得一些区域无法获得养料和水分，而另一些区域则出现了过度灌溉的情况。

大规模植生墙的主要限制是过高的安装和维护成本。植生墙整体成本受到系统选择、所需的维护量、植生墙高度以及规模的影响。所需材料的可得性、交通和人力成本也会影响到植生墙整体预算。

在2003年，设计师针对美国西雅图艾迪斯·格林－温戴尔·怀亚特联邦大厦进行了翻新设计，其中便包括覆盖建筑西侧立面的植生墙系统。设计师在沿立面垂直方向上每隔两层安置一道花槽，希望在建筑上营造出延伸至整栋建筑高度的带状绿化景观。但是，当该项目的现代化进程在2009年重新开始的时候，安装植生墙的成本太高，花槽被固定的铝制遮阳装置所取代，植生墙仅被安置在建筑的一层和二层（见图3.15）。

维护，是植生墙最主要的成本构成，取决于系统的类型。立面支撑植生墙系统只在成长期间（最初的两至三年）需要定期维护，而生命墙系统则需要在整个生命周期内进行定期维护，而且还可能需要使用特殊的设备和受过训练的人员。立面支撑植生墙一般在安装和维护上要比生命墙系统成本低很多，这一点并不会令人感到吃惊。通常来说，推荐大家基于单个项目对其进行特殊系统的经济可行性评估。

绿化立面和生命墙的寿命根据植物品种

▲图3.14：2005年，伦敦天堂公园儿童中心植生墙由于灌溉问题必须重新进行安装。© Sludge G（非商业用途）

的生存期不同而有所不同，但通常大约在15年左右。一些植生墙生产商会为他们的产品提供植生墙整个生命周期的担保（ELT与绿色生命科技公司）。当担保期过后，许多植生墙系统的植物和模块都可以替换掉。然而，要以绝对确定的态度来保证植生墙系统的性能表现，这也很难，因为植生墙主要的构成元素是植物，是活着的有机体。为了确保植生墙能够成功发挥其性能，就需要对植物进行适当的维护和定期对其健康进行监测。同时建议选用安装植生墙的公司来进行维护服务。

3.9 火灾与其他风险

植生墙并没有在世界范围内的高层建筑

立面支撑植生墙系统只在成长期间（最初的两至三年）需要定期维护，而生命墙系统则需要在整个生命周期内进行定期维护，而且还可能需要使用特殊的设备和受过训练的人员。

▲ 图3.15：波兰2013艾迪斯·格林-温戴尔·怀亚特联邦大厦最初的设计意图是希望通过植生墙来为建筑遮阳（见原透视图，左图）。但是结果证明这个想法将会耗费大量资金，因此被固定的铝制遮阴板所代替（建成后的照片，中图）。植生墙仅被限制在建筑的一层和二层（右图）。© SERA建筑事务所，尼克·勒霍克斯

中流行起来，部分是因为其火灾风险和不确定如何应用安全法规限定楼层之间的生活材料。不难想象为什么一些防火工程师并不推荐安装植生墙，因为连续的易燃材料环绕在建筑立面周围或者位于向上排气的中庭，这都应当引起注意。这样的安装会破坏其他的防火设施，如防火安全门、防火玻璃窗以及用于防止火势向下楼层蔓延的防火结构等。

但目前并没有太多的书面文字直接说明植生墙的火灾风险。从理论上来讲，攀援植物可以限制在单层应用上，从垂直方向进行隔离，在水平方向根据法规要求，由外墙上的标准一小时至三小时防火墙（主要以悬臂或垂直翼墙的形式）隔开。当然，这会影响到墙体的美观和性能。建议设计师向防火工程师和结构工程师咨询一下，再花费时间和经历进行特殊的高层植生墙设计。

除了火灾之外，还有其他的风险：藤蔓和其支撑结构可能会成为铤而走险之流、小偷和其他侵入者觊觎的目标，因为通过这些支撑结构他们可以到达建筑的任何高度。如果藤蔓和支撑系统上爬上了非法攀登者，建筑安全便会受到威胁。如果藤蔓系统在攀登期没能成功生长，便相当于建筑本身背上了沉重的债务。

显然建筑上的结构，其安全系数越低，便越容易从建筑体上脱落。绝大部分植物都足够轻，叶片也足够宽阔，由于强风或其他方式掉落的叶片应该不会对地面造成损害。但是如果是大型树木的话，情况就完全不同了，例如它们的树枝、诸如松果之类的果实等。很可能在这些树木进行风媒传粉的时候，便会造成损伤的结果。因此在选择植物的时候也要考虑到这一点。

正如之前提到的那样，土壤的重量和植物根系对水和营养物质的需求不能被低估。而且确实发生过由于系统不够稳固，阳台支撑的花槽从几十层的高空坠落的例子，导致停车场的绿化屋顶因为漏水、下沉和衰败问题不得不被换掉。

诸如摩天大厦之类的景观由于其无机的外墙，常给人以坚硬、压迫之感，在这样的外墙上安装连续的绿化表层无疑是相当有吸引力的想法。但是，如果植物选择不当，植被本身的连续性就会被破坏——虫害会摧毁植物群落，那些不请自来的以植物为食或是喜欢在土壤中打洞的小动物都是可能出现的问题。

当然，设计师没有选择可食用作物作为植生墙植物的义务。但是如果将垂直农业作为设计目标，一些有毒的植物如果被食用或是碰触了，便可能造成伤害。在任何情况下选择植物的时候都要考虑到这一点，尤其是当建筑内小孩子比较多的时候。

3.10 对耗能产生的影响

许多植生墙的支持者本意是好的，他们对在建筑设计中应用可持续发展策略的态度十分积极，常常会引用各种建筑相关的重要因素的性能数据，如能源效率等，希望通过这样的方式让人们了解植生墙在这些数据中发挥的实际功效。

当然，植生墙对于改善建筑能源效率的潜能确实存在，尤其是综合生命墙系统，能够通过土壤层或基质层明显增加外墙的隔热属性。但是在本书中只有一个项目案例给出了支持这一论断的性能数据，认为建筑上的所有植生墙都在项目节能上起到了重要作用，可即便如此，这份报道中的声明大部分都是未经证实的。

智利圣地亚哥康索乔大厦的所有人直接对建筑的能源效率进行了测量。大厦一侧立面植生墙覆盖率为 43%，辅以行道树设计，（建筑总立面绿化覆盖率为22%），研究报告指出，相比圣地亚哥地区其他写字楼的耗能最低线，康索乔大厦节约能源 48%。即便是在康索乔大厦内部，那些有植生墙覆盖的楼层要比没有植生墙覆盖的楼层节省 35% 的能源和25% 的运行费用。

这些发现确实令人印象深刻，但我们并不清楚这座植生墙最初的投资情况，也不知道相比于每年节省下来的能源成本，要经过多久才能支付起植生墙的安装和维护，因此即便是在该案例中，也无法真正测量出植生墙的效力。

本书中所选取的这组数据虽然微不足道，但确实暗示了在植生墙覆盖率和对建筑能源效能的影响之间确实存在这一定的关联。这本指南中选了一些其他绿化率较高的代表性项目，如安可乐斯国际大厅，它拥有绿化屋顶和 84% 的南侧立面绿化覆盖率，研究报告指出建筑确实获得了能源效率，但是并没有给出具体的数字。

CTBUH 在 2013 年进行过一次小规模的研究，针对植生墙对典型的中层写字楼的能源性能的影响进行了测试。最高每年用于降温的耗能减少了 34.6%。这次小规模的测试项目仅在一座城市（美国芝加哥）进行，显示出了植生墙在当地气候环境下对建筑遮阳的潜在能力，但显然理所应当进行进一步研究。

实际上，植生墙是建筑设计师在面对"营造一个更加可持续发展的建成环境"问题时所能采取的众多工具中的一个。不要期望在一栋传统建筑项目的单侧墙体上安装了植生墙，就能为建筑带来显著的能源性能提升。恰恰相反，植生墙应当同节水、蕴藏能源生命周期、替代能源等一样，被当成建筑师在设计建筑时可以考虑的众多绿化策略之一。

同时，如果一栋建筑正确地安装了植生墙，那么它在减少能源消耗、改善微气候与宏观气候以及为居住者和行人带来的身心舒适度等方面产生的益处将是相当可观的。

植生墙对节能影响的潜力以及其他实验性研究的具体细节，可参见附录（见本书第五部分）。

植生墙是一种相当新的产品，有其自身的限制。建筑专家们应当仔细规划植生墙的安装，同时必须意识到各种潜在问题的存在，因为缺乏合适的规划会导致植生墙最终的失败。

4.0 建议与未来研究展望

4.0 建议与未来研究展望

4.1 建议

设计团队在进行一项特别的项目时，应当考虑到安装植生墙所带来的机遇和限制，再做出明智的决定。确保在设计一开始的时候就展开跨科学的讨论，这一点非常重要。基于通过本书案例研究中的发现，给出下面这份简略的清单，按照相关类别进行分类，说明了在设计中要重点考虑到的各个可能的方面。

气候考量

在最初考虑安装植生墙的时候，便应该对气候（包括季节性的变化）的所有因素进行评估——采光、光照时间、太阳辐射强度、云量、气温、相对湿度、风速、月均降雨量等——因为这将会在很大程度上决定植生墙的类型、在建筑上的位置 / 朝向以及植物品种的选择。

特别需要指出的是，风速是高空植被面对的一大难关。应当在尽可能的位置给予植生墙保护，使其不被高风速破坏，尤其是在建筑角落和其他斜坡区域可能发生"漩涡脱落"现象的地方。

在考虑到气候的同时，还要考虑植物的生长周期（全年还是半年？）以及这一点会对选择常绿植物还是落叶植物产生的影响。

规划与设计

设计团队应当在确定采用最为适合的系统之前，明确给出安装植生墙的主要目标。举例来说，主要目标可能包括：

· 增加墙体隔热性能或为建筑遮阳以减少建筑耗能
· 改善微气候
· 过滤空气
· 隔绝造影
· 为居住者提供心理益处
· 收获农产品
· 美化建筑外观，促进品牌营销
· 遮挡不雅观的区域或停车场
· 提供休闲区域
· 扩张原有水平地面上的绿色空间，将其延伸至垂直方向
· 吸引昆虫、鸟类和小动物前来栖息

设计师还要考虑到植生墙的设计是否符合当地建筑法规、地役权和景观条例。很多城市严格规定建筑立面上的突出结构只能在某个给定方向并按照给定突出程度进行安装。

当地规划局是否实行了那些激励措施以鼓励安装植生墙？

该植生墙系统和植物选择是否与建筑功能相适应（商业、酒店、住宅、学校、多功能），尤其要考虑进入植生墙和维护方面的问题。

植物是否有足够的生长的立体空间，以达到预期的成熟度？

在考虑到诸如阳光、风力（避免漩涡脱落）、雨、噪音等因素时，植生墙的朝向是否是最理想的？

有没有其他可以引进的建筑元素，用来为植生墙遮挡强风？

低维护的系统好（攀援植物 / 立面支撑植生墙更为适合），还是需要较高程度定期维护的系统好（可参考综合生命墙系统）？

绿化空间使否可能与建筑周边的现存绿地产生连接，以达到绿地面积最大化？

是否能够用树木（现存或重新栽种）为建筑下方的楼层遮阳？

在建筑中引入大量的空中花园设计，并将其与外部植生墙相连，这种设计是否可行？

是否能通过将植生墙连在一起形成连续的"生态走廊"，同时也有与建筑内部空间相连的可能性？

单侧立面的绿化覆盖率要达到什么样的百分比？本书中最大的单侧立面绿化覆盖率为84%。书中选取的18个案例项目的平均总绿化覆盖率为16%。

是否有灌溉径流或污物弄脏邻近建筑外墙的可能性？

考虑到最主要的外墙材料/装饰，是否有植物种类侵入墙体，日积月累之后会引起立面甚至建筑结构损坏的风险？

底层墙的防水性能和细节处理是否足够确保植生墙（尤其是生命墙）与建筑立面能够牢固结合？

植生墙系统周围的材料是否经过精心检查，以避免腐蚀/径流或对植物健康产生负面作用？

在为新建筑安装植生墙的时候，在建设的最后阶段进行安装会避免其他施工行为给植生墙带来的不必要的损害。

是否询问过附近建筑所有人的意见，来确定他们对安装植生墙的反映（尤其是当需要借助其他建筑进行安装的情况）？

植生墙的预算是否不仅足够完成安装，还包括接下来建筑生命期内的维护（周期性的植物/系统更换）？

是否考虑过将植生墙作为一项教学工具，使更多的人了解城市可持续发展的知识？

结构支撑系统

在设计结构系统（包括主要系统和辅助立面支撑结构）的时候是否充分考虑到该结构能够支撑植生墙的植物完全长成后加上充分饱和的土壤和其他负载（人、积雪、强风、地震等）的重量？

能否采用轻型泡沫或类似材料在花槽内需要的地方作为填充物（如阶梯形台地园林），以减少大量土壤的重量？

是否考虑选用水培（即无土栽培）生命墙系统以减轻植生墙的整体重量？

植物的选择

在关于适当植物选择的问题上，要考虑当地的气候条件，参考"植物耐寒带"划分情况（见农业研究服务中心，2014）。

所选择的植物是否为项目所在地的本土植物，可以因此对当地气候环境、病虫害有更好的耐受性？

要想到过多的光照对于一些植物来说是有害的，并且理解不同植物类型所需的不同理想生活环境（遮阳程度、土壤类型等），基于这些问题作出最佳选择。

考虑在某些气候环境中采用落叶植物可能会带来的益处，如在秋季叶片落光后可以在较寒冷的季节中增加室内采光和吸热。

植生墙整体对高宽度和密度的需求是否与植物选择联系起来？不断修剪植物生长不当的枝条和植物生长无法按预期填充植生墙空间的情况都会为今后的维护带来麻烦。

植生墙是否需要"常成熟植物"——需要培育几个月或者几年？在选择过程中是否考虑到了这个问题？

主要栽培基质放在何处？如果是立面支撑植生墙，花槽盒要安装在每层楼，还是2~4层楼？是否想要打造连续的垂直绿化立面？如果是这样，攀援植物能否在两层花槽之间的楼层充分生长？

灌溉系统

对于灌溉系统的选择，取决于植生墙的类型、系统高度、灌溉速率和频率、灌溉水源、灌溉水的储存和循环利用潜力以及设备的空间要求。

确定该地的正常降雨量以及如何使用该数据来确定采用直接浇灌的方式还是存储水源以用来循环灌溉。需要注意的是，一些在湿润地区的植物会从湿度较大空气中吸收水分作为部分灌溉水来源。

灌溉系统的水压是否足够将水输送到与其高度？灌溉系统为机械化和自动化系统，水泵和控制装置都需要可靠稳定的电源供应。

是否可以使用收集来的雨水进行灌溉？植生墙所处环境是否适合进行人工灌溉？

建议在生命墙系统中采用自动灌溉系统。

植物施肥和灌溉一样，是绝大多数植物都需要的，具体取决于植物品种。

要确保灌溉系统不会出现过量浇灌、浇灌不足或洒水不均匀导致部分区域干涸而另外区域则过度饱和结果病虫害滋生的情况出现。

植生墙模块底端需要安装滴灌托盘，收集系统中过量的水径流。

灌溉系统还可以搭配安装可选择的气象站，使系统能够根据天气和季节情况进行调整。除此之外，植生墙中也可以安装水传感器，用来监测水分含量，以便根据需求自动激活或关闭灌溉系统（传感器应当安装在植物根部区域，以传递更精确的数据）。

灌溉系统应当能经得起经常性的检查以确保系统功能正常发挥，检查工作主要包括以下几点：

▶ 在春季月份里激活灌溉系统，在秋季关闭（在寒冷气候带）
▶ 清理灌溉喷嘴的碎石土
▶ 检查灌溉控制器、传感器、阀门和肥料喷射器
▶ 检查并修复管道上漏水的地方
▶ 确保灌溉系统和施肥系统的适当运行，以优化植物生长
▶ 检查适当的水流和水压
▶ 如果需要的话，为电子设备更换电池

维护

综合性维护方案应当要在三个层面上对植生墙进行周期性检查：

▶ 支持结构与建筑外墙的结合情况
▶ 灌溉系统性能表现
▶ 植物健康情况

在安装的最初几个星期内，检查应当每星期进行一次，维护可以每个月进行一次。当植物完全长成后，检查工作可以每两个月甚至每三个月进行一次。在每次检查过程中，维护团队需要：

▶ 检查植物病害、杂草生长状况以及虫害情况
▶ 修剪掉生长方向错误或在建筑外墙、屋顶材料内扎根的枝条
▶ 打薄过度生长或乱成一团的植物
▶ 移除并重植生命墙模块中损坏的和生病的植物
▶ 进行土壤测试以确保适合的养分含量

立面支撑植生墙系统只在成长期间（最初的两至三年）需要定期维护，而生命墙系统则需要在整个生命周期内进行定期维护。

对所有植生墙区域进行维护可以从建筑占地内部进行吗？还是需要通过外侧（公共用地或旁边的建筑地产）进行？

维护工作是否可以从地面直接进行（借由剪刀式升降机和车载式吊车），对高层植被的维护是否需要通过固定在植生墙后面的构造平台或从屋顶或中间楼层放下来的悬空式操作台进行？

总的来说，建议选用安装植生墙的公司来进行维护服务。

火灾与其他风险

植生墙的易燃材料环绕在建筑立面周围，将建筑内的楼层和防火隔断重新连接起来。因此，在设计植生墙的时候需要咨询防火工程师的意见。

除了火灾之外，也需要考虑到其他风险，如那些通过植生墙攀爬上建筑的非法行为，尤其是当他们顺着植生墙滑到地面上的时候（如铤而走险之流、小偷和其他侵入者）。这更涉及到私人安全问题，有可能会造成盗窃或财产损失。

是否考虑到材料砸到下方行人的风险？绝大多数植物材料都比较轻，因此不会产生什么问题，但如果是大型树木情况就不同了，它们的树枝、坚硬的果实（例如松果）都可能给行人带来伤害。

植物是否经过检查，以确定无毒？否则如果被食用或是碰触了，便可能造成伤害，尤其是当建筑内小孩子比较多的时候，更不能忽略这个问题。

4.2 未来研究展望

下面这些论题如果能得到进一步的研究调查，一定会令我们受益匪浅，对植生墙全部潜力的发挥会有更好的理解，同时也能充分说明相关的一些问题：

植物绿化立面建筑中的标准化节能量化（绿化立面每单位面积减少的耗能量）——采用模拟方法与实地进行节能监测得出。这一过程需要在所有的气候带进行。

关于绿化立面在现实中对微气候和城市热岛效应的影响的研究。

对绿化立面系统完全生命周期的分析，及其潜在的经济利益。

针对垂直绿化对建筑使用者的身心健康以及生产力的影响，进行实证测量。

针对垂直绿化对行人和其他非建筑使用者的身心健康以及生产力的影响，进行实证测量。

植物层对降低到达建筑立面的风速的效果以及对空气渗透的影响。

对植生墙降低噪音及建筑内外声音传递的量化。

对垂直植被为其附近城市环境的隔音性能的量化。

分析结构要素中的总蕴含能量、用于维护和其他需要支持垂直绿化可持续生长的活动的能源，同因为安装植生墙而预期的净能源利益进行对比。

分析植生墙和垂直植被在复原野外动植物和由于城市化而失去的当地生态环境上的充分潜力。

5.0附录：植生墙与建筑节能

5.0附录：植生墙与建筑节能

艾琳娜·苏索洛娃

5.1. 植生墙的节能效果

植生墙的节能效果依赖于它们对建筑内部和外部间环境热传导影响的能力。主要影响建筑立面热量传递的外部因素有：(i)大气和地表的太阳热辐射，(ii)气温，(iii)相对湿度，(iv)风速。植生墙上的植物和其他部件，例如种植基质和支撑结构，削弱了这些气候因素对建筑外墙表面的影响，并由此减少了通过立面的热量传导，已达到减低供热制冷能耗的目的。

理解植生墙和个体热物理过程间的能量平衡，对于评估植生墙对建筑热性能和节能潜力是至关重要的。下图展示了覆盖植物层的建筑立面表面的能量平衡和通过立面的热量流动（盖茨，2003），（坎贝尔，1998），（琼斯，1992）（见图5.1）。植物覆盖的立面的能量平衡包括多种热量流动，接受的太阳辐射，立面和天空、

地表、植物层间的红外线辐射交换，传向和传出立面的对流，植物层的水分蒸发量，立面材料的蓄热量以及通过立面的热传导。

总之，植物层作为一个附加的隔热层，通过以下几点提高了建筑立面的热性能：

▶ 遮蔽外墙使之免受太阳辐射

▶ 使外墙不暴露在风中

▶ 为外墙周边空气降温

▶ 沿植物立面布置种植基质层（土壤或无机介质），增加外墙的隔热值，例如生命墙。

植物遮阴

建筑外墙的植物层通过叶片拦截了全部辐射的一部分，反射了一部分，将剩下的传导进后方的外墙。由于这种遮蔽效果，植物层后方的建筑外墙立面表面的温度和温度梯度（内表面和外表面的温

度差异）通常比无遮蔽的立面低（狄，1999），（伊维莫夫保罗，2009），（保屋野，1988），（N. H. 王，2010），（佩里尼，2011），（佩雷兹，2011），（斯特恩伯格，2011），（苏索洛娃，2013），（苏索洛娃，2014）。因此，由立面表层温度梯度驱动的，通过植生墙的热传导也相应减少。这种影响可以通过一张拍摄于温暖正午、攀爬于砖墙的常春藤藤蔓的红外图像说明（见图5.2）。裸露的墙体与覆盖植物的立面间的温度差约为12℃（20°F）。

传导到外墙表面的太阳辐射量，随着叶片密度以指数方式递减，叶片密度通常用叶面积指数（LAI）表示（坎贝尔，1998）。叶面积指数是立面或平面单位面积上的叶面积，同时与其他植物参数有关，如叶片尺寸，植物层厚度和密度。叶面积指数是单位表面积上叶片的总投影面积，随植物叶片大小、密度和植物

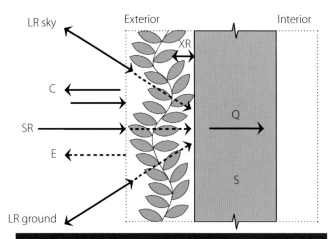

SR - shortwave radiation
LR - longwave radiation
XR - plant-wall radiative exchange
C - convection
E - evapotranspiration
Q - conduction through the façade
S - heat storage in the façade material

▲ 图5.1：绿化立面的能量平衡。© 艾琳娜·苏索洛娃

▲ 图5.2：无花攀援植物（薜荔）在砖墙上的红外图像。© 艾琳娜·苏索洛娃

年龄的不同而变化（见图 5.3）。对于那些叶片松散，没有完全覆盖墙面的年轻植物，到 3 ～ 5 年的叶片稠密的成熟植物，这个比值在小于 1 的范围内变化（于，2006），（卡梅伦，2014）。

植物阴影帮助减少通过外墙的热传导，因此降低了建筑的热吸收和制冷负荷（狄，1999），（苏索洛娃 2013），（苏索洛娃 2014）。制冷负荷的减少，降低了全年空间调节的能源使用量和最高电量需求。

只有在外墙暴露在阳光下时，植物遮光对建筑立面热性能才有显著的影响，在夜间、阴天或是植生墙立面永久笼罩在周围物体的阴影中时不起作用（保屋野，1988），（伊维莫夫保罗，2009），（N.H. 王，2010），（苏索洛娃 2014）。事实上，由于叶子浓密，通常立面的表面

温度在夜间更高，因为植物多少阻碍了立面向夜空的热辐射，从而影响了立面的自然降温。暴露于阳光下最大的立面朝向，自然表面温度和通过立面的热传导减少最多。事实上，在北半球，东侧和西侧墙上的植物对立面热力性能的提升最高（伊维莫夫保罗，2009），（佩里尼，2011），（苏索洛娃，2014）。植物遮阳主要作为一种减少热能吸收和满足降温需求的方法，它只在热带气候地区才能全年发挥作用，在温带和寒带气候地区只在夏天有效。如果在冬季使用，植物层实际上降低了暴露于阳光下的外墙的热性能（东侧、西侧、南侧），因为它阻碍了对墙体的太阳辐射，增加了室内空间的热量损失（黄，1987）。在阳光照射的立面方向上使用落叶植物可以解决这一问题。这些植物在夏季提供遮阳，寒冷的月份叶子脱落。

降低风速

外墙的植物层减少了通过叶片的风。在植物后面的立面表面周围空气流动减慢的情况下，这层几乎静止的围绕着植物叶片和枝干的空气，充当一层附加的保温层。例如德瓦尔和马丁利的研究，评估了植物防风墙的安装对建筑的影响，观察结果是寒冷气候下一排在小型建筑前的树木，对立面上风速的削减达 29 ～ 48%（德瓦尔，1983），（马丁利，1977）。这些研究的结果表明，多孔的景观元素（例如乔木、灌木、植物）对于减少空气流速，同样比固体阻碍物更有效，而且有助于阻断涡流，使立面上的风压分布更均匀。另一项研究，测试了在荷兰一座两层的砖混建筑西北侧立面上覆盖的 20 厘米厚的常春藤层中心的空气流速，结果显示，植物覆盖

的墙体附近的空气流速比那些无遮蔽的墙体附近的空气流速低84%（佩里尼，2011）。

降低立面附近的风速和温度可以帮助减少通过外层墙体的空气渗透，空气渗透由建筑内部和外部的风压差和气温差引起。空气渗透是寒冷天气里建筑供热负荷和热能消耗的主因。依据上面提到过的德瓦尔和马丁利等人的研究，成排的乔木减少了30～54%的空气渗透（德瓦尔，1983），（马丁利，1977）。一项较新的由苏索洛娃等人进行的研究估计，在芝加哥一座四层高的建筑的砌体外墙面上的一层20厘米厚的波士顿常春藤（地锦）层，依据选定的空气渗透模型，可以平均减少4%～12%，最高减少42%～97%的空气渗透（苏索洛娃，2014）。同时，外墙附近风速的降低可

能会在炎热天气对立面的热性能带来负面影响，因为空气流动对立面表面的降温作用可能会被植物阻碍。立面植物对降低空气渗透的效果的研究还不充分，没有准确的量化。

因为减少空气渗透对降低建筑的热负荷和热能利用十分重要，单从空气渗透角度考虑，在温和及寒冷气候带的冬季使用立面植物是合适的。最好的防风措施是紧挨立面，用叶子浓密的强壮植物形成一个充足的静止空气层。与表面和空气温度的梯度不同，一天中不同的时刻和太阳辐射水平对植物覆盖的墙体附近的风速减少效果微乎其微（苏索洛娃，2014）。

蒸腾降温

在植物中进行的蒸发过程，叶片促进从

大气中吸收二氧化碳并从植物中释放氧气（盖茨，2003）。同时，植物中的水分从叶片表面蒸发进入大气——这个过程叫做蒸腾。蒸腾通过气孔进行，气孔是叶子表面控制叶片和大气之间的气体交换的一种微小孔隙。

叶片的蒸腾率由气孔孔径决定，同时受多种因素的影响，包括相对湿度、气温、光照水平、叶片与大气间的静水压以及叶片内外的二氧化碳浓度（盖茨，2003）。气孔对于叶片内部和外部的空气水势差异十分敏感，当环境空气变干燥时，蒸腾率显著降低。此外，依照植物的生长规律，气孔对环境光照水平做出反应，在白天打开，夜间关闭，这意味着夜间不发生蒸腾。

蒸腾过程不仅为植物叶片降温，同时冷

植物蒸腾的对空气的冷却作用，对于立面的热力性能有益，因为它帮助减少了通过外墙的热传导，进而降低了建筑的冷负荷和用于空间制冷的能量消耗。

LAI ~0.25　　　　LAI ~0.75　　　　LAI ~1.5

▲ 图5.3：不同叶面积指数的植物层。© 艾琳娜·苏索洛娃

Climate	Season	Solar Radiation Level	Plant Shading				Wind Reduction	Air Cooling
			N[1]	E[1]	S[1]	W[1]		
Hot	Summer	Bright Day	-	D,E[2]	D,E	D,E	-	D,E
		Cloudy Day	-	D,E	D,E	D,E	-	D,E
		Night	-	-	-	-	-	-
	Winter	Bright Day		D,E	D,E	D,E	-	D,E
		Cloudy Day		D,E	D,E	D,E	-	D,E
		Night		-	-	-	-	-
Temperate	Summer	Bright Day		D,E	D,E	D,E	-	D,E
		Cloudy Day					-	D,E
		Night					-	-
	Winter	Bright Day					D,E	
		Cloudy Day					D,E	
		Night					D,E	
Cold	Summer	Bright Day		D,E	D,E	D,E		D,E
		Cloudy Day						D,E
		Night		-	-	-		-
	Winter	Bright Day	-	-	-	-	E	-
		Cloudy Day	-	-	-	-	E	-
		Night	-	-	-	-	E	-

[1] Façade Orientations: North (N), East (E), South (S), and West (W)
[2] D- Deciduous plants; E - Evergreen plants

▲ 表5.1：植物层在改善建筑热性能方面的效力。© 艾琳娜·苏索洛娃

却了植物周边环境的空气。蒸腾率以及植物对空气的冷却比率，不仅依赖于环境条件，也与个体植物种类的生物学特征有关，例如气孔的尺寸和密度（气孔导度或阻力）、叶片常见规格以及叶片密度（后两者通常通过叶面积指数衡量）。通常，植物层在立面附近创造了一个更温和的局部微气候，覆盖有常青藤的外墙附近的环境气温比没有覆盖的墙体附近低0.8℃～3℃（取决于方向）（保屋野，1988），（N. H. 王，2010），（卡梅伦，2014），（苏索洛娃，2014）。植生墙附近的相对湿度高2%～4%，但是尽管植物层在墙体附近创造了更高的相对湿度，裸露墙体和植物立面的绝对湿度比

例相近（苏索洛娃，2014）。一项长达一年的研究监测了温带气候条件下，常青藤覆盖的墙体附近的微气候环境，发现在户外气温和相对湿度方面，植生墙的日较差更小（斯特恩伯格，2011）。

植物蒸腾的对空气的冷却作用，对于立面的热力性能有益，因为它帮助减少了通过外墙的热传导，进而降低了建筑的冷负荷和用于空间制冷的能量消耗。另一个潜在的益处是，将植物层放在进风口机械系统。通过植物预冷的环境空气，冷却至要求的温度点，需要更少的能量。蒸腾仅发生在白天，植物有叶片在生长的季节。这意味着蒸腾作用带来的空气冷却作用，在热带和温带全年，在寒冷

气候带的夏天，可以用作制冷的方式。

表 5.1 概述了在一天中的不同时刻、不同光照水平、季节、气候带和立面朝向条件下，植物层对于提高建筑热力和能源性能的效力。

5.2 实验性研究

关于植物对建筑热力性能和能源使用的影响的研究最早开始于 20 世纪 80 年代末期，从那以后，伴随着相关调查在亚洲、欧洲及北美洲的稳步展开，对于这一课题的兴趣不断增加。

保屋野的一项早期研究，通过对东京一座真实建筑的两项实验，研究建筑外墙

上的植物的降温效果（保屋野1988）。在第一个实验中，对一栋西南朝向的混凝土建筑上两扇嵌入式窗户进行对比。第一扇窗没有植被，第二扇前面有常青藤覆盖。作为实验的一部分，研究员测量了环境气温、植物表面温度、植物前后的太阳辐射以及相对湿度。在常春藤帘后面的窗户，比没有帘幕的窗户太阳辐射量要低25%（中午11点前低40%，下午3点后低60%～70%），环境气温低1℃到3℃。这项研究同时显示，植物帘幕的存在，显著损害了对流通风的自热冷却的效果。在第二个实验中，对比两个西侧朝向的建筑立面，一个是光秃秃的，另一个布满了常青藤。测量环境温度，植物表面温度、立面内外表面温度、室内房间温度、植物前后太阳辐射以及通过立面的热流动。有植被覆盖的立面表面温度比没有的低10℃。由于植物覆盖，通过立面的热流动值从200千卡/立方米小时降低至50千卡/立方米小时。

狄和王的研究评估了植物如何影响建筑热力性能（狄，1999）。研究人员对比北京的一座双层砖混建筑的西侧立面，立面上一步分区域密集的覆盖着常春藤，另一区域是裸露的。研究人员测量了太阳辐射、环境气温、植物表面温度、外侧立面表面温度、室内气温、相对湿度、立面处的风速。实验显示，在白天，植物表面的温度比裸露立面低4.5℃，比植

物后面的立面表面温度高8.2℃。在夜间，裸露立面表面温度比植物覆盖的立面高4℃。植被覆盖立面外侧表面的热通量白天比裸露立面低50%，夜间稍低一些。在白天，植被覆盖立面的内侧表面热通量的值（平均0瓦/平方米，最大8.16瓦/平方米）比裸露立面（平均2.045瓦/平方米，最大11.38瓦/平方米）低很多，夜间这一值稍低。总计，建筑冷负荷峰值被降低了28%。

伊维莫夫保罗等人的实验评估了植生墙对建筑的东侧立面的热力性能的影响，这是一座位于希腊塞萨洛尼基的五层砖混，其中玻璃的面积占楼板面积的15%（伊维莫夫保罗，2009）。对二层的植被覆盖区域和三层的裸露区域进行对比。测量室内室外环境气温、植物表面温度、植物后面立面表面温度以及房间内部表面温度。当立面覆盖有植物时，它的表面温度低很多，尤其是在温暖的天气里。植被后的立面表面温度比裸露立面表面温度低1.9℃至8.3℃（平均5.7℃）。

一项王等人的研究测试了不同类型植生墙系统，来评估它们对于建筑热力性能的影响（N. H. 王，2010）。在新加坡的园林公园，仿照九种类型的绿化立面和生长墙，安装了完整尺寸墙体模型。模型包括以下植物立面类型：

▶ 墙1：垂直界面、带有混合基质的模

块植生墙

▶ 墙2：模块架立面

▶ 墙3：垂直界面、带有混合基质的模块网格植生墙

▶ 墙4：垂直界面、带有无机基质的模块植生墙板

▶ 墙5：成角界面、带有绿化屋顶基质的植生墙板花槽

▶ 墙6：水平界面、带有土壤基质的微型框架花槽

▶ 墙7：垂直界面、带有无机基质的竖向苔藓瓦片植生墙

▶ 墙7a：水平界面、带有土壤基质的灵活的挂袋植生墙

▶ 墙8：水平界面、带有土壤基质的植物盒植生墙

这九种类型的绿化墙面模型，种有植物的一面代表墙体外侧立面，与一面没有植物的墙体做比较。测量植物下方立面表面温度、基质表面温度、环境气温（距离立面0.15，0.30，0.60米）以及相对湿度。测量结果显示，与裸露的墙面相比，所有绿化墙体系统都显著降低了植物后面立面的表面温度，最明显的降温发生在白天。墙3和墙4的表面降温最大值最高，分别达到11.58℃和10.94℃；墙1、墙5、墙8的降温最高值，分别是9.27℃，10.03℃，和10.03℃；墙6、墙7的最大降温值是

Author & Year	Location	Climate Zone*	Period	Duration	Green Wall Description	Façade Orientation	Façade Surface ΔT(decrease)	Cooling Savings (%)	Ambient Air ΔT(decrease)
Hoyano, 1988	Tokyo, Japan	Humid Subtropical	Summer	A few days	Vine-covered screen in front of a window	SW	13°C – 15°C		1°C – 3°C
					Plant-covered building façade	W	10°C		
Di, 1999	Beijing, China	Humid Continental	Jun	1 Month	Plant-covered building façade	W	8.2°C	28%	
Evmorfopoulou, 2009	Thessaloniki, Greece	Semi-arid	Jul – Aug	1 Month	Plant-covered building façade	E	1.9°C – 8.3°C		1°C – 2°C
Wong, 2010	Singapore	Tropical	Feb, Apr & Jun	3 Days	Mockups of 9 Green Wall types	S	1.1°C – 11.58°C		3.33°C
Perini, 2011	Delft, Netherlands				Vine-covered building façade	NW	1.20°C		0.12°C
	Rotterdam, Netherlands	Oceanic	Sep – Oct	1 Month	Living wall type 1	NE	2.73°C		0.17°C
	Benthuizen, Netherlands				Living wall type 2	W	3.85°C		(0.85°C)
Perez, 2011	Lledia, Spain	Arid	Apr – Sep	6 Months	Vine-covered screen in front of building façade	NW, SW, SE	5.5°C		

* Koppen Climate Classification

▲ 表5.2：关于植被热效应的实验性研究总结。© 艾琳娜·苏索洛娃

6.85℃和7.13℃。墙2（模块架）最大降温值为4.36℃。最大的外立面表面温度降低值发生在最密集的植被绿化墙体系统中。结果同时显示，植物立面最高可降低3.33℃的环境气温。

近期佩里尼等人的实验，研究了植生墙降低风速和温度的效果（佩里尼，2011）。在夏季对荷兰三个不同植生墙系统进行了两个月的监测，植生墙包括一个西北朝向的藤蔓覆盖的立面以及嵌入东北侧、西侧外墙的两种模块化生长墙。结果显示，对于藤蔓的覆盖，有植物覆盖的立面，表面温度比没有覆盖的立面平均低1.20℃，第一种生长墙的

温度低2.73℃，第二种生长墙的温度低3.85℃。对于藤蔓覆盖的立面，植生墙外墙附近风速每秒降低0.43米，第一种类型的生长墙每秒降低0.55米，第二种类型的生长墙每秒降低0.15米

一项佩雷兹等人最新的实验，研究了西班牙列伊达的一栋建筑上藤蔓帘幕的影响，建筑的西北侧、西南侧和东南侧立面前0.8米～1.5米，各有一条竖向的藤蔓帘幕（Peréz 2011）。研究测量了外部照度、环境气温、立面表面温度、相对湿度和风速。结果显示有植物帘幕遮阴的立面，表面温度比直接暴露于阳光下的立面表面温度平均低5.5℃。

实验性研究的结果汇总在表5.2中。

5.3 模拟性研究

大量模拟性研究模拟了植物立面在减少太阳辐射、气温波动、立面表面风速和整体能源消耗方面的作用。研究结果显示，在外墙上安装植物显著降低了建筑能源消耗总量。黄等人的研究，评估了树木的遮阳、减少风和蒸腾过程的空气冷却效果如何影响建筑降温（黄，1987）。研究人员用DOE-2.1C软件模拟位于不同气候带（萨克拉门托，加利福尼亚州；凤凰城，亚利桑那州；查尔斯湖路易斯安那州；洛杉矶，加利福尼亚州）的典型的、通过空调制冷的一层木制结

构房屋的制冷能源消耗，房屋周围树木覆盖面积比例各不相同（10%，25%，及30%）。

模拟实验测量了树木对于建筑全年能耗、冷负荷峰值和花费的影响。结果与一个典型的，隔热性能适度的基础样本进行对比。模拟数据显示，全年制冷能源需求明显减少。在树木覆盖率是10%的样本中，能源需求减少为萨克拉门托18.4%，凤凰城10.5%，查尔斯湖10.5%。在树木覆盖率是25%的样本中，能源需求减少为萨克拉门托42.5%，凤凰城25.6%，查尔斯湖27.4%。最后，在树木覆盖率是30%的样本中，能源需求减少是萨克拉门托53.3%，凤凰城33.1%，和查尔斯湖34.7%。

霍尔姆用DEROB软件模拟了一栋位于南非比勒陀利亚的虚拟的一层建筑，测试覆盖在外墙的植物的作用（霍尔姆，1989）。这个计算机模型测试了多方面的参数，例如建筑方向、季节、气候和建筑热质量。模拟实验显示，在朝向赤道和西方的、高热质量建筑（混凝土结构）立面中，覆盖有植物的比没有覆盖

的建筑，夏季和冬季的室内温度低1℃。低热质量建筑（金属龙骨结构）中，对于朝向赤道的墙面，立面有植物覆盖的比没有植物覆盖的，室内温度在夏季低5℃，冬季低2℃到3℃，对于朝向西方的墙面，立面有植物覆盖的比没有植物覆盖的，夏季温度低1℃到4℃。

王等人的一项研究，模拟了植物对建筑能源消耗和城市热岛效应的影响（N. H.王，2009）。研究人员用TAS能耗模拟软件建立了一个位于新加坡的10层虚拟建筑，建筑平面30米×30米，标准层高4米。研究人员模拟了以下建筑方案，墙体的不透明性和植物覆盖变化如下：（1A）所有墙体均不透明，（1B）所有墙体均覆盖植物，（2A）建筑的墙体50%透明，50%是玻璃，（2B）建筑的墙体50%覆盖植物，50%是玻璃，（3A）全部是玻璃构成的建筑，（3B）全部是玻璃构成的建筑，其中有50%的面积有植物覆盖（3C）全部是玻璃构成的建筑，且全部面积有植物覆盖。

实验测试了植物种类和相应的遮阳系数最高值（有植物遮阳的墙面面积与墙面

总面积的比值）和叶面积指数（植物叶面积与土地面积的比值）。测量室内平均辐射温度和整座建筑的冷负荷。建筑1A和1B的模拟结果证实，立面上的植物显著降低了室内平均辐射温度，平均降低值为8.73℃（最大值10.38℃），减少建筑冷负荷74.29%。对于建筑2A和2B，模拟结果显示，立面上的植物少量降低了室内平均辐射温度，平均值为0.58℃（最大值1.27℃），减少建筑冷负荷10.35%。对于建筑3A和3C，结果显示，立面上的植物降低室内平均辐射温度的平均值为2.53℃（最大值4.91℃），减少建筑冷负荷17.93%。研究表明，植物对于减少通过立面的热传导效果明显，而对于辐射方式进行的热传导作用较小。具有高遮阳系数和高叶面积指数的植物，获得的结果最好。

康托利昂等人用一个平面电路模型，分析了植物覆盖对于建筑热力性能的影响，电路模型带有一个电阻器，代表墙体装配层上的热阻（康托利昂，2010）。他们模拟了一栋位于希腊塞萨洛尼基的单层正方形砖砌建筑，平面10米乘10米，

植物对于减少通过立面的热传导效果明显，而对于辐射方式进行的热传导作用较小。

Author & Year	Location	Climate Zone*	Green Wall Description	Façade Orientation	Façade Surface ΔT(decrease)	Cooling Savings (%)	Room Air ΔT(decrease)
Huang, 1987	Sacramento, USA	Semi-arid	Building shaded by trees	All		18.4 – 53.3	
	Phoenix, USA	Arid	Building shaded by trees	All		10.5 – 33.1	
	Lake Charles, USA	Humid Subtropical	Building shaded by trees	All		10.5 – 34.7	
Holm, 1989	Pretoria, South Africa	Humid Subtropical	Low-mass building with a vine-covered façade	N			2°C – 5°C
			Low-mass building with a vine-covered façade	W			1°C – 4°C
			Low-mass building with a vine-covered façade	N			1°C
			Low-mass building with a vine-covered façade	W			1°C
Wong, 2009	Singapore	Tropical	Building with a 100% plant-covered façade	All		74.3	8.73°C
			50% glazed and 50% plant-covered façade	All		10.4	0.58°C
			100% glazed and 100% plant-covered façade	All		17.9	
Kontoleon, 2010	Thessalonik, Greece	Semi-arid	Building with a plant-covered façade	N	1.73°C	4.7	
			Building with a plant-covered façade	E	10.53°C	18.2	
			Building with a plant-covered façade	S	6.46°C	7.6	
			Building with a plant-covered façade	W	16.85°C	20.1	

* Koppen Climate Classification
Note: All authors ran annual energy simulations for 1 year

▲ 表5.3：关于植被热效应的模拟性研究总结。© 艾琳娜·苏索洛娃

高 3 米，没有窗户。一个裸露立面的墙体模型与一个立面覆盖植物的带棚模型对比。研究测试了建筑朝向、保温层位置、植物覆盖面积的影响，测量室外室内环境气温、植物表面温度、立面表面温度、房间内侧表面温度和建筑冷负荷的减少量。结果显示，有植物覆盖的立面，立面和房间表面温度都要比裸露立面的温度低。

平均外表面温度差为北向墙体 1.73℃，东向墙体 10.53℃，南向墙体 6.46℃，西向墙体 16.85℃。平均内墙表面温度差为北向墙体 0.65℃，东向墙体 2.04℃，南向墙体 1.06℃，西向墙体 3.27℃。东西两侧立面的温度差异尤其明显。立面表面温度在白天的起伏值，植物立面（西侧立面平均 1.90℃，最大 2.42℃）比裸露立面低（西侧立面平均 10.79℃，最大 19.27℃）。最终，结果显示当使用立面植物时，建筑冷负荷更低。植物附加层为北侧墙体减少了建筑冷负荷 4.56%，东侧墙体减少了 18.17%，南侧墙体减少了 7.60%，西侧墙体减少了 20.08%。模拟研究的结果汇总在表 5.3 里。

这里没有详细讨论的一些较新的研究，

▲ 图5.4：位于芝加哥伊利诺伊理工大学校园内的西格尔礼堂。© CTBUH

也对立面植物对建筑热力和能量性能的影响做了评估（于，2006），（普赖斯，2010），（斯特恩伯格，2011），（陈，2013），（马扎里，2013），（卡梅伦2014）。他们的实验和模拟推断结果与上面评估的研究结果相似。

5.4 CTBUH 的节能研究

CTBUH 研究组通过使用一个没有土壤的植生墙综合数学模型，研究了绿化立面对建筑能量性能的影响（苏索洛娃，2013）。模型模拟一层扎根在地面的竖向植物，例如藤蔓或是直接生长在没有土壤或基质的建筑外墙上的平坦的竖向灌木。这个模型，解释了在植物覆盖的外墙和植物上面发生的物理热学过程，这个结果是通过在夏季进行长达一周的，对伊利诺伊技术学院校园的现存建筑裸

露的和有植物覆盖的立面的热性质的测量得出的（见图 5.4 及 5.5）。这项研究的目的是评估带有植物立面的建筑能耗减少的可能性，并检验多种因素对建筑能源效率的影响，这些因素包括天气状况、所处气候带、立面朝向、墙体装配类型以及各种植物特性。

能量分析在位于凤凰城气候区域的一个单一的热量空间进行。每个模拟热量空间，平面都是正方形，6 米宽，6 米深，2.75 米高（这些尺寸是依据常用的官方模块大小 1.5 米乘 1.5 米得来的）。模型的天花板、地板和三面内墙是隔热的（通过材料不吸收和损失热量），房间室内室外间的热传导仅发生于一面外墙。假设这个热量空间的外墙覆盖着植物层。

带有植物立面的测试模型与裸露立面的

基准模型对比，比较包括多种因素，建筑类型（写字楼和住宅），空间几何结构（一面和两面外墙），外墙不透明性（100% 不透明和 60% 不透明 + 40% 玻璃），立面朝向（东西南北），外墙装配类型（隔热和不隔热的砖墙、隔热和不隔热的金属龙骨墙），植物叶面积指数（1、2、3）。计算每个热量空间的全年能源消耗，与基准模型对比，发现植物层带来的节能效果。

各个热量空间的全年冷却能源消耗和总能源消耗的减少量差别很大。全年制冷能源使用量的减少平均百分比为 LAI 1 11% ~ 33%，LAI 2 22% ~ 55%，LAI 3 2% ~ 66% 。能量消耗总量平均减少 LAI 1 0.3% ~ 2.7%，LAI 2 0.6% ~ 4.4%，LAI 3 0.2% ~ 5.4% 。覆盖密集植物层的东朝向、不透明、无保温的砖材料墙体的

▶ 图5.5：下图：CTBUH在伊利诺伊理工大学进行实验用的测试仪器。© CTBUH

住宅热量空间（LAI 3），总能源减少率（6.2%）和全年制冷能源消耗减少率（34.6%）最高。

测试模型代表了在典型的中高层写字楼和住宅楼中，机械制热、制冷和通风的热量空间。在这两种类型的建筑中，植物覆盖外墙的居住热量空间，比办公空间热量使用减少的百分比高。这种差异是因为办公建筑和住宅的活动和负荷不同造成的。写字楼大多人员密集，又有多重内部热源（例如办公设备、灯等），相比之下，住宅的人口负荷更低，内部热源更少。通过住宅楼外墙的热传导占总能源负荷的大部分，因此造成了更大的能源减低率。这种能源使用减少的情况在独户住宅建筑更明显，因为那里通过建筑表面产生的制热制冷负荷占建筑总能量负荷的更大一部分。

能量损耗的降低依赖于建筑立面覆盖植物层的数量。最大的能效提升发生在有两面覆盖植物的不透明外墙的热量空间。在外墙带有玻璃，植物覆盖仅为60%的热量空间，植物立面带来的能源节省的效果稍有降低。

立面朝向对于节能至关重要，这是因为在不同的纬度、太阳角、建筑海拔高度情况下，立面吸收的太阳辐射量不同。依据对凤凰城的立面植物层的研究，能源减少最高的情况，发生在东侧和南侧。

植物层后面的外墙采用的材料，在能源消耗中扮演着重要的角色。在四种不同装配类型外墙的热量空间中，能源消耗减少最高的是无隔热的砖砌外墙空间。能效提升直接依赖于原始外墙的热阻，主要发生在隔热较差的墙体上。对于隔热良好的外墙这种提升极小。

最后，能源节省最高的是外墙被叶面积指数为3的密集植物层覆盖的热量空间。节能的多种因素总结在表5.4中。

注：该研究由伊利诺伊理工大学进行，由瓦格纳研究所可持续研究中心（WISER）跨学科种子基金会赞助，2011年。

事实上，由于叶子浓密，通常立面的表面温度在夜间更高，因为植物多少阻碍了立面向夜空的热辐射，从而影响了立面的自然降温。

	Office Thermal Zone									Residential Thermal Zone								
	60% Opaque Wall + 40% Glazing									60% Opaque Wall + 40% Glazing								
	Single Wall						Corner Wall			Single Wall						Corner Wall		
Façade Wall Type	N	E	S	W			N	S		N	E	S	W			N	S	
Brick Wall (Insulated)	0.1	1.0	0.2	0.5			0.3	0.2		0.1	0.9	0.2	0.4			0.2	0.2	
Brick Wall (Uninsulated)	0.3	3.5	1.2	2.0			1.3	1.5		0.3	3.2	1.0	1.7			0.9	1.1	
Metal Stud Wall (Insulated)	-	0.2	(0.1)	0.0			(0.0)	(0.1)		-	0.2	(0.1)	0.0			(0.0)	(0.1)	
Metal Stud Wall (Uninsulated)	0.1	1.0	0.1	0.4			0.2	0.1		0.1	0.9	0.1	0.4			0.2	0.1	
	100% Opaque Wall									100% Opaque Wall								
	Single Wall						Corner Wall			Single Wall						Corner Wall		
Façade Wall Type	N	E	S	W			N	S		N	E	S	W			N	S	
Brick Wall (Insulated)	0.0	1.4	0.3	0.7			0.4	0.4		0.1	2.1	0.4	1.1			0.6	0.6	
Brick Wall (Uninsulated)	0.3	4.8	1.6	2.7			1.9	2.3		0.6	6.1	1.9	3.4			2.0	2.5	
Metal Stud Wall (Insulated)	-	0.3	(0.1)	0.0			(0.2)	(0.0)		(0.0)	0.5	(0.2)	0.1			(0.0)	(0.3)	
Metal Stud Wall (Uninsulated)	0.1	1.4	0.1	0.6			0.3	0.2		0.1	1.9	0.2	0.8			0.4	0.2	

Note: N- North, E- East, S- South, and W- West façade orientation

▲ 表5.4：热测试区在不同参数组合下的每年总节能量。© 艾琳娜·苏索洛娃

6.0 参考文献

参考书目

书籍

Adrià, M. & Allard, P. (ed.). (2010) 《白色蒙大拿：智利近代建筑》. Vitacura: Puro Chile.

Beatley, T. (2010)《亲生物的城市：城市设计、规划与自然的整合》. Washington: Island Press.

Blanc, P. (2008) 《垂直园林：从自然到城市》. W. W. Norton & Company: New York.

Bullivant, L. & Yang, K. (ed.). (2011)《生态摩天大厦》第二卷. Mullgrave, Australia: Images Publishing.

Busenkell, M. & Schmal, P. (ed.). (2011) 《WOHA：呼吸的建筑》. Prestel: London, pp. 80–89.

Campbell, G. S. & Norman, J. M. (ed.). (1998).《环境生物物理学入门》. New York: Springer-Verlag.

Cooper, P. (2001)《新技术园林》. Mitchell Beazley: London, pp. 10.

Darlington, A. (1981)《生态墙》. London: Heinemann Educational Books.

Despommier, D. (2010) 《垂直农场：21世纪人类的食物来源》The Vertical Farm: Feeding the World in the 21st Century. New York: St. Martin's Press.

《建筑细节3：世界建筑大师的创意细节》(2001) Images Pub. Group: Mulgrave, VIC., pp. 32–33.

Di, H. F. & Wang, D. N. (ed.). (1999) 《常春藤墙体的降温作用》. Experimental Heat Transfer: 235–245.

Dunnett, N. & Kingsbury, N. (ed.). (2010)《绿化屋顶及植生墙培植》. Timber Press: Portland.

Gates, D. M. (2003) 《生物物理生态学》New Yoork: Dover Publications, Inc.

Grant, G. (2010)《绿化屋顶和绿化立面》. IHS - BRE Press: Watford, U.K.

Hopkins, G. & Goodwin, C. (ed.). (2011)《活着的建筑：绿化屋顶与植生墙》. CSIRO Pub.: Collingwood, VIC., pp. 28, 167–169, 216, 218, 236–237.

Johnson, A. (2009)⊠WOHA⊠ Pesaro Publishing: Sydney, Australia.

Jones, H. G. (1992) 《植物与微气候：环境植物生理学的计量方法》. Cambridge: Cambridge University Press.

Kishnani, N. (2012) 《绿色亚洲：可持续建筑新兴原理》. BCI Asia: Singapore, pp. 252–267.

Lambertini, A., Ciampi, M. & Leenhart, J. (eds.). (2007)《垂直园林》. Verbavolant: London, pp. 197–206.

Lambertini, A. & Ciampi, M. (ed.). (2007)《垂直园林：为城市带来勃勃生机》. Thames & Hudson: London.

《第一届密斯·凡德罗奖中的拉丁美洲建筑》(1999) Fundació Mies Van Der Rohe: Barcelona. pp. 54–55.

Min, B., Kartini, O. & Chow Lin, O. (eds.). (2003) 1001《新加坡1001种园林植物》. National Parks of Singapore: Singapore.

Minke, G. & Witter, G. (1985) 《住宅的绿色外壳：住宅绿化手册》. Köln: Edition Fricke.

Newman, P. & Matan, A. (ed.). (2013) 《亚洲绿色都市主义：崛起的绿色猛虎》. World Scientific Pte.: Singapore, pp. 123, 132–133, 237.

Newton, P. W., Hampson, K. & Drogemuller, R. (eds.). (2009)《建成环境中的技术、设计与流程创新》. Spon Press: London, pp. 239–40, 281, 467–468, 502.

Plailek, V. 《攀援植物》. Amarin Printing and Publishing Public Co., Ltd.: Bangkok.

Pomeroy, J. (2013)《空中庭院与空中花园：绿化城市生境》Routledge Taylor Francis: London.

Schaik, L. V. (2009)《垂直生态基础设施：T.R. 哈姆扎 & 杨经文作品》. Mullgrave, Australia: Images Publishing.

Vassigh, S., Özer, E. & Spiegelhalter, T. (eds.). (2012) 《可持续建筑设计作品中的最佳实践范例》. J. Ross Publishing: Ft. Lauderdale, Florida, pp. 236–238.

Viray, E. (2009) WOHA:《WOHA建筑》. Pesaro Publishing: Sydney, Australia.

Wood, A. (ed.) (2009).《2009最佳高层建筑：世界高层建筑与都市人居学会（CTBUH）国际大奖获奖项目》Council on Tall Buildings and Urban Habitat (CTBUH) / Routledge: NY, pp. 66–69.

Wood, A., Henry, S. & Safarik, D. (eds.) (2013).《2013最佳高层建筑：2013摩天大厦全球概观》. Council on Tall Buildings and Urban Habitat (CTBUH) / Routledge: NY.

Yeang, K. (1995) 《自然元素应用：建筑设计的生态学基础》. New York: Mcgraw-Hill.

Yudelson, J. & Meyer, U. (ed.). (2013) 《全球最佳绿化建筑：可持续设计的前景和性能表现》. Routledge/Taylor & Francis Group: New York, pp. 43, 157–160.

期刊文章

Almqvist, P. (2012) "墙壁上的自然"《国际地理》, pp. 92–99.

Berndtsson, J., Bengtsson, L. & Jinno, K. (eds.). (2009) "密集植被屋顶与外延植被屋顶中的径流水质量"《生态工程》, vol. 35.3, pp. 369–380.

Blanc, P. (2006) "帕特里克·布朗对垂直园林技术与艺术风格的探索"PingMag, Japan.

Blunden, M. (2010, April 23) "前一道植生墙死亡后, 议会花费十三万英镑再次引进"Retrieved April 27, 2011, from London Evening Standard: http://www.thisislondon.co.uk/standard/article-23827300-council-spends-another-pound-130000-on-living-wall-after-the-first-one-died.do

Cameron, R. W. F., Taylor, J. E. & Emmett, M. R. (eds.). (2014)"绿化立面的精彩之处: 植物的选择对植生墙降温能力有何影响"Building and Environment.

Chen, Q. & Li, X. Liu. (ed.). (2013) "炎热潮湿气候环境中植生墙系统的实验性评估"Energy and Buildings 61: 298–307.

"连续绿化" (2009) Time Based Architecture International, Vol. 6.

D'Alençon, R., Nobel, L. & Fischer, J. (eds.). (2009) "可持续建设的迁移: 国外影响与专业技术。"Proceedings of the Third International Congress on Construction History, (Cottbus), pp. 423–430.

Derbyshire, A. K. (2001)"可持续城市生境实际执行的设计意图"Proceedings of the ICE -Urban Design and Planning, vol.164, pp. 24–25.

DeWalle, D. & Heisler, M. (ed.). (1983) "防风效果对活动房屋空气渗透与环流供暖的影响"Energy and Buildings 5: 279–288.

Eichholtz, P., Kok, N. & Quiqley, J. (2010)"绿化建筑经济学"MIT Press Journal.

Evmorfopoulou, E. A. & Kontoleon, K. J. (ed.). (2009) "油漆墙面对建筑外墙热性能影响的试验方法"Building and Environment 44 (5): 1,024–1,038.

Holm, D. (1989) "通过植物覆盖外墙的方式改善建筑热性能: 模拟模型"Energy and Buildings 14: 19–30.

Hoyano, A. (1988)"植物气象应用对太阳能控制和建筑热环境的影响"Energy and Buildings 11: 181–199.

Huang, Y. J., Akbari, H. Taha & Rosendeld, A. H. (eds.). (1987)"住宅建筑中植被对减少夏季降温负荷的潜能"Journal of Climate and Applied Meteorology 26: 1,102–1,116.

Keen, M. (2009) "垂直园林: 值得期待的建筑绿化创意"The Telegraph, London.

Köhler, M. "绿化立面——回顾与展望"Urban Ecosystems 11.4 (2008): 423–436.

Kontoleon, K. J. & Evmorfopoulou, E. A. (ed.). (2010) "植生墙朝向与比例对建筑热性能的影响"Building and Environment 45: 1,287–1,303.

Kuang, C. (2009) "八层空中森林生根了！"Wired, New York.

Lehmann, S. & Yeang, K. (ed.). (2010) "与绿色城市规划师面对面: 杨经文与史蒂芬·莱曼关于绿色城市生态总体规划的对话"Journal of Green Building: Vol. 5, No. 1, pp. 36–40.

Mattingly, G. E. & Peters, E. F. (ed.). (1977) "风与树: 住宅中空气渗透功能对能源效率的影响"Journal of Industrial Aerodynamics 2: 1–19.

Mazzali, U., et al. (eds.). (2013) "温带地区植生墙能源性能的试验研究"Building and Environment 64: 57–66.

Miller, N. & Spivey, J. Florance. "绿化能得到回报吗？"Journal of Real Estate Portfolio Management, (2008): 385–399

Newcomb, T. (2010) "垂直园林的崛起"TIME Magazine.

Peréz, G. L., et al. (eds.). (2011)"作为建筑被动节能系统的垂直绿化"Applied Energy 88: 4,854–4,859.

Perini, K., et al. (eds.). (2011)"系统与对建筑外墙空气流动和温度的影响"Building and Environment 46: 2,287–2,294.

Pitts, J. & Jackson, T. O. (2008)"绿色建筑: 评估问题与观点"Appraisal Journal: 115–118.

"项目: 东京保圣那集团总部大楼" (2013) FutureArc, Hong Kong.

Reed, Richard, et al. (2009) "可持续评级工具的国际比较"JOSRE: 10.

Renterghem, T. V., et al. (2013) "建筑绿化立面的隔音潜能"Building and Environment 61: 34–44.

Reyes, J. (2002) "高能源效率建筑中自动化设计的影响"Jornadas AADECA. Buenos Aires: Argentinean Association of Automatic Control.

Sheweka, S. & Magdy, N. (ed.). (2011) "采用植生墙营造健康城市环境"Energy Procedia, vol. 6, 596–597.

Smith, A. (2013)"大型企业团体中的成功绿化方案：从利益相关者角度进行的案例研究"International Journal of Services and Operations Management, vol. 14.1, pp. 95–114.

"SOLARIS 大厦"(2010) FutureArc: 1Q, Vol. 16.

"多功能大厦 SOLARIS"(2009) Roof & Façade Asia, pp.12–13.

Sternberg, T., Viles, H. & Cathersides, A. (eds.). (2011)"常春藤在调节墙体表面微气候和对历史建筑的生物保护方面的价值评估"Building and Environment 46: 293–297.

Susorova, I., et al. (eds.). (2013)"绿化立面对建筑热性能影响的评估模型"Building and Environment, vol. 67, pp. 1–13.

Susorova, I. & Bahrami, P. (ed.)."作为高效能建筑的环境可持续发展解决方案的综合生命墙"MADE Research Journal of the Cardiff University, vol. 8.

Susorova, Irina., Azimi, Parham. & Stephens, Brent. (eds.). (2014)"攀援植被对建筑四个朝向的微气候、热性能及空气渗透的影响"Building and Environment 76: 113–124.

Webb, S. (2005)"市政厅 2 号大楼的整体设计"Environment Design Guide, vol. 36.

White, E. V. & Gatersleben, B."住宅建筑绿化：是否会影响人们对美的喜好和看法？"Journal of Environmental Psychology 31 (2011): 89–98.

Wong, M. S.; Hassell, R. & Yeo, A. (eds.). (2012)"呼吸的热带高层建筑"Architectural Design, vol. 82.6, pp.112–15.

Wong, M. S. & Hassell, R. (ed.). (2011)"可持续建筑项目报告：东南亚的高层建筑——热带高层建筑的人文学科思路"International Journal of Sustainable Building Technology and Urban Development, vol. 2.1, pp. 21–28.

Wong, N. H., et al. (eds.). (2010)"建筑外墙垂直绿化系统的热性能评估"Building and Environment 45.3: 663–672.

Wong, Nyuk Hien., et al. (eds.). (2009)"垂直绿化系统的能耗模拟"Energy and Buildings 33: 1,401–1,408.

报告

Arsenault, P. J. (2013) 植生墙：将自然融入建筑。Architectural Record. Accessed May 5, 2014. <http://continuingeducation.construction.com/article.php?L=260&C=808>.

BCA Awards 2012. (2012) Building and Construction Authority: Singapore, p. 155.

Corp, C. (2005) 绿化价值：绿色建筑，日益增长的财富。The Royal Institution of Chartered Surveyors: London.

Fuerst, F. & McAllister, P. (2009) 绿色建筑出租与价格溢价的新证据。Annual Meeting of the American Real Estate Society: Monterey.

植生墙 101：系统概况及设计。(2011) Green Roofs for Healthy Cities. Toronto.

IMAP. (2013) 绿化种植指南：绿色屋顶、绿化立面；政策选择背景论文。IMAP councils and state government: Melbourne.

LEED 参考指南，第三版。(2009)United States Green Building Council.

Morison; A. W., Hes, D. & Bates, M. (eds.). (2006) 技术研究论文 09：绿色建筑的材料选择及市政厅 2 号大厦经验。City of Melbourne: Melbourne, pp. 1–41.

Ngan, G. (2004) 绿色屋顶政策：激励可持续发展设计的工具。

北侧立面分析。(2003) North Sydney: Advanced Environmental Concepts Pty Ltd.

Osler, P., Wood, A., Bahrami, P. and Stephens, B. (2011). 植生墙对建筑节能的效果评估。WISER: Chicago.

Paevere, P. & Brown, S. (ed.) (2008) 市政厅 2 号大楼的室内环境质量与居住者生产率。Post-Occupancy Summary, CSIRO Pub., pp. 1–27.

Radovic, D. (2006) 技术研究论文 01：可持续发展城市中的自然与美。City of Melbourne: Melbourne, pp. 1–13.

Sharp, R. J. (2008). 植生墙技术、益处及设计简介。Green Roofs For Healthy Cities: Toronto.

论文

Yu, C. (2006)"植物对建筑与气候之间冲突的干预作用。"Thesis, National University of Singapore.

Press Releases

PNC Bank."PNC 揭幕北美最大植生墙"Available from: PNC News Release. Pittsburgh: PNC Bank (21 September 2009).

Takenaka Corporation."福冈安可乐斯园林证实绿色屋顶可缓解热岛效应——来自台地园林的风"Available from: Takenaka Corporation, (30 August 2001).

网页文章

美国农业部，农业研究服务中心
Available from: <http://planthardiness.
ars.usda.gov/PHZMWeb/>. (12 April,
2014).

建筑建设局，"BCA 绿色建筑标识计
划"Available from: <http://www.bca.gov.
sg/greenmark/green_mark_buildings.
html>. (18 October, 2013).

绿色生活技术，未注明日期 Available
from: <http://agreenroof.com/>. (7 March,
2014).

绿色生活技术：17,000 平方英尺植生墙
在洲际酒店扎根，2010。Available from
< http://www.greenroofs.com/pdfs/apr-
GLTIntercontinental%20Hotel_Press%20
Release_Nov%202010.pdf >. (9 January
2014).

Irwin, G.，《绿色屋顶》的"绿色屋顶"专
栏，2008。Available from: <http://www.
greenroofs.com/content/green_walls008.
htm>. (27 March, 2011).

国家公园局。激励方案，2009。Available
from: <http://www.skyrisegreenery.com/
index.php/home/incentive_scheme/
about/>.

NEDLAW 生命墙，2008。Available from:
<http://www.naturaire.com/index.php>.
(28 February, 2011).

Reviplant, 2008. Available from: <http://
www.reviplant.it/>. (7 March, 2011).

西雅图绿化系数，2013。Available
from: <https://www.seattle.gov/dpd/
cityplanning/completeprojectslist/
greenfactor/whatwhy/>. (13 April, 2011).

摩天大楼绿化：摩天大楼绿化项目

情况说明书——嘉旭阁住宅高层绿
化，2011。Available from <http://
www.skyrisegreenery.com/index.php/
home/awards_winners/the_helios_resi
dences/>. (September, 2013).

摩天大厦中心，世界高层建筑与都市人
居学会（CTBUH）全球高层建筑数据库。
Available from < http://skyscrapercenter.
com>. (May, 2014).

城市重建局，通告：LUSH 计划——为
城市空间和高层建筑设计景观，2009。
Available from: <http://www.ura.gov.sg/
uol/circulars/2009/apr/lushprogramme.
aspx>. (29 April, 2014).

Vaingsbo, P. 植生墙及其热性能价
值。Available from <http://www.
worldwatch.org/green-walls-and-their-
environmental-merits/>. (March, 2014).

其他参考网站

专业组织

Green Roofs for Healthy Cities, http://
www.greenroofs.org/

International Green Roof Association,
IGRA, http://igra-world.com/

World Green Infrastructure Network,
http://www.worldgreenroof.org/

绿色立面生产商

Carl Stahl Décor Cable, www.decorcable.
com/

Greenscreen, http://www.greenscreen.
com/

GSky Plants Systems, Inc., http://gsky.
com/

Jacob UK, http://www.jakob.com/

Helix Plant Systems, http://www.helix-
pflanzensysteme.de/

生命墙生产商

Biotecture, http://www.biotecture.
uk.com/

Elmich Vertical Green Module, http://
www.elmich.com.au/VGM/

ELT Easy Green, http://www.eltlivingwalls.
com/

GO2, http://www.myplantconnection.
com/

Green Living Technologies, http://
agreenroof.com/

Green Over Grey, http://www.
greenovergrey.com/

Greenwall, http://www.greenwall.fr/

Greenwall Biosistemas Urbanas, zttp://
greenwall.com.br/

Greenwalls Vertical Planting Systems,
http://greenwalls.com/

Gruenwand, http://www.gruenwand.at/

Nedlaw Living Walls, http://naturaire.com/

Plants on Walls, www.plantsonwalls.com/

Sage Vertical Garden Systems, http://
www.sageverticalgardens.com/

Sempergreen, http://www.sempergreen.
com/

The Greenwall Company, http://www.
greenwall.com.au/

The Living Wall, www.thelivingwallco.
com/

Woollypocket, http://www.woollypocket.
com/

90degreen, http://www.90degreen.com/

百栋世界最高建筑（截至2014年5月）

世界高层建筑与都市人居学会（CTBUH）一直在对"百栋世界最高建筑"名单进行更新维护，该排名基于每栋大厦的建筑高度，其中不仅包括已经建成的建筑，同时也包括目前在建的建筑。但是，建筑只有在竣工后才能获得官方授权认证的排名。

颜色说明:

使用黑色加粗字体的建筑已经建成，且得到了CTBUH的官方认证排名。
绿色部分的建筑虽然在建，但已经举行竣工仪式。
红色部分的建筑正在建设中，但并没有举行竣工仪式。

排名	建筑名称	城市	建成年份	层数	高度 米	英尺	建筑材料	功能
	Kingdom Tower	Jeddah (SA)	2019	167	1000 **	3281	concrete	residential / hotel / office
1	Burj Khalifa	Dubai (AE)	2010	163	828	2717	steel / concrete	office / residential / hotel
	Suzhou Zhongnan Center	Suzhou (CN)	–	138	700 **	2297	–	residential / hotel / office
	Ping An Finance Center	Shenzhen (CN)	2016	115	660	2165	composite	office
	Wuhan Greenland Center	Wuhan (CN)	2017	125	636	2087	composite	hotel / residential / office
	Shanghai Tower	Shanghai (CN)	2015	128	632	2073	composite	hotel / office
2	Makkah Clock Royal Tower Hotel	Mecca (SA)	2012	120	601	1972	steel / concrete	other / hotel / multiple
	Goldin Finance 117	Tianjin (CN)	2016	128	597	1957	composite	hotel / office
	Pearl of the North	Shenyang (CN)	2018	111	565	1854	–	office
	Lotte World Tower	Seoul (KR)	2016	123	555	1819	composite	hotel / office
	One World Trade Center	New York City (US)	2014	94	541	1776	composite	office
	The CTF Guangzhou	Guangzhou (CN)	2016	111	530	1739	composite	hotel / residential / office
	Tianjin Chow Tai Fook Binhai Center	Tianjin (CN)	2017	97	530	1739	composite	residential / hotel / office
	Zhongguo Zun	Beijing (CN)	2018	108	528	1732	composite	office
3	Taipei 101	Taipei (CN)	2004	101	508	1667	composite	office
4	Shanghai World Financial Center	Shanghai (CN)	2008	101	492	1614	composite	hotel / office
	Hengqin Headquarters Tower 2	Zhuhai (CN)	2017	106	490	1608	composite	office
5	International Commerce Centre	Hong Kong (CN)	2010	108	484	1588	composite	hotel / office
	Chongqing Corporate Avenue 1	Chongqing (CN)	2017	100	468	1535	composite	hotel / office
	Guangdong Building	Tianjin (CN)	2017	91	468	1535	composite	residential / hotel / office
	Lakhta Center	St. Petersburg (RU)	2018	86	463	1517	composite	office
	Riverview Plaza A1	Wuhan (CN)	2017	82	460	1509	–	hotel / office
	Changsha IFS Tower T1	Changsha (CN)	2016	88	452	1483	composite	residential / office
6	Petronas Tower 1	Kuala Lumpur (MY)	1998	88	452	1483	composite	office
6	Petronas Tower 2	Kuala Lumpur (MY)	1998	88	452	1483	composite	office
	Suzhou IFS	Suzhou (CN)	2016	95	450	1476	composite	residential / hotel / office
8	Zifeng Tower	Nanjing (CN)	2010	66	450	1476	composite	hotel / office
9	Willis Tower	Chicago (US)	1974	108	442	1451	steel	office
	World One	Mumbai (IN)	2015	117	442	1450	concrete	residential
10	KK100	Shenzhen (CN)	2011	100	442	1449	composite	hotel / office
11	Guangzhou International Finance Center	Guangzhou (CN)	2010	103	439	1439	composite	hotel / office
	Wuhan Center	Wuhan (CN)	2015	88	438	1437	composite	hotel / residential / office
	106 Tower	Dubai (AE)	2018	107	433	1421	concrete	residential
	Diamond Tower	Jeddah (SA)	2017	93	432	1417	–	residential
	Dream Dubai Marina	Dubai (AE)	2015	101	427	1399	concrete	serviced apartments / hotel
	432 Park Avenue	New York City (US)	2015	85	426	1397	concrete	residential
12	Trump International Hotel & Tower	Chicago (US)	2009	98	423	1389	concrete	residential / hotel
13	Jin Mao Tower	Shanghai (CN)	1999	88	421	1380	composite	hotel / office
14	Princess Tower	Dubai (AE)	2012	101	413	1356	steel / concrete	residential
15	Al Hamra Tower	Kuwait City (KW)	2011	80	413	1354	concrete	office
16	Two International Finance Centre	Hong Kong (CN)	2003	88	412	1352	composite	office
	LCT Landmark Tower	Busan (KR)	2018	101	412	1350	–	hotel / residential
	Huaguoyuan Tower 1	Guiyang (CN)	2017	64	406	1332	composite	–
	Huaguoyuan Tower 2	Guiyang (CN)	2017	64	406	1332	composite	–
	Nanjing Olympic Suning Tower	Nanjing (CN)	2017	88	400	1312	steel / concrete	residential / hotel / office
	China Resources Headquarters	Shenzhen (CN)	2017	70	400	1312		office
17	23 Marina	Dubai (AE)	2012	90	393	1289	concrete	residential
18	CITIC Plaza	Guangzhou (CN)	1996	80	390	1280	concrete	office
	Logan Century Center 1	Nanning (CN)	2017	82	386	1266	composite	hotel / office
	Capital Market Authority Tower	Riyadh (SA)	2015	77	384	1260	composite	office

排名	建筑名称	城市	建成年份	层数	高度 米	高度 英尺	建筑材料	功能
19	Shun Hing Square	Shenzhen (CN)	1996	69	384	1260	composite	office
	Eton Place Dalian Tower 1	Dalian (CN)	2014	80	383	1257	composite	hotel / office
	Abu Dhabi Plaza	Astana (KZ)	2017	88	382	1253	–	residential
	World Trade Center Abu Dhabi - The Residences	Abu Dhabi (AE)	2014	88	381	1251	concrete	residential
20	Empire State Building	New York City (US)	1931	102	381	1250	steel	office
21	Elite Residence	Dubai (AE)	2012	87	380	1248	concrete	residential
22	Central Plaza	Hong Kong (CN)	1992	78	374	1227	concrete	office
	Federation Towers - Vostok Tower	Moscow (RU)	2016	95	373	1224	concrete	residential / hotel / office
	Oberoi Oasis Tower B	Mumbai (IN)	2016	82	372	1220	concrete	residential
	The Address The BLVD	Dubai (AE)	2016	72	370	1214	concrete	residential / hotel
	Golden Eagle Tiandi Tower A	Nanjing (CN)	–	76	368	1208	–	hotel / office
	Chang Fu Jin Mao Tower	Shenzhen (CN)	2016	68	368	1207	composite	office
23	Bank of China Tower	Hong Kong (CN)	1990	72	367	1205	composite	office
24	Bank of America Tower	New York City (US)	2009	55	366	1200	composite	office
	Dalian International Trade Center	Dalian (CN)	2015	86	365	1199	composite	residential / office
	VietinBank Business Center Office Tower	Hanoi (VN)	2017	68	363	1191	composite	office
25	Almas Tower	Dubai (AE)	2008	68	360	1181	concrete	office
25	The Pinnacle	Guangzhou (CN)	2012	60	360	1181	concrete	office
27	JW Marriott Marquis Hotel Dubai Tower 1	Dubai (AE)	2012	82	355	1166	concrete	hotel
27	JW Marriott Marquis Hotel Dubai Tower 2	Dubai (AE)	2013	82	355	1166	concrete	hotel
29	Emirates Tower One	Dubai (AE)	2000	54	355	1163	composite	office
	OKO - South Tower	Moscow (RU)	2015	85	352	1155	concrete	residential / hotel
	Forum 66 Tower 2	Shenyang (CN)	2015	68	351	1150	composite	office
	Hanking Center	Shenzhen (CN)	2018	65	350	1148	–	office
	Spring City 66	Kunming (CN)	2018	–	350	1148	–	office
	J97	Changsha (CN)	2014	97	349	1146	steel	residential / office
30	Tuntex Sky Tower	Kaohsiung (CN)	1997	85	348	1140	composite	hotel / office
31	Aon Center	Chicago (US)	1973	83	346	1136	steel	office
32	The Center	Hong Kong (CN)	1998	73	346	1135	steel	office
33	John Hancock Center	Chicago (US)	1969	100	344	1128	steel	residential / office
	Four Seasons Place	Kuala Lumpur (MY)	2017	65	343	1124	–	residential / hotel
	ADNOC Headquarters	Abu Dhabi (AE)	2014	76	342	1122	concrete	office
	Ahmed Abdul Rahim Al Attar Tower	Dubai (AE)	2014	76	342	1122	steel / concrete	residential
	Xiamen International Centre	Xiamen (CN)	2016	61	340	1115	composite	office
	LCT Residential Tower A	Busan (KR)	2018	85	339	1113	–	residential
	The Wharf Times Square 1	Wuxi (CN)	2015	68	339	1112	composite	hotel / residential
	Chongqing World Financial Center	Chongqing (CN)	2014	72	339	1112	composite	office
34	Mercury City Tower	Moscow (RU)	2013	75	339	1112	concrete	residential / office
	Tianjin Modern City	Tianjin (CN)	2015	65	338	1109	composite	residential / hotel
	Orchid Crown Tower A	Mumbai (IN)	2016	75	337	1106	concrete	residential
	Orchid Crown Tower B	Mumbai (IN)	2016	75	337	1106	concrete	residential
35	Tianjin World Financial Center	Tianjin (CN)	2011	75	337	1105	composite	office
35	The Torch	Dubai (AE)	2011	79	337	1105	concrete	residential
37	Keangnam Hanoi Landmark Tower	Hanoi (VN)	2012	72	336	1102	concrete	hotel / residential / office
	Wilshire Grand Tower	Los Angeles (US)	2017	73	335	1100	steel / concrete	hotel / office
	DAMAC Heights	Dubai (AE)	2016	86	335	1099	steel / concrete	residential
38	Shimao International Plaza	Shanghai (CN)	2006	60	333	1094	concrete	hotel / office
	LCT Residential Tower B	Busan (KR)	2018	85	333	1093	–	residential
	Mandarin Oriental Hotel	Chengdu (CN)	2017	88	333	1093	–	residential / hotel
39	Rose Rayhaan by Rotana	Dubai (AE)	2007	71	333	1093	composite	hotel
	Jinan Center Financial City	Jinan (CN)	–	–	333	1093	–	–
	China Chuneng Tower	Shenzhen (CN)	2016	–	333	1093	–	–
40	Minsheng Bank Building	Wuhan (CN)	2008	68	331	1086	steel	office
	Ryugyong Hotel	Pyongyang (KP)	–	105	330	1083	concrete	hotel / office
	Gate of Kuwait Tower	Kuwait City (KW)	2016	84	330	1083	concrete	hotel / office
41	China World Tower	Beijing (CN)	2010	74	330	1083	composite	hotel / office
	Thamrin Nine Tower 1	Jakarta (ID)	–	71	330	1083	–	office
	Zhuhai St. Regis Hotel & Office Tower	Zhuhai (CN)	2016	67	330	1083	composite	hotel / office
	The Skyscraper	Dubai (AE)	–	66	330	1083	–	office
	Yuexiu Fortune Center Tower 1	Wuhan (CN)	2016	66	330	1083	composite	office
	Suning Plaza Tower 1	Zhenjiang (CN)	2016	77	330	1082	composite	–

* 估算高度

** 最小高度

排名	建筑名称	城市	建成年份	层数	高度 米	英尺	建筑材料	功能
	Hon Kwok City Center	Shenzhen (CN)	2015	80	329	1081	composite	residential / office
42	Longxi International Hotel	Jiangyin (CN)	2011	72	328	1076	composite	residential / hotel
42	Al Yaqoub Tower	Dubai (AE)	2013	69	328	1076	concrete	hotel
	Nanjing World Trade Center Tower 1	Nanjing (CN)	2016	69	328	1076	composite	hotel / office
	Golden Eagle Tiandi Tower B	Nanjing (CN)	–	68	328	1076	–	office
	Wuxi Suning Plaza 1	Wuxi (CN)	2014	68	328	1076	composite	hotel / office
	Concord International Centre	Chongqing (CN)	2016	62	328	1076	composite	hotel / office
	Baoneng Shenyang Global Financial Centre Tower 2	Shenyang (CN)	2018	–	328	1076	–	hotel / office
	Greenland Center Tower 1	Qingdao (CN)	2016	74	327	1074	composite	hotel / office
	Huaqiang Golden Corridor City Plaza Main Tower	Shenyang (CN)	–	66	327	1073	–	hotel / office
	Salesforce Tower	San Francisco (US)	2017	61	326	1070	–	office
44	The Index	Dubai (AE)	2010	80	326	1070	concrete	residential / office
	Cemindo Tower	Jakarta (ID)	2015	63	325 *	1066	concrete	hotel / office
45	The Landmark	Abu Dhabi (AE)	2013	72	324	1063	concrete	residential / office
45	Deji Plaza	Nanjing (CN)	2013	62	324	1063	composite	hotel / office
	Yantai Shimao No. 1 The Harbour	Yantai (CN)	2015	59	323	1060	composite	residential / hotel / office
47	Q1 Tower	Gold Coast (AU)	2005	78	323	1058	concrete	residential
	Lamar Tower 1	Jeddah (SA)	2016	70	322	1056	concrete	residential / office
48	Wenzhou Trade Center	Wenzhou (CN)	2011	68	322	1056	concrete	hotel / office
	Guangxi Finance Plaza	Nanning (CN)	2016	68	321	1053	composite	hotel / office
49	Burj Al Arab	Dubai (AE)	1999	56	321	1053	composite	hotel
50	Nina Tower	Hong Kong (CN)	2006	80	320	1051	concrete	hotel / office
	Sinar Mas New Bund 1	Shanghai (CN)	2015	66	320	1048	composite	office
51	Chrysler Building	New York City (US)	1930	77	319	1046	steel	office
	Global City Square	Guangzhou (CN)	2015	67	319	1046	composite	office
52	New York Times Tower	New York City (US)	2007	52	319	1046	steel	office
	Runhua Global Center 1	Changzhou (CN)	2015	72	318	1043	composite	office
	Jiuzhou International Tower	Nanning (CN)	2016	71	318	1043	composite	–
	Riverside Century Plaza Main Tower	Wuhu (CN)	2015	66	318	1043	composite	hotel / office
53	HHHR Tower	Dubai (AE)	2010	72	318	1042	concrete	residential
	Yurun International Tower	Huaiyin (CN)	2017	75	317	1040	composite	office
	Chongqing IFS T1	Chongqing (CN)	2016	64	317	1038	composite	hotel / office
	Namaste Tower	Mumbai (IN)	2017	63	316	1037	concrete	hotel / office
	Changsha IFS Tower T2	Changsha (CN)	2016	–	315	1033	composite	office
	Youth Olympics Center Tower 1	Nanjing (CN)	2015	68	315	1032	composite	–
	Maha Nakhon	Bangkok (TH)	2016	77	313	1028	concrete	residential / hotel
	The Stratford Residences	Makati (PH)	2015	74	312	1024	concrete	residential
54	Bank of America Plaza	Atlanta (US)	2014	55	312	1023	composite	office
	Moi Center Tower A	Shenyang (CN)	2014	75	311	1020	composite	hotel / office
55	U.S. Bank Tower	Los Angeles (US)	1990	73	310	1018	steel	office
56	Ocean Heights	Dubai (AE)	2010	83	310	1017	concrete	residential
56	Menara Telekom	Kuala Lumpur (MY)	2001	55	310	1017	concrete	office
	Bodi Center Tower 1	Hangzhou (CN)	2016	55	310	1017	–	office
	Fortune Center	Guangzhou (CN)	2015	73	309	1015	composite	office
58	Pearl River Tower	Guangzhou (CN)	2012	71	309	1015	composite	office
	Poly Pazhou C2	Guangzhou (CN)	2017	61	309	1015	composite	office
59	Emirates Tower Two	Dubai (AE)	2000	56	309	1014	concrete	hotel
	Eurasia	Moscow (RU)	2014	72	309	1013	composite	hotel / office
	Guangfa Securities Headquarters	Guangzhou (CN)	2016	62	308	1010	–	office
60	Burj Rafal	Riyadh (SA)	2014	68	308	1010	concrete	residential / hotel
	Wanda Plaza 1	Kunming (CN)	2016	67	307	1008	composite	office
	Wanda Plaza 2	Kunming (CN)	2016	67	307	1008	composite	office
	Lokhandwala Minerva	Mumbai (IN)	2015	83	307	1007	concrete	residential
61	Franklin Center - North Tower	Chicago (US)	1989	60	307	1007	composite	office
	One57	New York City (US)	2014	79	306	1005	steel / concrete	residential / hotel
62	East Pacific Center Tower A	Shenzhen (CN)	2013	85	306	1004	concrete	residential
62	The Shard	London (GB)	2013	73	306	1004	composite	residential / hotel / office
64	JPMorgan Chase Tower	Houston (US)	1982	75	305	1002	composite	office
65	Etihad Towers T2	Abu Dhabi (AE)	2011	80	305	1002	concrete	residential
66	Northeast Asia Trade Tower	Incheon (KR)	2011	68	305	1001	composite	residential / hotel / office
67	Baiyoke Tower II	Bangkok (TH)	1997	85	304	997	concrete	hotel
68	Wuxi Maoye City - Marriott Hotel	Wuxi (CN)	2014	68	304	997	composite	hotel
69	Cayan Tower	Dubai (AE)	2013	73	304	997	concrete	residential
70	Two Prudential Plaza	Chicago (US)	1990	64	303	995	concrete	office
	Diwang International Fortune Center	Liuzhou (CN)	2015	75	303	994	composite	residential / hotel / office
	KAFD World Trade Center	Riyadh (SA)	2015	67	303	994	concrete	office
	Jiangxi Nanchang Greenland Central Plaza 1	Nanchang (CN)	2015	59	303	994	composite	office
	Jiangxi Nanchang Greenland Central Plaza 2	Nanchang (CN)	2015	59	303	994	composite	office
71	Leatop Plaza	Guangzhou (CN)	2012	64	303	993	composite	office
72	Wells Fargo Plaza	Houston (US)	1983	71	302	992	steel	office

排名	建筑名称	城市	建成年份	层数	高度 米	高度 英尺	建筑材料	功能
73	Kingdom Centre	Riyadh (SA)	2002	41	302	992	steel / concrete	residential / hotel / office
74	The Address	Dubai (AE)	2008	63	302	991	concrete	residential / hotel
	Gate of the Orient	Suzhou (CN)	2014	68	302	990	composite	residential / hotel / office
75	Capital City Moscow Tower	Moscow (RU)	2010	76	302	990	concrete	residential
	Greenland Puli Center	Jinan (CN)	2015	61	301	988	composite	residential / office
	Heung Kong Tower	Shenzhen (CN)	2014	70	301	987	composite	hotel / office
	Brys Buzz	Greater Noida (IN)	2017	82	300	984	concrete	residential
76	Doosan Haeundae We've the Zenith Tower A	Busan (KR)	2011	80	300	984	concrete	residential
	Supernova Spira	Noida (IN)	2017	80	300	984	concrete	residential
	Al Habtoor City Tower 1	Dubai (AE)	2017	74	300 **	984	concrete	residential
	Al Habtoor City Tower 2	Dubai (AE)	2017	74	300 **	984	concrete	residential
	NBK Tower	Kuwait City (KW)	2016	70	300	984	concrete	office
	Huachuang International Plaza Tower 1	Changsha (CN)	2016	66	300	984	composite	hotel / office
	Riverfront Times Square	Shenzhen (CN)	2016	64	300	984	composite	hotel / office
	Torre Costanera	Santiago (CL)	2014	62	300	984	concrete	office
76	Abeno Harukas	Osaka (JP)	2014	62	300	984	steel	hotel / office / retail
	Golden Eagle Tiandi Tower C	Nanjing (CN)	–	60	300	984	–	office
76	Arraya Tower	Kuwait City (KW)	2009	60	300	984	concrete	office
	Shenglong Global Center	Fuzhou (CN)	2016	57	300	984	–	office
76	Aspire Tower	Doha (QA)	2007	36	300	984	composite	hotel / office
	Shum Yip Upperhills Tower 2	Shenzhen (CN)	–	–	300	984	–	office
	Jin Wan Plaza 1	Tianjin (CN)	2017	66	300	984	–	hotel / office
	Langham Hotel Tower	Dalian (CN)	2015	74	300	983	composite	residential / hotel
80	First Bank Tower	Toronto (CA)	1975	72	298	978	steel	office
80	One Island East	Hong Kong (CN)	2008	68	298	978	concrete	office
	Yujiapu Yinglan International Finance Center	Tianjin (CN)	2016	60	298	978	composite	office
	Ilham Baru Tower	Kuala Lumpur (MY)	2015	64	298	978	concrete	residential / office
	Four World Trade Center	New York City (US)	2014	65	298	977	composite	office
82	Eureka Tower	Melbourne (AU)	2006	91	297	975	concrete	residential
	Dacheng Financial Business Center Tower A	Kunming (CN)	2015	–	297	974	steel	hotel / office
83	Comcast Center	Philadelphia (US)	2008	57	297	974	composite	office
84	Landmark Tower	Yokohama (JP)	1993	73	296	972	steel	hotel / office
85	R&F Yingkai Square	Guangzhou (CN)	2014	66	296	972	composite	residential / hotel / office
86	Emirates Crown	Dubai (AE)	2008	63	296	971	concrete	residential
	Xiamen Shimao Cross-Strait Plaza Tower B	Xiamen (CN)	2015	67	295	969	composite	office
87	Khalid Al Attar Tower 2	Dubai (AE)	2011	66	294	965	concrete	hotel
	Lamar Tower 2	Jeddah (SA)	2016	62	293	961	concrete	residential / office
88	311 South Wacker Drive	Chicago (US)	1990	65	293	961	concrete	office
	Shang Xinguo International Plaza	Chongqing (CN)	–	65	293	961	–	hotel / office
89	Sky Tower	Abu Dhabi (AE)	2010	74	292	959	concrete	residential / office
90	Haeundae I Park Marina Tower 2	Busan (KR)	2011	72	292	958	composite	residential
91	SEG Plaza	Shenzhen (CN)	2000	71	292	957	concrete	office
	Indiabulls Sky Suites	Mumbai (IN)	2015	75	291	955	concrete	residential
92	70 Pine Street	New York City (US)	1932	67	290	952	steel	office
	Hunter Douglas International Plaza	Guiyang (CN)	2014	69	290	951	composite	hotel / office
	Tanjong Pagar Centre	Singapore (SG)	2016	68	290	951	composite	residential / hotel / office
	Powerlong Center Tower 1	Tianjin (CN)	2015	59	290	951	composite	office
	Zhengzhou Eastern Center North Tower	Zhengzhou (CN)	2016	78	289	948	composite	office
	Zhengzhou Eastern Center South Tower	Zhengzhou (CN)	2016	78	289	948	composite	office
93	Dongguan TBA Tower	Dongguan (CN)	2013	68	289	948	composite	hotel / office
	Busan International Finance Center Landmark Tower	Busan (KR)	2014	63	289	948	concrete	office
94	Key Tower	Cleveland (US)	1991	57	289	947	composite	office
95	Shaoxing Shimao Crown Plaza	Shaoxing (CN)	2012	60	288	946	composite	hotel / office
96	Plaza 66	Shanghai (CN)	2001	66	288	945	concrete	office
97	One Liberty Place	Philadelphia (US)	1987	61	288	945	steel	office
	Kaisa Center	Huizhou (CN)	2015	66	288	945	composite	hotel / office
	International Financial Tower	Dongguan (CN)	2016	66	288	945	–	hotel / office
	Colorful Yunnan City Office Tower	Kunming (CN)	2016	59	288	945	–	office
98	Yingli International Finance Centre	Chongqing (CN)	2012	58	288	945	concrete	office
	Soochow International Plaza East Tower	Huzhou (CN)	2014	50	288	945	composite	hotel / office
	Soochow International Plaza West Tower	Huzhou (CN)	2014	50	288	945	composite	residential
	ST Tower 1	Moscow (RU)	2017	66	287	942	–	residential
99	United International Mansion	Chongqing (CN)	2013	67	287	942	concrete	office
	ST Tower 2	Moscow (RU)	2017	61	287	941	–	office
100	Chongqing Poly Tower	Chongqing (CN)	2013	58	287	941	concrete	office / hotel

CTBUH建筑高度评估标准

CTBUH 建筑高度评估标准

世界高层建筑与都市人居学会（CTBUH）是测量高层建筑高度的官方仲裁机构，同时也是授予"世界（国家或城市）最高建筑"称号的授权机构。学会建立了对高层建筑进行测量、分类的一系列广泛的定义和评判标准，并将此作为"世界最高的100座建筑"的官方排名的依据。

什么是高层建筑？

什么是"高层建筑"？其实并没有一个绝对的定义。它应该是在以下一个或多个范畴中体现一定"高度"要素的建筑：

高度与环境相关

▶ 建筑的高度并不单纯指高度的数字，还应当考虑到其所处的环境。因此，在芝加哥或是香港这样到处是摩天大楼的城市中，一座14层高的建筑也许并不会被认为是高层建筑，但如果是在欧洲的省市或在城郊区域，或许这样的建筑就会显得比在市区高很多。

比例

▶ 同样，高层建筑不仅仅与高度相关，也与比例有关。有很多建筑尽管在高度上并不非常突出，但因外形细长也呈现出高层建筑的特点，尤其是处在低矮的城市环境中。相反，很多建筑尽管实际很高但占地面积非常大，所以因其尺寸或楼层面积使其被排除在高层建筑范畴之外。

高层建筑技术

▶ 如果一座建筑所运用的技术可以被归为"高层"产品（例如采用独特的垂直交通技术或结构性抗风支撑作为"高度"的产物等），那么这座建筑便可被认作是高层建筑。尽管由于建

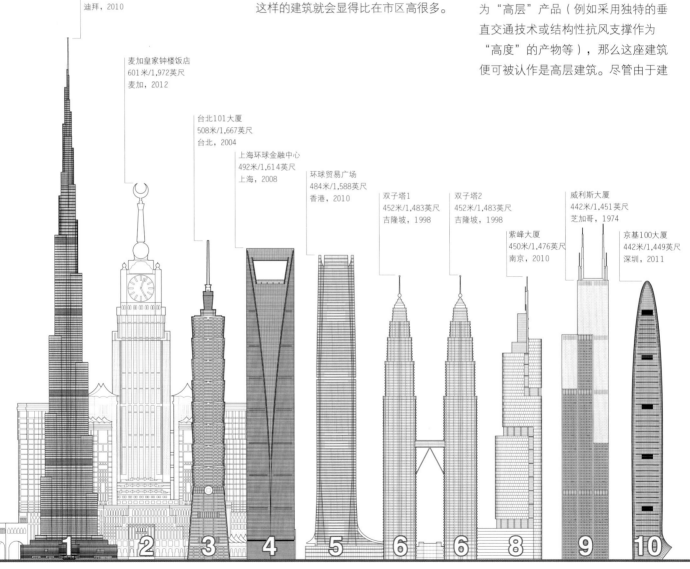

哈利法塔
828米/2,717英尺
迪拜，2010

麦加皇家钟楼饭店
601米/1,972英尺
麦加，2012

台北101大厦
508米/1,667英尺
台北，2004

上海环球金融中心
492米/1,614英尺
上海，2008

环球贸易广场
484米/1,588英尺
香港，2010

双子塔1
452米/1,483英尺
吉隆坡，1998

双子塔2
452米/1,483英尺
吉隆坡，1998

威利斯大厦
442米/1,451英尺
芝加哥，1974

紫峰大厦
450米/1,476英尺
南京，2010

京基100大厦
442米/1,449英尺
深圳，2011

筑类型和功能的不同会导致楼层高度的变化（例如，办公建筑与住宅因使用功能不同层高也不同），这种情况下楼层总数很难作为衡量是否是高层建筑的一个标准，然而一座楼层等于或者超过 14 层，或是在高度上超过 50 米（165 英尺）的建筑，也许能够被看作衡量是否是"高层建筑"的临界值。

什么是超高层建筑和巨型高层建筑？
世界高层建筑与都市人居学会（CTBUH）将高度超过 300 米（984 英尺）的建筑定义为"超高层建筑"，超过 600 米（1,968 英尺）的建筑定义为"巨型高层建筑"。尽管现在已建成的高层建筑达到了非

常高的高度——超过 800 米（2,600 英尺）——但截止至 2013 年 7 月，全球范围内只有大约 73 座超高层建筑和 2 座巨型高层建筑竣工并投入使用。因此，超高层建筑的建成仍被看作是重要的里程碑。

如何测量高层建筑的高度？
世界高层建筑与都市人居学会（CTBUH）确认了以下三种测量高层建筑高度的方法：

至建筑顶端的距离：
▶ 高度是从最底层、主要的[2]、开放的[3]、步行的[4]入口的水平面[1]至建筑顶端（包括塔尖，但是天线、标志、旗杆或其他功能或技术性设备[5]不包括在内）的距离。此种测量方法使用最为

广泛，并且是用来判定世界高层建筑与都市人居学会（CTBUH）"世界最高建筑"排名的依据。

至最高使用楼层的距离：
▶ 高度是从最底的、主要的[2]、开放的[3]、步行的[4]入口的水平面[1]至建筑最高使用楼层[6]的楼面的距离。

至最高点的距离：
▶ 高度是从最底的、主要的[2]、开放的[3]、步行的[4]入口的水平面[1]至建筑最高点的距离，与最高构件的材料或功能无关（例如天线、旗杆、标志和其他功能性 / 技术性设备）。

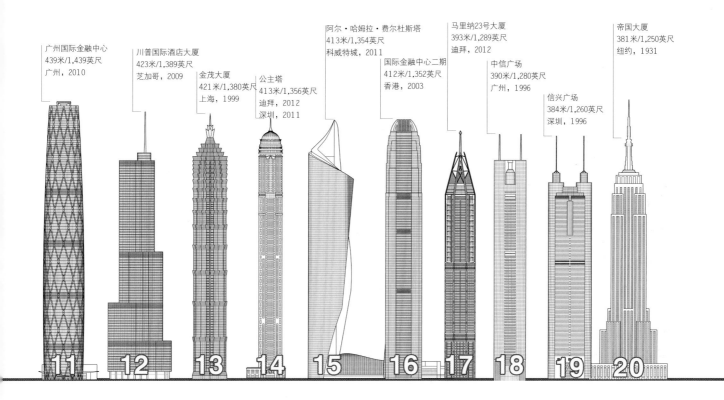

广州国际金融中心
439米/1,439英尺
广州，2010

川普国际酒店大厦
423米/1,389英尺
芝加哥，2009

金茂大厦
421米/1,380英尺
上海，1999

公主塔
413米/1,356英尺
迪拜，2012
深圳，2011

阿尔·哈姆拉·费尔杜斯塔
413米/1,354英尺
科威特城，2011

国际金融中心二期
412米/1,352英尺
香港，2003

马里纳23号大厦
393米/1,289英尺
迪拜，2012

中信广场
390米/1,280英尺
广州，1996

信兴广场
384米/1,260英尺
深圳，1996

帝国大厦
381米/1,250英尺
纽约，1931

11 12 13 14 15 16 17 18 19 20

楼层数

楼层数应包含地面层，应为地面以上主要楼层的数量，其中包括重要的夹层与主要设备层。如果设备夹层的楼层面积相比其下面的主要楼层的面积小很多的话，那么不应计算在内。类似的，屋顶设备房或者位于主要屋顶区域之上的凸起的设备房也个应当计算在内。请注意：世界高层建筑与都市人居学会（CTBUH）统计的楼层数也许跟已公开的项目信息不同，因为世界上一些地区通常不把某些特定楼层包括在内（例如香港的建筑就没有 4 层、14 层、24 层等）。

建筑用途

高层建筑与电信/观光塔的区别是什么？

▶ 超过 50% 高度的部分属于使用楼层面积的高层"建筑"（区别于电信/观光塔）便有资格被列入"最高建筑"排名。

单一用途与混合用途建筑：

▶ 单一用途高层建筑是指其总楼层面积中有 85% 以上仅作单一用途使用。

▶ 混合用途高层建筑是指包含两种或两种以上功能（或用途）的建筑，且每个功能服务的面积占塔楼总空间的很大比例 [7]。服务于诸如停车场或设备层的功能不被算作混合使用的功能。世界高层建筑与都市人居学会（CTBUH）"最高建筑"排名中显示的功能是按照主次顺序依次排列的，例如"酒店/办公"表明建筑的酒店功能位于办公功能之前。

建筑状态

▶ **已建成**

如果一座建筑同时符合以下三个标准，那么其可被归为"已建成"状态（并会被列入世界高层建筑与都市人居学会（CTBUH）最高建筑列表）：

（i）结构上和建筑上均已封顶

（ii）围护材料完全覆盖

（iii）投入运营，或至少部分可以投入使用

▶ **已封顶**

如果一座建筑在施工过程中，在结构上和建筑上均已完全达到其最终高度（例如包括建筑塔尖、女儿墙等），那么其可被归为"已封顶"状态。

▶ **施工中（开始建造）：**

如果一座建筑一旦完成施工现场的清理，并已开始进行地基/打桩工作，那么其可被归为"施工中"状态。

▶ **停滞**

如果一座建筑已开始施工，尽管施工现场的工作被无限期暂停但仍有计划在未来的日子按照原设计方案完成施工，那么其可被归为"停滞"状态。

▶ **未完成**

如果一座建筑已开始施工，但施工现场的工作被无限期中止且从未复工，那么其可被归为"未完成"状态。基地也许会进而容纳另外一座新的建筑（与原设计方案不同），这样原施工状态有可能会保留，也有可能不会。

▶ **方案阶段**

如果一座建筑满足以下所有标准，其可被归为"方案阶段"状态（需为真实的方案）：

（i）特定的基地（项目开发团队需取得土地所有权）

（ii）完善而专业的设计团队（能从概念阶段向前推进设计）

（iii）正式的规划许可/合法的施工许可（或者此类许可正在办理中）

（iv）推进建筑施工直至建成的完整计划

被列入世界高层建筑与都市人居学会（CTBUH）"方案阶段"建筑列表的建筑必须是由业主公开发布项目的公告，且建筑符合以上所有标准。公告的消息来源必须是可靠的。由于在设计初期常有的改动性以及来自业主相关信息的局限性，建筑高度数据可能并不确定。

▶ **拆除**

如果一座建筑因其达到使用年限而被人为拆除或因火灾、自然灾害、战争、恐怖袭击或者其他故意或非故意的手段而遭受破坏，其可被归为"拆除"状态。

▶ **愿景阶段**

如果一座建筑满足以下任意一个标准，其可被归为"愿景阶段"状态：

（i）处于项目初期阶段但还不满足可归为"方案阶段"的标准

（ii）是一个一直不可能发展到施工建造阶段的方案

（iii）是一个理论命题

结构材料

▶ 如果一座建筑主要的横向和竖向结构单元以及楼层体系都是采用钢材建造，其可被定义为**钢结构**高层建筑。

▶ 如果一座建筑主要的横向和竖向结构单元以及楼层体系都是采用混凝土建造，其可被定义为***混凝土结构***高层建筑。

▶ ***复合结构***高层建筑是指其主要结构单元结合采用钢与混凝土两种材料，因此带有混凝土核心筒的钢结构建筑也属于复合结构建筑。

▶ ***混合结构***高层建筑是指采用钢结构与混凝土结构两种不同体系（前者位置可在后者之上或之下）的建筑。混合结构体系主要有两种类型：钢／混凝土高层建筑是指钢结构体系位于混凝土结构体系之上，与之相反的是混凝土／钢结构建筑。

其它注释

（ⅰ）如果具有钢结构体系的高层建筑其楼板体系是由覆盖混凝土砌板的钢梁组成，其被归为钢结构高层建筑。

（ⅱ）如果具有混凝土结构体系的高层建筑其楼板体系是由覆盖混凝土平板的钢梁组成，其被归为钢结构高层建筑。

（ⅲ）如果高层建筑拥有钢柱加混凝土梁的楼层体系，其被归为复合结构高层建筑。

---

¹水平面：与入口大门的最低点相接的竣工楼面层。

²主要入口：明显位于现有或之前存在的地面层之上的入口，且允许搭乘电梯进入建筑内的一个或多个主功能区，而非仅仅是到达那些毗邻于室外环境的地面层商业空间或其它的功能空间。因此，那些位于类似下沉广场这样空间的入口不算在内。同时要注意的是通往停车、附属或者服务区域的入口也不被认定为是主要入口。

³开放入口：入口须直接与室外空间相连，所在楼层可直接与室外接触。

⁴步行入口：供建筑的主要使用者或居住者所使用的入口，而位于类似服务或附属区域的入口不包括在内。

⁵功能—技术性设备：这是为了识别那些作为一类普遍使用的技术，需被拆除/添加/更换的功能—技术性设备。我们经常会在高层建筑上看到这些设备（例如天线、标志、风力涡轮机等需要定期添加、缩短、延长、移除、和/或替换的设备）。

⁶最高使用楼层：这是为了识别供居住者、工人以及其他建筑使用者安全并合法使用的配备空调系统的空间，并不包括服务区或者设备区这类只需偶尔有人进入做维护工作的空间。

⁷"很大比例"可以看作是达到以下任意一个方面的15%以上：（1）总楼层面积；（2）总建筑高度（就服务于某种功能的楼层数而言）。然而，需要注意的是在超高层建筑中会出现的特殊情况。例如，高达150层高的大厦包含20层的酒店功能，尽管并不符合15%比例的规定，但此大厦显然会被归为混合用途建筑。

CTBUH组织及成员

CTBUH组织成员
（截至2014年5月）

http://membership.ctbuh.org

顶级会员：
AECOM
Al Hamra Real Estate Company
Broad Sustainable Building Co., Ltd.
Buro Happold, Ltd.
CCDI Group
China State Construction Engineering Corporation (CSCEC)
CITIC Heye Investment Co., Ltd.
Dow Corning Corporation
Emaar Properties, PJSC
Eton Properties (Dalian) Co., Ltd.
Illinois Institute of Technology
Jeddah Economic Company
Kingdom Real Estate Development Co.
Kohn Pedersen Fox Associates, PC
KONE Industrial, Ltd.
Lotte Engineering & Construction Co.
Morin Khuur Tower LLC
National Engineering Bureau
NBBJ
Otis Elevator Company
Ping An Financial Centre Construction & Development
Renaissance Construction
Samsung C&T Corporation
Schindler Top Range Division
Schindler Top Range Division (Invoice Billing Address)
Shanghai Tower Construction & Development Co., Ltd.
Skidmore, Owings & Merrill LLP
Taipei Financial Center Corp. (TAIPEI 101)
Turner Construction Company
Underwriters Laboratories (UL) LLC
WSP Group

赞助会员：
Al Ghurair Construction – Aluminum LLC
Arabtec Construction LLC
Blume Foundation
BMT Fluid Mechanics, Ltd.
Durst Organization
East China Architectural Design & Research Institute Co., Ltd. (ECADI)
Gensler
Guild of Ural Builders
HOK, Inc.
Hongkong Land, Ltd.
KLCC Property Holdings Berhad
Langan
Meinhardt Group International
Permasteelisa Group
Shanghai Institute of Architectural Design & Research Co., Ltd.
Studio Daniel Libeskind
Thornton Tomasetti, Inc.
ThyssenKrupp AG
Tishman Speyer Properties
Weidlinger Associates, Inc.
Zuhair Fayez Partnership

高级会员：
Adrian Smith + Gordon Gill Architecture, LLP
American Institute of Steel Construction
Aon Fire Protection Engineering Corp.
ARCADIS, US, Inc.
Arup
Aurecon
NV. Besix SA
Brookfield Multiplex Construction Europe Ltd.
CH2M HILL
Enclos Corp.
Fender Katsalidis Architects
Halfen USA
Hill International
Laing O'Rourke
Larsen & Toubro, Ltd.
Leslie E. Robertson Associates, RLLP
Magnusson Klemencic Associates, Inc.
MAKE
McNamara / Salvia, Inc.
MulvannyG2 Architecture
Nishkian Menninger Consulting and Structural Engineers
Nobutaka Ashihara Architect PC
Parsons Brinckerhoff
PDW Architects
Pei Cobb Freed & Partners
Pickard Chilton Architects, Inc.
PT Gistama Intisemesta
Quadrangle Architects Ltd.
Rafik El-Khoury & Partners
Rolf Jensen & Associates, Inc.
Rowan Williams Davies & Irwin, Inc.
RTKL Associates Inc.
Saudi Binladin Group / ABC Division
Severud Associates Consulting Engineers, PC
Shanghai Construction (Group) General Co. Ltd.
Shree Ram Urban Infrastructure, Ltd.
Sinar Mas Group – APP China
Skanska
Solomon Cordwell Buenz
Studio Gang Architects
Syska Hennessy Group, Inc.
T.Y. Lin International Pte. Ltd.
Tongji Architectural Design (Group) Co., Ltd. (TJAD)
Walter P. Moore and Associates, Inc.
Werner Voss + Partner

中级会员：
Aedas, Ltd.
Akzo Nobel
Allford Hall Monaghan Morris Ltd.
Alvine Engineering
Bates Smart
Benoy Limited
Bonacci Group
Boundary Layer Wind Tunnel Laboratory
Bouygues Construction
The British Land Company PLC
Canary Wharf Group, PLC
Canderel Management, Inc.
CBRE Group, Inc.
CCL
Continental Automated Buildings Association (CABA)
CTSR Properties Limited
DBI Design Pty Ltd
DCA Architects Pte Ltd
Deerns Consulting Engineers
DK Infrastructure Pvt. Ltd.
Dong Yang Structural Engineers Co., Ltd.
Far East Aluminium Works Co., Ltd.
GGLO, Ltd.
Goettsch Partners
Gradient Wind Engineering Inc.
Graziani + Corazza Architects Inc.
Hariri Pontarini Architects
The Harman Group
Hiranandani Group
Irwinconsult Pty., Ltd.
Israeli Association of Construction and Infrastructure Engineers (IACIE)
Jiang Architects & Engineers
Jones Lang LaSalle Property Consultants Pte Ltd
KHP Konig und Heunisch Planungsgesellschaft
Langdon & Seah Singapore
LeMessurier
Lend Lease
Liberty Group Properties
Lusail Real Estate Development Company
M Moser Associates Ltd.
Mori Building Co., Ltd.
Nabih Youssef & Associates
National Fire Protection Association
National Institute of Standards and Technology (NIST)
National University of Singapore
Norman Disney & Young

OMA Asia (Hong Kong) Ltd.
Omrania & Associates
The Ornamental Metal Institute of New York
Pei Partnership Architects
Perkins + Will
Philip Chun and Associates Pty Ltd
Pomeroy Studio Pte Ltd
PT Ciputra Property, Tbk
RAW Design Inc.
Ronald Lu & Partners
Royal HaskoningDHV
Sanni, Ojo & Partners
Silvercup Studios
SilverEdge Systems Software, Inc.
Silverstein Properties
SIP Project Managers Pty Ltd
The Steel Institute of New York
Stein Ltd.
SWA Group
Tekla Corporation
Terrell Group
TSNIIEP for Residential and Public Buildings
University of Illinois at Urbana-Champaign
Vetrocare SRL
Wilkinson Eyre Architects
Wirth Research Ltd
Woods Bagot

普通会员：

ACSI (Ayling Consulting Services Inc)
Adamson Associates Architects
ADD Inc.
Aidea Philippines, Inc.
AIT Consulting
AKF Group, LLC
AKT II Limited
Al Jazera Consultants
Alimak Hek AB
alinea consulting LLP
Alpha Glass Ltd.
ALT Cladding, Inc.
Altitude Façade Access Consulting
ARC Studio Architecture + Urbanism Pte. Ltd.
ArcelorMittal
Architecten Bureau Cees Dam & Partners BV
Architects 61 Pte., Ltd.
Architectural Design & Research Institute of Tsinghua University
Architectus
Arquitectonica
Atkins
Azorim Construction Ltd.
Azrieli Group Ltd.
Bakkala Consulting Engineers Limited
Baldridge & Associates Structural Engineering, Inc.
BAUM Architects
BDSP Partnership
Beca Group
Benchmark
BG&E Pty., Ltd.
BIAD (Beijing Institute of Architectural Design)
Bigen Africa Services (Pty) Ltd.
Billings Design Associates, Ltd.
bKL Architecture LLC
BluEnt
BOCA Group
Bollinger + Grohmann Ingenieure
Boston Properties, Inc.
Broadway Malyan
Brunkeberg Industriutveckling AB
Buro Ole Scheeren
Callison, LLC
Camara Consultores Arquitectura e Ingeniería
Capital Group
Cardno Haynes Whaley, Inc.
Case Foundation Company
CB Engineers
CCHRB (Chicago Committee on High-Rise Buildings)
CCHRB (Chicago Committee on High-Rise Buildings) (Inv. Billing Address)
CDC Curtain Wall Design & Consulting, Inc.
Central Scientific and Research Institute of Engineering Structures "SRC Construction"
China Academy of Building Research
China Institute of Building Standard Design & Research (CIBSDR)
City Developments Limited
Concrete Reinforcing Steel Institute (CRSI)
COOKFOX Architects
Cosentini Associates
COWI A/S
CPP Inc.
CS Associates, Inc.

CS Structural Engineering, Inc.
CTL Group
Cubic Architects
Cundall
Dar Al-Handasah (Shair & Partners)
David Engineers Ltd.
Delft University of Technology
Dennis Lau & Ng Chun Man Architects & Engineers (HK), Ltd.
Despe S.p.A.
dhk Architects (Pty) Ltd
Diar Consult
DSP Design Associates Pvt., Ltd.
Dunbar & Boardman
Earthquake Engineering Research & Test Center of Guangzhou University
EC Harris
ECSD S.r.l.
Edgett Williams Consulting Group, Inc.
Edmonds International USA
Eight Partnership Ltd.
Electra Construction Ltda
Elenberg Fraser Pty Ltd
ENAR, Envolventes Arquitectonicas
Ennead Architects LLP
Environmental Systems Design, Inc.
Exova Warringtonfire
Farrells
Feilden Clegg Bradley Studios LLP
Fortune Shepler Saling Inc.
FXFOWLE Architects, LLP
Gale International / New Songdo International City Development, LLC
GCAQ Ingenieros Civiles S.A.C.
GEO Global Engineering Consultants
Gilsanz Murray Steficek
M/s. Glass Wall Systems (India) Pvt. Ltd
Global Wind Technology Services (GWTS)
Glory Harvest Group Holdings Ltd
Gold Coast City Council
Gorproject (Urban Planning Institute of Residential and Public Buildings)
Grace Construction Products
Gravity Partnership Ltd.
Grimshaw Architects
Grupo Inmobiliario del Parque
Guoshou Yuantong Property Co. Ltd.
GVK Elevator Consulting Services, Inc.
Halvorson and Partners
Handel Architects
Heller Manus Architects
Henning Larsen Architects
Hilson Moran Partnership, Ltd.
Hines
Hong Kong Housing Authority
BSE, The Hong Kong Polytechnic University
Housing and Development Board
IECA Internacional S.A.
ingenhoven architects
Institute BelNIIS, RUE
INTEMAC, SA
Ivanhoe Cambridge
Iv-Consult b.v.
J. J. Pan and Partners, Architects and Planners
Jahn, LLC
Jaros Baum & Bolles
Jaspers-Eyers Architects
JBA Consulting Engineers, Inc.
JCE Structural Engineering Group, Inc.
JMB Realty Corporation
The John Buck Company
John Portman & Associates, Inc.
Johnson Pilton Walker Pty. Ltd.
Kalpataru Limited
KEO International Consultants
KIM-SH LLC (Complex Engineering Workshop)
Kinetica
King Saud University College of Architecture & Planning
King-Le Chang & Associates
KPFF Consulting Engineers
KPMB Architects
LBR&A Arquitectos
LCL Builds Corporation
Leigh & Orange, Ltd.
Lerch Bates, Inc.
Lerch Bates, Ltd. Europe
LMN Architects
Lobby Agency
Louie International Structural Engineers
Lyons
Mace Limited
Madeira Valentim & Alem Advogados
MADY
Magellan Development Group, LLC
Margolin Bros. Engineering & Consulting, Ltd.

James McHugh Construction Co.
Meinhardt (Thailand) Ltd.
Metropolis, LLC
Michael Blades & Associates
MKPL Architects Pte Ltd
MMM Group Limited
Moshe Tzur Architects Town Planners Ltd.
MVSA Architects
New World Development Company Limited
Nikken Sekkei, Ltd.
NPO SODIS
O'Connor Sutton Cronin
onespace unlimited inc.
Option One International, WLL
Ortiz Leon Arquitectos SLP
P&T Group
Palafox Associates
Paragon International Insurance Brokers Ltd.
Pelli Clarke Pelli Architects
PLP Architecture
Porte Construtora Ltda
PositivEnergy Practice, LLC
Profica
Project and Design Research Institute "Novosibirsky Promstroyproject"
PT Anggara Architeam
PT. Prada Tata Internasional (PTI Architects)
Rafael Viñoly Architects, PC
Ramboll
Read Jones Christoffersen Ltd.
Rene Lagos Engineers
RESCON (Residential Construction Council of Ontario)
Rider Levett Bucknall North America
Riggio / Boron, Ltd.
Roosevelt University – Marshall Bennett Institute of Real Estate
Safdie Architects
Sauerbruch Hutton Gesellschaft von Architekten mbH
schlaich bergermann und partner
Schock USA Inc.
Sematic SPA
Shanghai EFC Building Engineering Consultancy
Shimizu Corporation
Sino-Ocean Land
SKS Associates
SL+A International Asia Inc. Taiwan Branch
Smith and Andersen
SmithGroup
Southern Land Development Co., Ltd.
Sowlat Structural Engineers
Stanley D. Lindsey & Associates, Ltd.
Stauch Vorster Architects
Stephan Reinke Architects, Ltd.
Sufrin Group
Surface Design
Swinburne University
Taisei Corporation
Takenaka Corporation
Tameer Holding Investment LLC
Tandem Architects (2001) Co., Ltd.
Taylor Thomson Whitting Pty., Ltd.
TFP Farrells, Ltd.
Thermafiber, Inc.
Tianjin Jinxiao Real Estate Development Co. Ltd.
TMG Partners
Transsolar
The Trump Organization
Tyréns
Umow Lai Pty Ltd
University of Maryland – Architecture Library
University of Nottingham
UralNIIProject RAACS
Van Deusen & Associates (VDA)
Vidal Arquitectos
Views On Top Pty Limited
Vipac Engineers & Scientists, Ltd.
VOA Associates, Inc.
Walsh Construction Company
Warnes Associates Co., Ltd
Web Structures Pte Ltd
Werner Sobek Group GmbH
wh-p GmbH Beratende Ingenieure
Windtech Consultants Pty., Ltd.
WOHA Architects Pte., Ltd.
Wong & Ouyang (HK), Ltd.
Wordsearch
WTM Engineers International GmbH
WZMH Architects
Y. A. Yashar Architects
Yaron Offir Engineers Ltd.
Zemun Ltd.
Ziegler Cooper Architects